瘦孕、順產、

讓寶寶吃贏在起跑點

賴宇凡 著
美國自然醫學營養治療師

Chapter ❸ 生產　135

獻給全天下的母親與父親

　　生大女兒時，我是一個年輕的媽媽，對這個世界有著無限的不確定，我最大的不確定感，來自於自己。我記得第一次產檢時，帶了一長列的問題想要問醫生，沒想到醫生卻連眼都沒抬地說：「你這麼年輕，不會有事。」可惜醫生說錯了，就是因為我太年輕不懂得相信自己的生產直覺，所以生第一胎時，步步有事。

　　我沒有相信自己生產直覺的第一件錯事，就是我沒聆聽自己的感覺更換醫生。我不喜歡醫生不尊重我的問題，總是用打發的態度與我應對，但我不想做一個囉嗦的孕婦，所以沒有與醫師溝通我的感受，或者更換另一位醫生。最後，我進產房時醫生因私事沒到，卻連一聲招呼也沒打，送了另一位我從未照過面的醫生為我接生。

　　躺在醫院的床上才陣痛沒有多久，醫生就開始看他的手錶，說他要趕著去教會做禮拜。接著，沒跟我和先生商量，就自行戳破我的羊膜。現在回想起來，因為羊膜不是經過正常的陣痛程序慢慢變薄才破裂，所以它引發了我無法忍受的劇烈陣痛。護士在我身旁問我要不要打無痛分娩？我搖搖頭。她接著說，你如果不打，這樣的陣痛還要再忍一陣子哦。我無助地看著先生，點了點頭應允了。針一打下去，雖然痛感減少了，但我卻覺得突然失去了方向，不知該如何用力。也因此，整個產程都停頓了下來。那時，我的肚子開始餓了，遵從醫院指示，我入院前沒有吃東西，我問護士可不可以吃點東西，因為我怕自己接下來沒力氣生。護士揮揮手說，你生完才可以吃。醫生則繼續看著他的錶，很挫敗地搖著頭。我感到很抱歉，但子宮不再收縮，我連施力的點都找不到，不知道該如何才能讓孩子早一點出生。最後，醫生很生氣地站了起來，我的視線被拉起的被單擋住，先生站在被單的另一端向我報告情況，他說：「他對你用剪刀，用吸引器把孩

子拉出來。」我最後只記得，醫生在拉線縫我的會陰。

孩子一出生，我就知道不對勁，因為我跟她的眼神對不上。別人描述那種與剛出生孩子相對凝望的喜悅，我一點都沒有感受到。我後來才知道，這是她被出生前打進我身體裡無痛分娩麻醉劑影響的結果，就跟喝醉的人一樣，難怪眼神渙散得跟我對不上。夜裡女兒哭個不停，我試圖哺乳，但她卻不吃。我直覺她不舒服，先生在抱她親吻她的頭時，發現她頭頂有醫生用吸引器造成的瘀青（產瘤），我和先生看著她頭頂的一圈深紫色，兩人在女兒來到這個世界的第一夜，掉了一整晚的眼淚。

因為我會陰有傷口，因此在醫院住了兩晚才回家，但一直到回家前，女兒都還沒有吃到奶。我當時想，如果是我那麼久沒有喝水，一定會很渴，所以問護士可不可以給她喝點水，護士說不行，嬰兒不能喝水。女兒帶回家當晚，肚子餓就哭，因為哭得太厲害，根本無法含乳，我就跟著她一起哭。隔日，醫院派來的哺乳顧問（非國際認證泌乳顧問）終於到了，她秤女兒的重量，用很失望的口吻對我說：「你把她餓到了哦。」我的淚就止不住地往下掉。哺乳顧問用很教科書式的方法教育我孩子該如何含乳，我本想今天她終於要吃到奶了，沒想到我壓力一大，奶下不來，女兒還是哇哇大哭。哺乳顧問搖搖頭對我說：「你還是考慮補充一點配方奶吧。」她留了一罐奶粉樣品給我。

女兒是到了出生第四日才吃到初乳，一直到那個時候，她都沒有排出胎便。由於她含乳方法不對，因此她才吃到第三餐，我的乳頭就開始嚴重破皮，她混著我乳頭的血水吃奶，但可能血水很鹹腥，因此她總是邊吃邊吐，沒有下嚥多少。女兒是吃到初乳的隔日才排胎便，那天我們安排了去做寶寶的第一次健康檢查。小兒科醫生看到她時認為她皮膚過黃所以驗了黃疸。檢驗結果一出來，她就立刻入院了，因為她的膽紅素指數已高到威脅生命。我多想抱著她，不與她分離，但她打著點滴，躺在照燈下，眼睛被罩了起來。醫師跟我們說黃疸的孩子不能吃母奶，所以建議我們改喝豆漿配方奶。我後來才知道，她那段時期喝的豆漿，讓她後來一大便就大哭，嚴重的便秘讓肛門疼痛。

生二女兒時，我不再是那個對世界不確定的新手媽媽，在生完大女兒

是為爸爸寫的。希望書裡所描述的身體智慧，能帶給父親對母親的全新認識，因為理解而欣賞，因為欣賞而支持。

大女兒滿十六歲考駕照那天，是我陪著她去的，她考前緊張，我跟著她緊張；她考完後興奮，我跟著她開心。一考完她就拿著熱騰騰的駕照獨自開著車去了學校，我目送她的車尾愈走愈遠。之後我獨自一人坐在車裡打電話向女兒出生前本來是個不折不扣混球男人的先生報告女兒拿到駕照的消息，沒想到電話剛接通，我才開口說了一句「她考上了」，眼淚就像斷了線的珍珠不停往腿上掉落。先生沉默著等我喘口氣，接著用溫柔無比的聲音對我說：「女兒長大了，準備要展翅了，能飛得很高很遠了，謝謝你把她教得那麼好。」這之後我的眼淚是喜悅的，它們是為先生掉的。我邊吸鼻子邊輕聲對他說：「也謝謝你是一個這麼棒的父親。」雖然沒有面對面，但我們的心是緊扣的，心能如此親近是因為我們分享了做父母的每一段歷程。

＊　＊　＊

培育孩子的歷程漫長且艱辛，充滿了錯誤與挫敗，但如果飲食正確、相互扶持，這個歷程，所激發的愛會多到讓你不敢相信。在你們肯定生產直覺時，會因為相互接納身體感覺，發現許多原本沒有探索過的感官，進而增進你們肌膚的親密關係。在養育孩子的過程裡，由於相互接納與肯定情緒，你們會一起追溯許多情緒根源，痊癒兒時創傷。

我衷心期盼，你們能在困難時把牽著的手拉得更緊，不忘記孩子是你們愛情的延伸；在生活瑣事中，互相提醒一起品嘗做父母帶來的享受和樂趣；有足夠的遠見，知道養兒育女只是人生中的一段旅程，因為孩子最終會飛翔去找尋他們自己的幸福。我祝福你們養兒育女的這條路，是你們此生中一起走過最精彩豐富的旅程。

2015. 春

Chapter 1

準備懷孕

□ 年齡

女性一出生卵子便開始成熟老化，男人的精子也是如此。女性年紀愈大，不只卵巢中的卵子愈來愈少，而且排卵也會愈來愈不規律，品質也不如年輕時那麼優良。男性的精子數量則會隨著年齡下降，且精子的活動力也會愈來愈不如往昔。此外，年齡愈大，精子中的基因就愈可能受到損傷。也就是說，年齡較大的男性、女性，他們的生育結構與組織，與年紀較輕的是不相同的。

因此，三十五歲以後想懷孕，就更要注意調節支援生殖器官的營養與自己的血糖。因為血糖會直接影響生殖器官結構組織的健康，而營養則決定了荷爾蒙的正常運作（參見 22 頁）。

建議方案

● **進行根治飲食**　雙方都進行一份肉、一份菜，澱粉不超過總量 20% 的根治飲食法以平衡血糖[2]。

● **補充魚肝油**　魚肝油是製造前列腺素所需的重要元素，前列腺素對調節荷爾蒙有決定性的影響。魚肝油應隨有油脂的餐一起服用，才可能被膽汁分解、被身體吸收。按品牌所指示的劑量服用。

● **補充啤酒酵母**　維生素 B 是用於轉換荷爾蒙的重要元素，啤酒酵母中所含的豐富維生素 B 群，是人體最易吸收的一種形式。

● **補充複合式維生素 C**　維生素 C 也大大參與荷爾蒙的轉換。它同時對保護基因不被氧化有極大的效用。複合式維生素 C 中包含了維生素 P（bioflavonoid），它能幫助維生素 C 的吸收與利用，效果較好。

● **進行頭髮檢測**　頭髮檢測可以幫助檢測生育能力，因為它可以很全面地告訴我們體內礦物質的狀況。礦物質是否平衡會大大影響生育過程的各個環節。如製造男性精子的大宗原料是鋅；碘是製造甲狀腺素的原料，而甲狀腺素的量會影響生殖荷爾蒙的量等等。頭髮檢測能讓我們明確了

---

2. 根治飲食最根本的原則就是餐餐一份肉、一份菜，澱粉不超過總量的 20%，進餐時先吃一口肉，只要遵守這個原則，血糖就不會震盪。其他更多關於根治飲食的詳細建議及血糖平衡的重要，參見賴宇凡著，《吃出天生燒油好體質：根治飲食法，讓你要瘦就瘦，要健康就健康！》一書。

解所缺乏的礦物質，對症下藥地補充礦物質。

□ 感染

任何慢性感染都會大大折損生育力，因為慢性感染會造成慢性發炎，它不易察覺，不見得有症狀，但是卻會長期耗損體內的重要資源——前列腺素（prostaglandin）[3]。身體修復發炎必須動用前列腺素才能痊癒，但前列腺素同時也調節性荷爾蒙的分泌。兩相權衡，發炎是為求生存，它的優先順序要排在傳宗接代之前，因此，若體內長期發炎，資源就會先送去幫助痊癒，讓身體先擺脫感染，結果生育力就會被抑制。以下是一些很常見的菌種感染，但卻很有可能導致不孕：

衣原體（Chlamydia）、淋病（Gonorrhea）、細菌型陰道炎（Bacterial vaginosis）、毛滴蟲（Trichomonas）、巨細胞病毒（Cytomegalovirus）、黴漿菌（Mycoplasmas）、白色念珠菌（Candida albicans）、弓漿蟲（Toxoplasmosis）、梅毒（Syphilis）。

建議方案

- **徹底檢查是否受到感染**　如果有不孕的情況，應立即請醫師做全面的感染檢驗，再對症下藥。
- **男、女雙方都進行根治飲食**　除慢性感染會造成長期發炎外，血糖震盪也是導致長期發炎的一個重要因素。進行一份肉、一份菜，澱粉不超過總量 20% 的根治飲食能確保血糖平衡不震盪。
- **進行消化道痊癒飲食**　體內體表有細菌感染，常常是體內體外菌種不平衡造成的。要平衡體內菌種，一定要從重整腸道做起，進行消化道痊癒飲食是一個最好的開始[4]（〔全面消化道痊癒飲食〕的進行方式參見 68 頁）。
- **補充魚肝油**　魚肝油裡的 Omega3 是人體消炎必備的原料，和有油脂的

---

3. 關於人體發炎消炎的機制及前列腺素參與的角色，參見賴宇凡著，《要瘦就瘦，要健康就健康：把飲食金字塔倒過來吃就對了！》第 50-56 頁。

4. 「入門消化道痊癒飲食」的方法也可參見賴宇凡著，《要瘦就瘦，要健康就健康：把飲食金字塔倒過來吃就對了！》第 278-281 頁。

國的。阿維戈醫師的知識傳承自一位貝里斯雨林中的老藥師艾利希歐·潘提（Don Elijio Panti Shaman）。艾利希歐認為，女性身體的中心在子宮，如果子宮異位就會失去中心，女性疾病多源自於這裡。這個按摩技術的目的在將子宮輕推歸位，以理順體內的血流、淋巴液、神經傳導，還有氣。

馬雅腹部按摩在美國必須是有證照的人才能進行。但仍有些步驟可以自行調理：

1. 平躺，在頭下與膝下枕上枕頭（或彎膝亦可），骨盆下方也可以加一個枕頭。

2. 放鬆。

3. 手指呈扒狀（見圖5）。

4. 在手上抹一點油。

5. 手指輕觸恥骨（pubic bone），用這八隻手指當掃把從恥骨向上滑，向肚臍深掃。力度看各人舒適程度。如果你的子宮過低，這時就會感到阻力。如此重複三次（見圖6）。

圖5

6. 找出骨盆邊最頂端的骨頭，再找出恥骨，以這兩點直線的中心點用同樣呈扒狀的八根指頭向肚臍掃（見圖7）。如果子宮是向側邊傾，做這個動作時同樣也會感受到阻力。如此重複三次，換邊以同樣方式再重複三次。

7. 找出最接近肚臍的肋骨兩端的最高點。從這兩個最高點之間的直線中心點用同樣的方式以八指往肚臍深掃。如果子宮是向這裡傾，你也一樣會感受到阻力。如此重複三次（見圖8）。

8. 從步驟5到步驟7重複十次，或到你覺得舒服為止。

9. 按摩後休息一下，喝一杯溫開水。

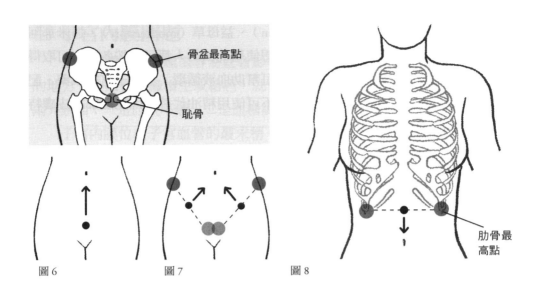

骨盆最高點

恥骨

肋骨最
高點

圖6　　　　圖7　　　　圖8

＊起初可能會有痛感，但每次按摩後痛感都應該會遞減，且阻力應愈來愈小。肚臍四周應該漸漸會感覺出現空間，沒有其他的物體壓迫。

＊月經來前五日內不要重壓按摩，只能輕壓。

＊月經來時不做此按摩。

＊如果你使用任何內用避孕器、止痛劑、腹部剛開刀、正進行其他生殖器官治療，或正在接受消化道治療，不適用此按摩。

● **進行骨盆蒸澡（pelvic steam bath）**　這種蒸澡方式韓國為稱 Chai-Yok，在南美洲稱為 Bajos。讓女性坐在開洞的椅子上，下方放置一個煮過草藥的熱水鍋或盆，用蒸氣薰蒸下體。

蒸澡目的是在放鬆骨盆腔，增進血流循環、幫助瘀血排出。韓國有售此蒸澡的專用椅（見圖9），女性普遍每月使用。骨盆蒸澡特別適合與馬雅腹部按摩合併使用。

薰蒸所使用的草藥可包括奧勒岡（oregano）、巴西里（basil）、金盞花（calendula）、薰衣草（lavender）、迷迭香（rosemary）、紅玫瑰（red rose）、檸檬香蜂草（lemon balm）、洋甘菊（chamomile）、歐洲莢蒾（cramp bark），黑升麻

圖9

所以，當我們壓力大時，不管是男性或女性，不管這個壓力來自於人際關係、工作或學業，內分泌系統都會因此而受到影響。因為你的身體並不知道你是因為帶第一個孩子很傷腦筋，或婆媳關係緊張，或工作要求太高才壓力大的，你的身體會一律將壓力視為你被老虎追。所以，既然你有生存的危險，那麼生殖繁衍下一代就要等一等了。

建議方案

● **了解自己的情緒、管理行為**[8]

□ 缺乏性趣

缺乏性趣是現代不孕的重要主因之一。現代人過度忙碌，夫妻兩人的工作常常從早一直忙到睡覺關燈之前，連講兩句話都快沒時間了，更何況要找出時間肌膚相親。再加上大家都飲食不均，雙方都常出現荷爾蒙問題，因此很容易性趣缺缺。其實經常性交能讓女性的經期穩定，也能夠增加精子的製造量。一般人常以為不性交和閉精是保存精子的好方法，但這是錯誤的。因為，結果反而會透過反饋機制讓身體以為我們不需要那麼多精子而開始減少產量。新的精子三十六個小時內就能準備完成，因此兩次性交間只要間隔一日，就能確保有高品質的精子。

建議方案

● **做好時間管理**　雙方找時間相處、聊天、互相連結，找時間相愛，愛的結晶也才有機會產生。

□ 安排過多受孕旅行

現代人都視旅行為放鬆的上好選擇，事實上，旅行時身體所承受的壓力是很大的。旅行時身體必須調整與平時不同的溫度、溼度、緯度、高度、時差等等，這麼大的壓力會讓身體覺得這不是一個很安全的受孕時

8.關於情緒管理，以及如何以飲食援助情緒管理的方式，可參見賴宇凡著，《身體平衡，就有好情緒！》一書。

間，很可能造成排卵時間延後。安全，來自於可預測，而可預測，來自於一致。所以，當我們大費周章出門旅行，想製造小倆口相處的時間以促成受孕，常常都會出現反效果。

建議方案

● **安排約會時間**　若需要小倆口獨處的時間，安排離家不遠的一日遊是一個很好的選擇。手牽手、身體靠身體地到附近走走、品嘗美食，因為熟悉，所以沒有心理上的壓力；也因為沒有趕行程的顧慮，所以可以真正放鬆。其實只要兩人感情成熟、心靈靠近，不一定要到巴黎才能夠感受得到浪漫。不要忘記，世界上所有的動物，都是在離巢不遠的地方受孕的。

□ 想控制身體

我們所處的是一個控制身體的文化，我們喜歡規定身體吃多少、何時吃，我們也把同樣的習慣帶到受孕這件事上。吃飯和做愛原本都應該是順應生理反應，自然而然的事，現在卻全交由表格、app、機器來管理。我們的身體不屬於我們，它屬於大自然，如果我們不放棄這個控制權，降服於比我們更大的力量，就勢必要與這個力量角力。角力自然便會形成壓力，影響生理環境與受孕機率。

建議方案

● **了解懷孕是上天的安排**　我們可以因為認識身體而對懷孕一事有更多的理解，但我們其實無力左右它。這個過程，對人類來說依舊像一個謎。因此，我們必須要放下，放下對它的掌控、放下與大自然的角力。努力準備、順其自然，是我們唯一能做的。

常常有病患問我：「為什麼我們什麼都試了，卻還是不能懷孕？」我的答案常是：試試降服於天吧！（SURRENDER）當你降服於天時，就是把你會不會懷孕的決定權還給老天，因為人會不會懷孕、有沒有機會懷孕、有沒有機會做父母，都是天的決定。只有降服於天，不再想極力掌控與左右，身體才有可能歸零。

我們的心情跟體內的生化運作是合而為一的，如果我們拚命想左右它，緊張地跟著表格和體溫做愛，身體並不知道我們是想懷孕，它會以為我們是被老虎追。這種緊張的心情，會讓身體判定環境是不安全的，身體就不會將下一代帶入這個環境中。

所以，有許多人在到祖墳上香、領養孩子，或已經放棄後，就突然懷孕了，這就是因為在心情上，我們已把懷孕與否的決定權交了出去。心情輕鬆了，也不再怪罪對方，因為要怪，就怪天和祖先吧，心情一放鬆，身體自然就會判定環境是安全的，是適合下一代成長的環境，也就容易受孕了。

所以，如果什麼都已經試了卻都沒有成效，那就試試降服於天吧。夫妻雙方可以深談自己的感受，一起把感受或抱怨，期盼與祈禱都寫在天燈上、氣球上、紙船上，再一起把它放了。讓天去操心這些事，我們做凡人就好。

□ 對母親或父親角色的混淆

很多人對於做父親和母親一事心態常很混淆。明明很想做爸媽，但卻不是很確定爸媽的角色該如何扮演。他們可能在成長過程中缺乏角色的示範。或是，雖然很想做爸媽，但卻不是很確定是否願意犧牲事業的發展。這些心理上的因素，也會直接影響體內化學的運作，進而影響生育。因此，如果你不是很確定自己想為人父為人母的心情到底是什麼，建議你先將這個情緒釐清。

建議方案

● **尋找心理專業釐清想為人父母的心情**
● **找出自己的思想等號** 利用思想等號的心理學技巧，找出自己對為人父母一事的認知，接受或改變它[9]。

---

9. 參見賴宇凡著，《身體平衡，就有好情緒！》第 206-217 頁，利用重畫自己的思想等號方法，重新釐清是否自己想為人父母的心情，也可以同樣利用這個方法，積極改變自己的看法。

Chapter *2*
懷孕

根治孕期飲食原則

懷孕期間最重要的飲食原則，是選擇正確的飲食組合，確保每餐飯後的血糖平穩。懷孕就像是一次內分泌系統的大合唱，不同的內分泌代表不同的聲部，有各自的作用，但又匯合在同一個地方，被血糖大力牽動。因此，孕婦吃東西時，食物的營養、食物種類的選擇，都必須排在食物組合是否正確之後。因為，如果食物組合不正確，讓孕婦的血糖震盪，那麼不管孕婦吃的食物再營養，都會造成孕婦體內的重要營養快速流失，進而影響胎兒的成長。此外，孕婦也常常在吃東西時想到食物是否有污染？食物是寒的還是熱的？會不會容易引起過敏？這些考量都很重要，但跟食物組合是否正確比起來，都顯得微不足道。

血糖震盪是孕期體重失衡的主因

為什麼保持血糖平衡不震盪這麼重要？因為人體的生化運作是即時的，先吃什麼就先消化什麼。澱粉和糖的消化快，蛋白質和油脂的消化慢，如果孕婦第一口吃的是糖，又沒有和有油脂和蛋白質的食物一起吃，食物裡的糖分就沒有油脂和蛋白質來減緩它的消化，糖分進入血液的速度就會太快。

要了解油脂和蛋白質平衡血糖的能力，以麵包夾不夾蛋、肉為例最清楚。如果我們單吃一片全麥麵包，大概二十分鐘就會餓，因為它消化的速度太快，一片全麥麵包所含五顆方糖的糖量，就會以很快的速度進入血液，血糖就迅速升高（見圖1）。

圖1　一片全麥麵包含五顆四克方糖的糖量。

但若我們吃一片全麥麵包的同時再加一顆荷包蛋，那這餐就可以撐二、三個小時，因為荷包蛋裡的油脂和蛋白質，減緩了全麥麵包的消化速度。這樣麵包所含五顆方糖的糖量，就可以分散在兩到三小時之間進入血液，血糖上升的速度就慢了很多。如果我們吃一片全麥麵包、一個荷包蛋，再多放片肉在上面，這餐通常可以撐上三到五小時。肉裡有豐富的飽和脂肪，飽和脂肪加上蛋白質，平衡血糖的能力最強。所以，這餐麵包裡的五顆方糖就可以分散在五小時內慢慢進入血液。

人體的血糖上升時身體會分泌胰島素調降血糖，它衝上去的速度有多快，胰臟就會分泌多大量的胰島素來壓低血糖，所以血糖衝得多高，就會掉得多低。可以說，血糖進入血液的速度，決定了血糖的震幅。

血糖震幅就是血糖的最高點減最低點，糖的消化速度愈快，血糖震幅就愈大。血糖震幅如果波動大，就會造成血糖震盪（見圖2）。

血糖震盪，是孕期體重失衡的主因。人體血糖震盪時胰島素會大量在體內循環，要靠胰島素指示細胞接收器開門讓糖進入細胞變成能量，這時血液裡的糖量才能下降，可以說胰島素就是讓細胞開門的鑰匙。如果孕婦一直吃錯，血糖不停震盪，最後細胞受不了胰島素，就會把接收器藏起來，胰島素不能指示細胞開門，糖就進不了細胞，會在血液裡持續高升，這就是所謂的胰島素阻抗。因為人體的主要能量來源是糖，懷孕的人本來就有輕微的胰島素阻抗以確保身體有足夠的儲備，但現在再加上血糖震盪形成的不正常胰島素阻抗，血糖平衡線就可能繼續往上移動。高升的血糖

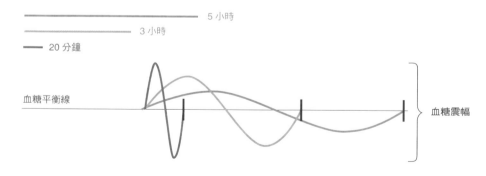

圖2 同樣卡路里在不同時間內消化完畢血糖震幅就不同。

此，在懷孕中、後期，母親就可以把澱粉攝取量調整回原來的比例，也就是一份肉、一份菜，有澱粉不超過總量的 20%。這段期間若孕婦想知道自己的食物搭配是否正確，可以學習如何正確測量餐後血糖。

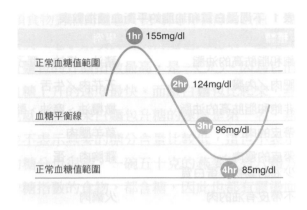

圖 8　餐後每小時測一次血糖，才能明確看出食物造成血糖震盪的幅度。圖中 155 － 85 ＝ 70，血糖震幅已經過高了。

正確量血糖的方法是餐後每一小時量一次血糖。這樣可以清楚看出血糖的震幅。餐與餐中間的最高血糖值減最低血糖值就是震幅，震幅最好低於 40~50 mg/dl（見圖 8）[2]。只要這樣測量三日血糖，很快就能掌握該如何搭配食物才不會震盪血糖的訣竅。之後就可以每兩星期測一餐餐後血糖，以定期了解自己的血糖情況。如果孕婦有習慣定期了解自己的餐後血糖狀況，並且持續均衡飲食平衡自己的血糖，就沒有妊娠糖尿病的顧慮，孕期中也不需接受口服葡萄糖耐量試驗，避免胎兒因測試而受傷（參見 83 頁）。

● **嚴選食材品質**　食物是怎麼長大的，決定了它所含帶的營養。食物是如何烹調加工的，也決定了它能夠保留的營養元素。因此，孕期在選購食物時，一定要用心了解食物的來源。牛是吃玉米長大的，還是吃青草長大的？豬有沒有打瘦肉精？魚是遠洋的，還是養殖的？如果是養殖的，它們的養殖方法是什麼？

此外，購買食品時一定要學會如何閱讀食品上的標籤。在尋找好食材時，我們要注意的不是食品營養標示，而是原料或成分表。因為食品營養標示表上，無論寫了多少營養元素，我們都不能確定它是不是人工或外加的，或身體能不能吸收。但這個過程，可以從原料成分上看得出

---

2. 更詳細關於餐後血糖的測量方式及解說，參見《吃出天生燒油好體質》第 59 頁及第 105~109 頁。

來，若原料或成分表上列的項目很多，表示加工程序繁複，營養流失的比例一定高、添加物也一定多（見圖9）。此外，加工手續愈繁多，食物上架期限就愈長，這對食品加工業是有利的，但對消費者健康卻是有害的。同一種類的商品用這種方式比較，孰優孰劣一目瞭然。

圖9　我們可以看得出來，左邊品牌的原料成分很簡單，沒有添加物，也因此過期時限較短，而右邊品牌的原料成分很複雜，有很多添加物，過期時限較長。

在所有的食材品質中，孕期中最要把關的，就是油脂的品質。

油脂分三類：多元不飽和脂肪酸、單元不飽和脂肪酸、飽和脂肪酸。三種油脂中，多元不飽和脂肪酸最怕光、怕氧和怕熱；單元不飽和脂肪酸第二怕光、怕氧和怕熱；飽和脂肪酸，最不怕光、怕氧和不怕熱。

所以，含多元不飽和脂肪酸高的油如葵花籽油、葡萄籽油，在油從種子中取出時，就已經壞掉了。所以，煉油廠必須精煉，再加上化學去味和漂白，才能將它上架，也就是說，這種油上架時就早已壞掉了。試想，我們擺在桌上的葵花籽兩個禮拜就會產生油耗味，而葵花籽油怎麼可能一用好幾個月也不會變味？

橄欖油與麻油、苦茶油這類單元不飽合脂肪高的油，如果是冷壓萃取置放在暗色的瓶子中，是可以保存的。但是它依舊怕熱，所以只能涼拌、低溫炒，或是和不怕熱的飽和脂肪類油脂一起下鍋。豬油、椰子油、鵝油這類飽和脂肪酸高的油脂，則可以用於高溫熱炒（見46頁表2）。

這些油脂全都對人體很重要，因此各類油脂應該輪著吃，它們各自都有不同的營養元素。在烹調時，選擇適合的油和適當的方法運用，不但能

表 2 不同油脂適合的調理方式表

適合高溫熱炒	適合低溫炒／涼拌	適合直接從殼或種子吃
羊油	橄欖油	亞麻仁籽油
豬油	苦茶油	葡萄籽油
牛油	麻油	葵花籽油
鵝油	酪梨油	玉米油
鴨油	腰果油	南瓜籽油
雞油	核桃油	
奶油	菜籽油	
椰子油	花生油	

增進營養，還能幫助其他重要營養元素的吸收與運作[3]。

＊如果用熱抹布擦抽油煙機，油能一擦就掉，就表示用對油，或是用油的方法正確。

＊如果抽油煙機要用刷的才能刷乾淨，就表示用錯油，或用油的方法錯誤。

● **不採取低脂飲食**　如果想確保胎兒腦部與神經發展健康，孕婦採取低脂飲食就不是最明智的選擇。油脂和膽固醇在人體內有許多重要的功能，它建構細胞膜，是固醇類荷爾蒙的原料，它也是膽汁的原料。但對胎兒來說，油脂和膽固醇的最重要功用在於建構神經系統和腦部，腦部是神經系統的中樞聚集地，人類的腦部有 60% 都是油脂。如果母親因為怕胖或怕膽固醇高而害怕吃油，胎兒以油脂為原料的視網膜與腦部發展就會受阻。不只如此，胎兒在母體內或是剛出生時，腦部 25% 的能量來源是來自油脂氧化過程所產生的能量。可以說，油脂是胎兒腦部的大宗能量來源。如果缺少這個能量，胎兒的智商發展必定受損。

一般市售低脂食品多是加工食品，如低脂牛奶、低脂起司都是。因為自

---

3. 更詳細對油脂的介紹，參見賴宇凡著，《要瘦就瘦，要健康就健康》第 129-135 頁。

然界大部分的蛋白質都會伴隨著油脂，若想僅取出油脂，一定要經過劇烈的加工手續。低脂牛奶、起司之外的低脂零食就更糟糕了，多半都是加工過的垃圾食物。所以一般人眼裡認為健康的低脂食品，其實是加工食品，而加工過的食品，多半是垃圾食物。正在培育胎兒的孕婦，沒有吃垃圾食品的餘地，因為胎兒在體內成長的每一分每一秒都需要營養。對孕婦來說，最好的油脂是伴隨著肉一起的，所以帶皮的雞、鴨、鵝、蹄膀、羊腿、深海魚，都是補充好油的好食物。油脂除了提供胎兒發展神經系統所需的原料，它同時也是讓孕婦可以不嗜糖的最佳食物。因為肉類本身所含的油脂有高量的飽和脂肪，最能讓人感到飽足，也就最能澆熄孕婦對糖的渴望。油脂攝取不足的孕婦，攝取糖分一定會失控。

● **孕期中蛋白質一定要攝取足量** 人體大部分的組織原料是蛋白質和油脂（見圖10），同樣的，我們用手指掐寶寶的臉時，手指間的組織大部分就都是蛋白質和油脂。

蛋白質是由許多不同類型的胺基酸組合而成的。如果蛋白質是一組樂高積木完成品，那麼胺基酸就是一個個不同類型的樂高塊，是蛋白質的最小單位。寶寶的身體需要約五萬種不同的蛋白質，用以形成各種器官、肌肉、神經、酵素、抗體、荷爾蒙、血紅蛋白等，連神經傳導素的合成都需要用到它。組成蛋白質的這些胺基酸，有九種人體無法合成，只能從食物中攝取，稱為「必需胺基酸」。這些人體必需的胺基酸每一口肉裡都能統統吃到，所以動物性蛋白質也稱為完全蛋白質（complete protein）。 但 是，

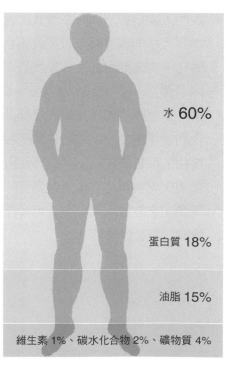

水 60%

蛋白質 18%

油脂 15%

維生素 1%、碳水化合物 2%、礦物質 4%

圖10 人體組織原料占最大宗的是蛋白質和油脂。

豆類、蔬菜、五穀等植物中的胺基酸卻無法九種都有，所以植物性蛋白質是「不完全蛋白質」（incomplete protein）。因此，吃素的孕婦，一定要米豆輪著吃，懂得輪流搭配植物性蛋白質，才可能攝取到較完全的蛋白質[4]。

想想，寶寶的成長是個多麼精密的建築工程，這個工程需要多少樂高塊才能完成，所以，孕婦在懷孕期間，一定要攝取足量且完全的蛋白質。

● **享受食物** 做媽媽的人都有千萬種擔不完的心，孕期間對吃這件事更是擔心。擔心吃錯、擔心吃多、擔心吃不夠。這些擔心對消化系統有很負面的影響，總是擔心的母親在還沒坐下吃飯之前消化系統就會接收到緊張的情緒，消化系統不知道媽媽是在擔心，還以為是被老虎追，就會直接關閉消化系統。這麼一來，不管孕婦吃什麼，都吸收不到其中的營養。

所以，準媽媽要懂得享受食物，而不是一面對食物就有壓力。即將做母親的人要把握時間，在寶寶出世前跟食物建立美好的關係。當我們和食物有美好的關係時，我們就不會對它充滿恐懼、想控制它、操弄它、利用它，或是濫用它；如果我們跟食物成功建立了良好的關係，我們會懂得了解它、接納它、享受它。食物是我們和生態與自然之間最好的橋梁。了解食物如何生長、好好品嘗它，就是親近自然最直接的方式。當我們能了解生態、親近自然，我們就會知道老天造的食物不管是肉還是植物，都是最好的。天造的食物，不是人造的食物可以相比的。

母親與食物所建立的美好關係，不但會直接影響她對食物的吸收，也關係到未來在寶寶開始吃東西時，寶寶會如何看待食物，對寶寶未來的健康有關鍵性的影響。

4.吃素者還要注意，一餐中的澱粉量不可太高，用油量要足夠，豆子和糙米要經過浸泡和催芽，以免流失體內礦物質等。想了解吃素者該如何攝取到較完全的蛋白質和平衡血糖，參見賴宇凡著，《吃出天生燒油好體質》第 137-141 頁，以及第 214-240 頁。

2-2

根治孕期初期飲食怎麼吃？

因應胎兒不同的成長階段，準媽媽懷孕初期與懷孕中後期所需的能量應該稍有不同，所以孕期食譜也應分為初期及中、後期兩種。懷孕初期因為胎兒成長較快，需要較大的能量供給，所以澱粉量稍高；到了中、後期就應回復根治飲食的基本原則，就是一份菜、一份肉、澱粉占總量的20%。此外，大骨湯、內臟、海帶、貝類，發酵食品必須每週攝取，才能獲得平衡的礦物質和好菌。

如果孕婦必須常常外食，因為外食餐廳所使用的油脂來源很難確保好壞，所以建議孕婦外食時一定要吃用對油烹調的傳統中西式餐點。很多傳統的西餐會用奶油做菜，黑白切和鵝肉攤等會用豬油和鵝油做菜。如果無法確定，就盡量點不太需要另外添加油烹調的菜色，例如紅燒、慢燉的帶皮肉類──紅燒五花肉、紅酒燉牛肉等。

建議方案

● **用抗餓程度檢測吃得對不對** 孕婦即使不動，能量耗損量也依舊極大，因為胎兒要從她的體內獲取能量快速成長。所以，確保孕婦能量能平穩供給胎兒是飲食的首要目標。那麼，我們要怎樣才能知道自己吃得對不對？能量平穩來自於血糖平穩，食物影響血糖的狀況除了可以刺手指偵測外，食物是否抗餓也是一項測量指標。愈能抗餓的，愈不震盪血糖，能量供給就愈平穩。此外，抗餓程度還可以用來檢測食材品質及搭配比例等，是一種很好用的檢測方式。

1.**用抗餓程度檢測食物種類選擇是否正確** 比較吃紅燒肉和里脊肉，哪個抗餓較久？

2.**用抗餓程度檢測餐廳的食材品質是否夠好** 比較 A 早餐店的總匯三明治與 B 早餐店的總匯三明治，哪個抗餓較久？

3. 用抗餓程度檢測食物搭配比例是否正確　如果才剛吃飽很快就又餓了，就要問，那餐澱粉是不是太多了？肉夠不夠油？還是兩樣都不足？

● **使用根治孕期初期餐檢查表**　一份肉、一份菜、精緻澱粉占總量的20%、天然澱粉占總量的30%。如果一餐中有水果，則要算在天然澱粉的分量中，如果有甜點，就算在精緻澱粉的分量中（見圖1）。除此之外，孕期初期根治飲食每一星期還必須包括以下飲食條件（見表1）：

1. **一星期至少吃三次骨頭湯**　帶油骨頭高湯中豐富的礦物質，是胎兒骨骼成長的關鍵元素。

2. **一星期吃兩次內臟**　胎兒的器官成長很迅速，且器官成長時所需要的營養元素，動物內臟都能提供。

3. **一星期吃兩次發酵食品**　胎兒出生經過母親的產道時，會接觸到母親產道中的菌種，這些細菌就是嬰兒用來繁殖腸菌的種子軍。因此，母親的菌種是否平衡對嬰兒未來的消化道健康有絕對的影響。因為母親腸道內的細菌通常和產道內的細菌是一樣的，所以母親若想平衡自身的菌種，最好的方法就是多攝取發酵食品。真正的好發酵食品是以好菌發酵代謝出天然的維生素，因此含有豐富的菌種和營養元素。

4. **一星期吃一次海藻**　海藻是含碘量最高的食材。碘是合成甲狀腺素不可或缺的元素，甲狀腺素在母親懷孕期間，扮演了重要的角色（參見20頁）。因此，孕期間的母親應定時攝取海藻類食物。

5. **一星期吃一次貝類**　貝類含碘和豐富的鋅，鋅是寶寶神經成長與母親免疫系統運作時必要的營養元素。因此，如果想要寶寶有聰明的頭腦和讓母親有效提升免疫力，則每星期都應攝取貝類。

6. **豆類要先浸泡催芽**　豆類富含

表 1　根治孕期初期餐檢查表

☐	一星期至少吃三次　骨頭湯
☐	一星期吃**兩次**　內臟
☐	一星期吃**兩次**　發酵食品
☐	一星期吃一次　海藻
☐	一星期吃一次　貝類
☐	豆類要先浸泡催芽

瘦孕、順產、讓寶寶吃贏在起跑點

各類胺基酸，其實是相當營養的食物，吃素的孕婦對它尤其需要。但因為豆類含有高量的植酸，容易引起脹氣並造成礦物質流失，烹調之前一定要浸泡、催芽，以去除植酸。催芽的方法是將豆類在過濾水裡浸泡一晚。水倒掉，把豆類沖洗乾淨、瀝乾後平放。豆類一天至少要沖洗兩次，一到四天內就會發芽，端看種子的種類和大小。發芽後的種子可以冷藏[5]。

● **參考根治孕期初期餐兩星期示範食譜** 這個食譜設計的重點是在「餐餐」不震盪血糖的情況下，提高澱粉的攝取量。雖然仍按照一般食譜設計分為早、中、晚三餐，但其實任一餐都適合在早、中、晚的時間吃。為避免震盪血糖，食用精緻澱粉類時，都可以酌量增加油脂，如豬油拌白飯、苦茶油淋麵線或奶油夾麵包等。此外，炒蔬菜時適量加入堅果也是一個不錯的方法。煮湯、粥、麵時盡量都使用高湯底，可以增加孕婦的營養。培根、火腿、起司等一定要選非人工加工的，炒菜則一定要用好油（參見 45 頁）。

圖 1　一份典型的根治孕期初期餐。

---

5. 更多關於催芽與浸泡的方式，參見賴宇凡著，《要瘦就瘦，要健康就健康：把飲食金字塔倒過來吃就對了！》第 115-117 頁。

根治孕期初期餐搭配建議

		料理名	肉	蔬菜	精緻澱粉 20%	天然澱粉 30%
第一週						
週一	早	德國酸菜烘蛋	培根、起司、蛋	德國酸菜		玉米
		奶油夾麵包			麵包	
		馬鈴薯餅				馬鈴薯
	中	白斬鵝肉	鵝肉			
		韭菜炒鮮蚵	蚵	韭菜		
		鵝油拌麵			麵	
		白蘿蔔排骨湯	排骨			白蘿蔔
	晚	牛排	牛肉			
		草莓堅果沙拉		草莓、生菜		
		義大利麵			義大利麵	
		肉桂粉奶油烤地瓜				地瓜
週二	早	燻雞絲黑豆蔬菜沙拉捲餅	雞肉	生菜	捲餅	黑豆
	中	烤帶皮雞腿	雞肉			
		炒青菜		青菜		
		白飯			米飯	
		枸杞炒山藥				枸杞、山藥
	晚	糖醋排骨	豬排骨			
		香炒菇高麗菜		香菇、高麗菜		
		白飯			米飯	
		馬鈴薯炒肉絲	豬肉			馬鈴薯
週三	早	魚頭酸菜薏仁豬肚高湯麵	魚頭、豬肚、高湯	酸菜	麵	薏仁
	中	什錦炒米粉	叉燒、鮮蝦、蛋	什錦蔬菜如香菇、紅蘿蔔絲、木耳等	米粉	南瓜絲

		料理名	肉	蔬菜	精緻澱粉 20%	天然澱粉 30%
	晚	香芋燉豬腳	豬腳			芋頭
		蝦米炒青菜	蝦米	青菜		
		無糖小米粥			小米	
週四	早	白菜豬肉豬皮蓮藕水餃	豬肉、豬皮	白菜	麵皮	蓮藕
	中	黑白切、各式滷味	豬肉			
		海帶		海帶		
		米粉			米粉	
		烤地瓜				地瓜
	晚	馬鈴薯紅燒牛肉飯	牛肉		米飯	馬鈴薯
		魩仔魚炒菠菜	魩仔魚	菠菜		
		蛤蜊湯	蛤蜊			
週五	早	滷牛腱蔬菜捲餅	牛肉	生菜	捲餅	
		蒸南瓜沾蒜蓉醬油膏				南瓜
	中	紅白蘿蔔紅燒魚	魚			紅、白蘿蔔
		香菇炒豆苗		香菇、豆苗		
		椰油白飯			米飯	
	晚	烤鴨	鴨肉			
		炒三絲		芹菜		牛蒡、紅蘿蔔
		蔥油餅			蔥油餅	
週六	早	炸雞塊	雞肉			
		青豆火腿炒玉米	火腿	青豆		玉米
		燕麥			燕麥	
	中	蔥爆羊肉	羊肉	大蔥		
		四川白蘿蔔泡菜				白蘿蔔
		羊油拌飯			米飯	

		料理名	肉	蔬菜	精緻澱粉 20%	天然澱粉 30%
週六	晚	椒麻腰花	豬腰			
		炒青椒		青椒		
		苦茶油拌麵線			麵線	
		紅棗蓮藕雞湯	雞			紅棗蓮藕
週日	早	臘肉炒蒜苗	臘肉	蒜苗		
		醋溜馬鈴薯絲				馬鈴薯
		饅頭				饅頭
	中	炸排骨	豬排骨			
		百合炒蠶豆		百合		蠶豆
		豬油拌飯			米飯	
	晚	馬鈴薯紅蘿蔔咖哩雞	雞肉			馬鈴薯、紅蘿蔔
		清炒白綠花椰菜		白、綠花椰菜		
		長米飯			白飯	
第二週						
週一	早	豬肉片生菜馬鈴薯沙拉三明治	豬肉	生菜	麵包	馬鈴薯、青豆、紅蘿蔔
	中	烤鯛魚下巴	魚下巴			
		涼拌木耳海帶芽		木耳、海帶芽		
		香菇冬粉		香菇	冬粉	
		芋頭燉排骨	豬排骨			芋頭
	晚	番茄牛肉蛋包飯	牛肉、蛋	番茄		
		豆乾炒黃帝豆	豆乾			黃帝豆
		飯			米飯	

		料理名	肉	蔬菜	精緻澱粉 20%	天然澱粉 30%
週二	早	起司培根蛋餅	起司、培根、蛋		蛋餅皮	
		水果生菜沙拉		生菜		水果
	中	皮蛋豬肝粥	皮蛋、豬肝		米飯	
		玉米青豆腰果炒蝦仁	蝦仁			玉米、青豆
	晚	三杯雞炒麵	雞肉		麵	
		蓮藕西芹炒魷魚	魷魚	芹菜		蓮藕
週三	早	茼蒿洋葱蚵仔煎	蚵	茼蒿	芶芡糊	洋葱
	中	孜然羊排	羊肉			
		發酵蘆筍		蘆筍		
		蘿蔔絲餅			餅	白蘿蔔
	晚	泰式檸檬魚	魚			
		泰式生木瓜沙拉		生菜		青木瓜
		月亮蝦餅			月亮蝦餅	
週四	早	鴨絲酸豆炒薯絲刈包	鴨肉	酸豆	刈包	馬鈴薯絲
	中	焗烤玉米青豆雞肉飯	雞肉、起司	青豆	米飯	玉米
	晚	牛肉洋葱丼	牛肉		米飯	洋葱
		味噌海帶豆腐湯（魚骨高湯）	魚骨湯、豆腐	海帶		
週五	早	燻鮭魚水波蛋起司	魚肉、蛋			
		玉米筍炒甜豆		甜豆		玉米筍
		奶油夾麵包			麵包	
	中	牛尾羅宋湯 + 小餐包	牛肉	番茄	小餐包	洋葱、馬鈴薯、紅蘿蔔
	晚	糖醋里肌肉飯 + 綠蔬菜	豬肉	青菜	米飯	
		魚香茄子				茄子

		料理名	肉	蔬菜	精緻澱粉 20%	天然澱粉 30%
週六	早	鵝肉白蘿蔔蔬菜冬粉（高湯）	鵝肉、大骨湯	蔬菜	冬粉	白蘿蔔
	中	香煎鯖魚	魚肉			
		炒三色片		木耳		荸薺、紅蘿蔔
		涼拌蒟蒻			涼拌蒟蒻	
	晚	南瓜粉蒸肉	豬肉			南瓜
		清炒薑絲芥蘭		芥蘭		
		白飯			白飯	
週日	早	起司培根酪梨貝果	起司、培根	酪梨	貝果	
	中	烤雞心串	雞心			
		炸四季豆、香菇天婦羅		四季豆、香菇	炸物外包澱粉	
		炸洋芋片				馬鈴薯
	晚	蔥爆羊肉	羊肉	大蔥		
		紅椒燴蠶豆		紅椒		蠶豆
		白飯			白飯	

＊孕吐食譜請參考 78 頁

2 – 3

根治孕期中後期飲食要怎麼吃？

根治孕期中後期飲食的飲食比例是一份肉、一份菜、澱粉 20%。如果該餐有水果或甜點，要算在總澱粉的分量裡，也就是一餐的 20% 中（見圖1）。水果與甜點不應該同一餐吃，否則一定震盪血糖。

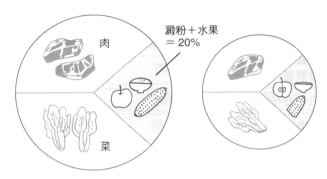

澱粉＋水果
＝ 20%

肉

菜

圖 1　懷孕中後期最佳的飲食組合是一份肉、一份菜，澱粉占 20%。
如果該餐有水果或甜點，要算在總澱粉的份量裡。

懷孕中、後期胎兒的成長速度不如初期那麼快，所以對能量的需求降低，但需要用來發展組織器官的原料需求卻增加，因此需要更多蛋白質、油脂類的營養元素。

建議方案

● 用抗餓程度檢測吃得對不對（參見 49 頁）
● 使用根治孕期中後期餐檢查表（見表 1）
● 可用大蒜膠囊抑制想吃糖的欲望
　菌種失衡的孕婦常在懷孕初期過

表 1　根治孕期中後期餐檢查表

□一星期至少**五**次	骨頭湯
□一星期**兩**次	內臟
□一星期三次	發酵食品
□一星期**兩**次	海藻
□一星期一次	貝類

		料理名	肉	蔬菜	澱粉 20%
第二週					
週一	早	虱目魚油酥米粉（高湯）	魚、魚骨湯	芹菜末、油酥	米粉
	中	酸菜爆炒豬肥腸	豬腸	酸菜	
		腸油拌飯			米飯
	晚	蜂蜜烤雞	雞		
		馬鈴薯青豆沙拉		青豆	馬鈴薯
週二	早	火腿起司蛋餅	火腿、起司、蛋	天然發酵台式泡菜	蛋餅皮
	中	泰式打拋豬肉包生菜	豬肉	生菜	
		豬油拌飯			米飯
	晚	山藥燉烏骨雞湯	雞		山藥
		炒青菜		青菜	
週三	早	蚵仔花枝青菜鹹粥（高湯）	蚵仔、花枝、高湯	青菜	米飯
	中	黑白切（內臟、海帶）	豬皮、豬耳、肝連、粉肝、粉腸	海帶	
		燙青菜		青菜	
		米粉湯（高湯）	大骨湯		米粉
	晚	豆腐乳燉羊脊百頁	羊肉、百頁		
		炒時蔬		青菜	
		羊油拌麵			麵
週四	早	魚肚漿米粉（高湯）	魚肚漿、大骨湯	芹菜末	米粉
	中	香煎藍莓醬鴨胸	鴨胸		
		涼拌蘆筍		蘆筍	
		炸地瓜條			地瓜
	晚	臘肉草菇豆腐煲飯	臘肉、豆腐	蔬菜、草菇	飯

瘦孕、順產、讓寶寶吃贏在起跑點

		料理名	肉	蔬菜	澱粉 20%
週五	早	五花肉花生粉 酸菜刈包	豬肉	酸菜	刈包
	中	開蓋式雞肉 越南三明治	雞肉	越式紅白蘿 蔔泡菜	三明治麵包 一片
	晚	冬菜燉鴨湯米粉	鴨肉、鴨高湯	冬菜	米粉或冬粉
		滷海帶		海帶	
週六	早	薄皮豬肉白菜煎餃	豬肉	白菜	餃子皮
	中	泰式豆芽鮮蝦肉絲蛋 炒河粉	蝦、豬肉、蛋	豆芽	河粉
	晚	磨菇醬佐雞腿	雞肉	蘑菇	
		沙拉		生菜	
		奶油夾麵包			麵包
週日	早	京醬肉絲夾饅頭	豬肉	大蔥	饅頭
	中	四川水煮魚	魚		
		四川泡菜		四川泡菜	
		擔擔麵			麵
	晚	越南生牛肉河粉（高湯）牛肉、牛骨高湯		豆芽、薄荷	河粉

＊根治寶寶和根治月子食譜也都很適合孕婦，參見 202、367 頁[6]。

圖 2　一份典型的根治孕期中後期餐。

6. 各項食物組合的比例，照片也可參見賴宇凡著，《吃出天生燒油好體質》第 188-237 頁。

2 - 4

孕期根治飲食 FAQ

1.吃海鮮、貝類會不會有重金屬？

其實，現在大部分的食物都有重金屬殘留的可能。例如，農藥會導致土壤礦物質流失，礦物質失衡就會有重金屬囤積，那麼在這些土地上種植的植物就都會有重金屬過量的問題。相同的，海中的生物也會遇到海水污染造成的重金屬問題。我們居住的是一個污染嚴重的地球，住在這個地球上的動植物當然不可避免也會受到污染。面對這個問題，最好的解決之道不是不吃這些食物，而是要讓身體有能力排毒，這就是為什麼均衡飲食很重要。因為均衡飲食可以平衡血糖，血糖平衡能量就平穩，平穩的能量能確保抗氧化物可持續與重金屬結合，將它排出體外。所以，只要飲食均衡，就不用太擔心海鮮、貝類的重金屬殘留問題[7]。

2.孕婦可以吃生的食物嗎？

孕婦不是病人，原本應該可以食用任何原形食物。但是，因為孕婦若感染李斯特菌（Listeria monocytogenes）可能導致流產，所以孕婦應盡量少碰可能夾帶此菌的生食，如輕發酵的起司和發酵火腿等肉品。如果孕婦有胃酸過低的現象，如正服用中和胃酸的藥物，或放屁、大便、打嗝很臭，就應避免所有的生食。因為缺乏足夠強的胃酸殺死細菌，我們免疫系統的第一站就無法發揮作用。

3.孕婦應該吃較多蔬菜嗎？

許多孕婦為了想多攝取葉酸所以會大量吃蔬菜。葉酸之所以稱做葉

---

7. 人體排毒的方式請見賴宇凡著，《身體平衡，就有好情緒！》第 92 頁。

酸，是因為它在大葉蔬菜中的含量很豐富。葉酸對孕婦來說很重要，因為它是製造 DNA 所需的元素，缺乏葉酸胎兒有可能畸型。但是，葉酸是否能被身體吸收的先決條件是體內的鋅含量，所以在孕期中食用紅肉、貝類會這麼重要，因為它們都含有豐富的鋅。這也是為什麼，想有效攝取足量的葉酸，最好的方法不是吃大量的蔬菜，而是定期補充肝臟和內臟，因為這些食物同時擁有高量的鋅和葉酸（見表1）。

表1　不同食材鋅、葉酸的含量比較表

	生菜	綠椰菜花	雞心	雞肝
鋅　（mg）	0.18	0.41	6.59	2.67
葉酸 (ug)	38	63	72	588

資料來源：美國農業部農產研究服務國家標準營養參考資料庫（United States Department of Agriculture Agricultural Research Service　National Nutrient Database for Standard Reference）

　　大量攝取蔬菜不僅不是攝取葉酸的好方法，還可能傷害我們的腸道。蔬菜中的纖維量豐富，分解纖維必須靠我們的腸菌。如果纖維攝取過量腸菌又不足，就和蛋白質與油脂不能分解的後果是一樣的，會損傷腸道與擾亂腸菌平衡。所以，吃過量蔬菜的人通常消化都很弱。

　　因此，孕期中蔬菜攝取量並不需要特別增加，和平時一樣就可以，但每星期都一定要食用內臟。

4. 既然是一人吃兩人補，孕婦需要硬塞自己吃到兩人份嗎？

　　孕婦該吃多少，其實就跟沒懷孕的人一樣，是由自己的食欲來決定的。如果需要的能量多，食欲就會升高，如果所需的能量已經足夠，就不會有食欲。人的食欲是由一種叫瘦體素（leptin）的荷爾蒙在控制的，只要血糖平衡，荷爾蒙自然會根據身體的需要來調整食欲。所以，孕婦該吃多少不是由專家決定的，孕婦該吃多少應該由她自己的食欲來掌控，也因此

2-6

孕婦有食物過敏怎麼辦？

如果孕婦會食物過敏，就表示她有腸漏症[11]。腸漏症簡單地說就是腸道菌種不平衡所導致的「腸子漏洞」，食物在還沒被消化完全時，就透過這些漏洞被放行進入血液。沒有消化的食物分子身體不認得，就會把它當作外來的敵人戰鬥，這時就會出現有如感冒生病的症狀，好似流鼻涕、起疹子、氣喘，或異位性皮膚炎等。由於食物過敏的人都有腸道菌種不平衡的問題，建議在孕前先進行一次完整的消化道痊癒飲食，先消除腸漏症。母親的腸菌先平衡，就不會在寶寶經過產道時把不平衡的腸菌傳給他，是預防寶寶過敏或異膚最好的保障。但是，如果已經懷孕，消化道痊癒飲食建議從第二步開始做起，以免孕婦營養攝取不足。消化道痊癒飲食最好在寶寶出生前完成，才不會讓初生寶寶的腸菌不均衡，在吃母乳時和母親出現同樣的食物過敏源。

建議方案

● **進行全面消化道痊癒飲食** 要修正腸道菌種失衡、封閉小帶運作問題（參見 415 頁），最有效的方法就是進行消化道痊癒飲食（步驟見 70 頁表 1）。消化道痊癒飲食的目的在讓消化道取得適當的休息，補充消化道重建所需的原料，讓腸菌有時間在不受干擾的情況下繁殖與取得平衡。

消化道痊癒飲食適用任何有消化系統不適症狀的人。它也適用於有潰瘍（包括賁門、胃、腸、幽門、迴盲瓣）、急性與慢性腸胃炎、胃食道逆流、胃痛、脹氣、便秘、拉肚子、放屁排便奇臭等問題的人。除此之外，消化道痊癒飲食對有過敏症狀、異位性皮膚炎、精神疾病等問題的人來說，最有幫助。

11.關於食物過敏與腸漏症，參見賴宇凡著，《身體平衡，就有好情緒！》第 105-115 頁。

在採行消化道痊癒飲食期間，如果在進行某一個步驟時出現自己原本就要根治的症狀，例如原本做消化道痊癒飲食是為了消化症狀，那這些症狀就是指標；或原本是為了異位性皮膚炎進行消癒飲食，那皮膚症狀就是指標；或原本是為了精神疾病進行消癒飲食，那精神症狀就是指標。遇到出現指標症狀時，就停留在同一個步驟，直到指標症狀消失後才能進行下一個步驟。如果指標症狀很嚴重，可以回到上一步再重新做一遍。但除了指標症狀外，其他的症狀多是恢復反應，可以忽略往下一個步驟走去[12]。所以，消化道痊癒飲食執行時間長短依各人消化道受傷的嚴重程度而定，完全以症狀為指標，沒有特定的執行時間長短。

消化道痊癒飲食每前進一步，之前步驟裡所加入的食物（需按指示方式烹調）就全部都可以吃。例如，第一步可以喝湯，第二步可以加吃肉，那第二步時就肉和湯都可以吃；第三步可以加煮軟的根莖類蔬菜，那第三步時就湯、湯裡的肉、煮軟的根莖類蔬菜全部都可以吃。但是，如果還沒有走到某一步，除了那一步外的其他食物就完全不能碰。所以，如果第二步是可以喝湯和吃肉，那麼除了湯和肉外，不能吃其他任何食物，零食時間也一樣。不可以正餐吃消化道痊癒飲食，但零食就吃其他像堅果、蛋、麵包等食物，因為這樣腸道就沒有機會和時間慢慢痊癒。

如果進行消化道痊癒飲食的原因是為改善精神症狀，那建議永遠不食用奶製品，且盡量少吃麥製品。

記得消化道痊癒飲食中的高湯與發酵蔬菜最好自製。為消化道痊癒飲食製作的發酵蔬菜切記鹽量一定要掌控好，不然泡菜汁就會太鹹，太鹹的泡菜汁是苦的（參見 375 頁）。如果泡菜汁太鹹，可以放進不太熱的湯裡當鹽調味。切記這類發酵品的鹽一定要用最上等的。高湯必須加醋或酒熬煮，油不能撈出。在消化道痊癒飲食期間，不吃其他的零食、食物，除了白開水，不喝其他任何飲料，如果餐間餓了，可以吃該步驟中所列的各項食物，禁食其他食物。

12.什麼是恢復反應、什麼是生病，參見賴宇凡著，《吃出天生燒油好體質》第 146-186 頁。

步驟	方法
第十三步	**加生的青菜、水果** 先加生菜或削皮的小黃瓜。如果沒有症狀，可以加入其他生蔬菜，如蘿蔔、番茄、洋蔥、包心菜等。要先加入削過皮的水果，沒有症狀才加入不削皮的水果。
第十四步	**加入澱粉類食物** 先從天然澱粉類食物，如豆類、地瓜、芋頭、米類等開始加起。最後才加入加工過的精緻澱粉類食物，如麵、麵包等。從少量開始加，一次一種，記得澱粉一定要和油脂一起攝取，如豬油拌飯、麵包抹奶油。豆類一定要經浸泡或催芽。澱粉量可以一直加到每餐的 20% 為止。
第十五步	**加入奶製品** 先從發酵奶製品加起，如起司、優格等，起司從發酵較久較硬的種類加起。最後才加入鮮奶類，如牛奶或羊奶。因為不是人人都有能消化奶蛋白和奶糖的酵素，所以大部分人有奶類過敏並不是因為腸道封閉小帶出問題，而是因為它不適合人體。所以，如果食用奶製品會出現症狀，應該要盡量避免。

● **服用益生菌** 有食物過敏的孕婦可以在睡前服用一粒益生菌，和多吃發酵食品，一直到寶寶出生為止。

● **不要天天吃一樣的食物** 食物過敏多從腸漏開始（參見 411-425 頁）。因此，這類人只要同一種食物吃多了，沒消化完畢的食物經由腸道漏洞進入血液，就變成了病原。免疫系統若是經常碰到這個病原，就容易形成抗體，這就是為什麼過敏檢測單上易過敏的食物都是我們最近常吃的食物。所以，有過敏史的人，最好食物輪著吃，不要每天都吃同樣的東西。各類肉類、水果、蔬菜、香料、油類、營養補充品等全都要輪著吃、輪著用，這樣才不易引發抗體形成，才不會不斷刺激腸道發炎，能給腸道時間復原。其實，人要健康，食物本就應該輪流食用，因為我們是雜食動物，需要多元的營養才能健康。

2 - 7

孕吐要怎麼吃？

　　女性知道自己懷孕的第一個徵兆，通常都是孕吐。這個不算病的懷孕正常反應，半數以上的孕婦都會經歷。雖不算病，但害喜時的感覺常比生病還難過。為什麼會孕吐？又為什麼有些人會孕吐，有些人卻完全沒事？

　　會發生孕吐症狀主要是因為腎上腺的疲倦。為什麼腎上腺會和胃酸、反胃、嘔吐扯上關係呢？胃酸分泌其實是荷爾蒙胃泌素（gastrin）在掌管的，我們進食時蛋白質進入胃部，胃受蛋白質刺激釋出胃泌素，開始分泌胃酸，讓胃酸分解蛋白質。蛋白質被分解後變成胺基酸，當胃部的胺基酸量開始多的時候，一種稱為胰泌素（secretin）的荷爾蒙就會釋出，它一釋出，胃泌素就開始下降。可以說我們的胃酸可以分泌得剛剛好，能消化蛋白質又不產生過多的胃酸，是因為有荷爾蒙胰泌素在進行平衡。但胰泌素的量除了飲食刺激外，也受促腎上腺皮質激素（adrenocorticotropic, ACTH）這個荷爾蒙制衡，而促腎上腺皮質激素又受皮質醇（cortisol）制衡。它們之間有彼此制衡的連鎖效應（見圖1）[13]。

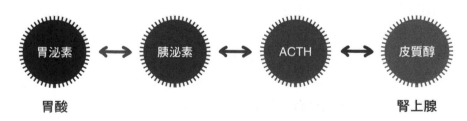

胃酸　　　　　　　　　　　　　　　　　　　　　　　　　　腎上腺

圖1　胃酸分泌機制透過複雜的荷爾蒙制衡，也受腎上腺影響。

13. Nussdorfer GG et al., "Secretin, glucagon, gastric inhibitory polypeptide, parathyroid hormone, and related peptides in the regulation of the hypothalamus- pituitary-adrenal axis" , *Peptides* 2000 Feb;21(2):309-24.

皮質醇由腎上腺分泌，所以現在腎上腺就跟胃酸搭上線了。如果腎上腺失衡，那透過促腎上腺皮質激素、胰泌素，胃泌素也會跟著失衡，導致胃酸突然分泌過多，讓孕婦一看到食物就一陣酸水往上衝，引起嘔吐反射。

　　荷爾蒙失衡最大的特徵就是「不是太多就是太少」，所以腺體在失衡時，機能可能處於不同的階段，有些時候是機能亢進、有些時候是機能減退 [14]。我們常聽說甲狀腺亢進、甲狀腺機能減退的說法，腎上腺也是一樣，失衡時也可能會出現亢進與減退兩種極端。就因為各人荷爾蒙所處階段不同，所以即使兩個孕婦懷孕時都有腎上腺失衡的情況，但也會出現兩種截然不同的反應。有些完全沒有孕吐，有些卻什麼都不能吃，一聞到食物、一看到食物，或一想到食物就胃酸往上衝想吐（胃泌素的分泌是由想到食物、看到食物，與聞到食物啟動的）。

　　人體的皮質醇清晨時的產量最高，皮質醇釋出，血糖升起，血糖升到一定量時，我們就自然醒了過來。但是，腎上腺疲倦的人多數清晨的皮質醇量都不夠。皮質醇一不足，胰泌素就失衡，接著胃泌素分泌就跟著失衡，結果就是胃酸過多，這就是為什麼孕婦最容易在清晨時噁心想吐，所以英文也才會稱孕吐為 morning sickness（清晨的疾病）。

人體腎上腺失衡有以下可能：

1. **血糖震盪**：飲食不均讓血糖上下震盪，當血糖掉到谷底時，要由腎上腺分泌皮質醇將血糖提起來。如果我們餐餐飲食不均，腎上腺就餐餐都受到侵襲，導致失衡。

2. **壓力過大**：當我們生活中有人際關係、工作、經濟、情緒壓力時，腎上腺都會分泌壓力荷爾蒙讓我們抗壓。如果生活中的壓力一直沒有得到解除，腎上腺就會長期受影響，最後因過度疲倦而失衡。

3. **使用刺激品（如咖啡因、尼古丁等）**：咖啡因、尼古丁這類刺激物能直接刺激腎上腺釋出壓力荷爾蒙，用以提升血糖，讓我們提神。這類刺激物用久了，腎上腺就會因為被過度刺激而疲倦失衡。

4. **睡眠不足**：如果我們想睡時卻撐著不睡，腎上腺就必須提供我們能量

---

14. 參見賴宇凡著，《要瘦就瘦，要健康就健康：把飲食金字塔倒過來吃就對了！》第 232-234 頁。

讓我們繼續保持清醒。如果長期睡眠不足，腎上腺就會因為加班過度而先過勞失衡。

5. **運動過度、過度操勞**：當我們體力勞動超過負荷量時，讓我們有體力能繼續活動的也是腎上腺，是腎上腺釋出壓力荷爾蒙提升血糖為我們提供了能量。如果我們長久運動或操勞過度，腎上腺機能也會隨著我們的體力一起被耗損、失衡。

6. **脫水**：由於血液中的水分占 91.4%，所以脫水就等於缺血。失血對身體來說是生存大事，腎上腺必須釋出大量鹽皮質激素（mineralocorticoids）調度礦物質，用以調節體內血量與血壓，保住生命。如果我們長期脫水，腎上腺也會就跟著無力、失衡。

7. **發炎不止**：身體在痊癒時，都一定要歷經發炎再消炎的過程。發炎與消炎的過程是由前列腺素領路，但前列腺素也同時參與腎上腺中的類固醇生成作用（adrenal steroidogenesis），皮質醇就是其中一項。所以，如果體內一直有發炎不止的關節、牙齒，或器官等，腎上腺就會因為前列腺素參與不足一起被拖下水，產生失衡。

8. **長期使用影響腎上腺藥物**：固醇類藥物包括可體松（cortisone）、氫化可體松（hydrocortisone）、潑尼松（prednisone），這類藥物多數英文名都以 -sone 結尾。這些藥物不管是口服、注射，還是外用（膏藥），都會傷害腎上腺，長期使用能導致腎上腺失衡。

   治療過動症（attention deficit hyperactivity disorder, ADHD）的藥物如利他林（Ritalin）、專司達（Concerta），這些派醋甲酯（Methylphenidate）藥物也能夠干擾腎上腺運作。因為此類藥物專門影響兒茶酚胺（catecholamines）神經傳導素，而這類的神經傳導素也是由腎上腺生產的。所以，長期使用這些藥物，腎上腺的運作會因過度干擾而失衡。

   此外，避孕藥多以雌激素掌控女人生理週期，由於腎上腺皮質（adrenal cortex）所分泌的雄激素就是女性雌激素的前驅物質（precursor），所以長期服用避孕藥會干擾腎上腺的運作，造成腎上腺失衡。

在女性荷爾蒙經歷驚天動地的改變時，腎上腺都會大力的參與和支援，如經期、更年期與孕期。所以，如果平時腎上腺就已失衡，孕期間腎上腺的失衡就會更誇大，原本更亢進的現在更亢進、原本減退的現在更減退。如果是落在會孕吐的那一群中，因為蛋白質會引出胃泌素，結果一吃到肉類就想吐，這時就會愈吃愈素。由於孕期能量需求比平時要大好幾倍胎兒才能夠成長，所以血糖需求量大增，如果這時孕婦不吃肉、油，只能吃碳水化合物，就會開始愈吃糖量愈高，最終造成血糖震盪。血糖一震盪，腎上腺就更失衡，原本就已經有的孕吐就會因此而愈來愈嚴重，並且不能吃，孕婦沒能量，什麼事都做不了，就好像生病了一樣。

建議方案

- **想吐時先喝骨頭湯** 孕婦孕吐反胃時，喝骨頭湯（只喝湯不吃肉）能鎮定胃酸、止吐。骨頭湯中的豐富胺基酸能刺激胰泌素釋出，胰泌素一釋出，胃泌素就停止釋出，因此能抑止孕婦分泌過多胃酸。

  記得骨頭湯裡要加天然好鹽，好鹽中的豐富礦物質，能直接支援腎上腺的運作，這就是為什麼腎上腺一累，人的口味就會變得比較鹹，因為需要的鹽量比平時大。孕婦加鹽時可依照自己對鹹淡的口感，加到讓湯裡的風味都能釋放出來，喝起來覺得鮮美才算足量。

  清晨與睡前一碗溫熱帶好鹽的骨頭湯，能讓孕婦止吐，也能讓孕婦有比較好的睡眠。

- **止吐後可以吃鹹粥** 當孕婦用骨頭湯止吐後，就可以再加吃鹹粥。鹹粥必須以骨頭燉煮。鹹粥中的肉、粥比例可達 1:1，如果趕著吃，也可將蛋打散放入粥中補充蛋白質。孕期間能量需求大增，所以孕婦在懷孕初期都會嗜糖，鹹粥內穀類的高量澱粉能補給孕婦所需額外支援胎兒生長的能量。但肉粥比例必須保持在 1:1，以免因粥過量，又沒肉、油平衡，很容易讓血糖震盪過度，讓腎上腺更失衡，引發更嚴重的孕吐。如果無法一次吃多，可以少量多餐拆開來吃。記得不要讓自己餓到，因為當人餓時，消化道就開啟，胃酸就開始分泌（鹹粥食譜參考 78 頁）。所以少量多餐也是止孕吐的好方法。

- **每日服用魚肝油** 魚肝油是製造前列腺素所需的原料，前列腺素支援腎上腺運作。魚肝油（非魚油）中含高量維生素 A，維生素 A 對腎上腺的運作也有很大的支援作用，因此魚肝油能減緩孕吐症狀。如果服用水狀魚肝油會想吐，可以先喝一碗溫熱骨頭湯，或改服用膠囊。

- **舌尖含天然鹽** 天然的岩鹽或海鹽中的豐富礦物質能支援腎上腺運作。最好的選擇是鹽片、鹽花。鹽裡豐富的礦物質能讓嘔吐、頭暈的症狀得到舒緩。所以醫師都建議孕吐的孕婦吃蘇打餅乾，因為它上面所沾的豐富鹽分能止吐。可是，蘇打餅乾的澱粉含量很高，會震盪血糖，讓孕吐症狀愈來愈嚴重。所以，有想吐的感覺時，拿一粒鹽或一片鹽置於舌尖或舌下含著，如果不足，鹽溶化後再補。

- **服用能均衡血糖的營養補充品** 腎上腺不疲倦就能保證體內的礦物質均衡，礦物質均衡可以減輕孕吐。均衡血糖的營養補充品有支援腎上腺的功能，它同時能讓亢進的腎上腺減低亢進，也可以讓機能減退的腎上腺增強些許功能，回歸平衡。對孕婦來說，比直接吃腎上腺腺體要來得安全許多。均衡血糖的礦物質有鉻（chromium）。或購買舌下可含的維生素 B6，或膠囊維生素 B6。維生素 B6 對體內能量調度和三大營養元素的代謝有很直接的影響，它同時也參與前列腺素發炎消炎的路徑，因此對腎上腺的支援很有幫助。所以，在經期間服用維生素 B6，能夠止暈，也能夠有效止吐。孕吐的原理與經期間會因頭暈產生嘔吐很相似，所以維生素 B6 能為很多女性減緩孕吐症狀。事實上，現在美國藥物管理局所核准的孕吐藥物中，就包含有維生素 B6。請按品牌建議服用。

  如果孕婦不願意服用營養補充品，想由食物中獲得維生素 B6，建議每日服用啤酒酵母。啤酒酵母中含有高量的維生素 B 群，它在人體中的吸收率非常高。因為它是食物，所以沒有服用次數限制。

  不管是鉻、B6，還是啤酒酵母，因為它們都是調整能量的營養元素，能量調度得當，人會特別有精神。所以，若在午後服用這類營養品就必須觀察它會不會影響睡眠。如果午後服用，晚上會因精神太好而睡不好，就只在中午前服用。

- **補充複合式維生素 C** 人體內維生素 C 含量最高的地方就是腎上腺，腎

上腺在合成壓力荷爾蒙時，需要大量的維生素 C。服用維生素 C 時，最好與維生素 P 一起，因為它能幫助維生素 C 在體內被有效吸收利用。維生素 C 是水溶性維生素，沒有中毒的顧慮，很適合孕婦服用。請按品牌指示服用。

- **去除讓腎上腺失衡的因素** 用前文所列各點尋找腎上腺失衡的原因，再盡力把它去除，以讓腎上腺休息，回歸平衡。

根治孕吐食譜及建議

料理止吐用的鹹粥一定要包含下列三種營養元素：

1. **骨頭湯**：止孕吐的粥，穀類一定要用大骨一起熬。或是可以先用骨頭熬好高湯，煮粥時用高湯煮。熬骨頭湯時一定要加些酒或醋，才能將骨頭內的礦物質釋放出來（見表1）。

表1　高湯正確製作方法

雞、鴨
● 整隻雞、鴨，或是烤雞、烤鴨剩的頭、腳等部位，如果有內臟也可以，一起放進冷水中。水滾後撈出浮上來的雜物、血水；或水滾後倒掉血水，沖乾淨，加冷水再煮。不撈血水也不會有礙，血水中也有營養。
● 水滾後加酒或醋，至少一至二匙，多一點也沒有關係。
● 水再次滾後蓋鍋，轉小火，至少燉三小時。

牛、羊、豬
● 牛、羊、豬大骨以關節處的營養成分最高。此外，頸、背，排骨都是熬高湯的好材料。如果排骨是連肉帶皮更好。
● 大骨放進冷水中，水滾後把浮上來的雜物、血水撈乾淨；或是在水滾後倒掉血水，沖乾淨，加冷水後再煮。不撈血水也不會有礙，血水中也有營養。
● 水滾後加酒或醋，至少一至二匙，多一點也沒關係。水再次滾後蓋鍋，轉小火，至少燉三小時。

魚、蝦
● 魚頭、魚骨、用剩的蝦殼、蟹殼都是極好的材料。
● 把以上材料放進冷水中，水滾後撈出浮上來的雜物，加入酒或醋，至少一至二匙，多一點也沒關係。
● 水再次滾後蓋鍋，轉小火，至少燉一至二小時。

＊如果不想處理血水，骨頭可以先煎黃再煮，熬出來的高湯風味不同、顏色較深。

2. **穀類**：煮粥時除了可用米外，還可以使用任何高澱粉含量的穀類，不同的穀類含有不同的營養元素，最好輪著吃，確保取得最多元的營養。

   能替代米的穀類有：大麥（wheat）、裸麥（rye）、小麥（barley）、蕎麥（buckwheat）、高粱（sorghum）、菰／野米（wild rice）、小米（millet)、薏仁（Job's tears）、燕麥（oats）、藜麥（quinoa）等。

3. **優質蛋白質**：肉類與穀類的比例最好是 1:1，盡量不震盪血糖。如果孕吐的人對肉過度反感，可以用打散的蛋增加蛋白質比例，雞、鴨、鵪鶉蛋都可適用。

   以下鹹粥食譜中的碎肉（或肉絲），可以使用雞、鴨、羊、豬、牛等任何有肉或內臟的部位。海鮮類如蝦、貝、魚類，最好和雞、鴨、羊、豬、牛等肉類一起燉煮，因為海鮮類的油脂含量不足，無法有效減緩粥裡糖分分解的速度。海鮮單獨和粥一起吃，容易震盪血糖。肉要切得多細小，端看孕婦的接受程度，一般來說切得愈小，愈不容易引起孕吐。如果真的不行，也可以把肉用果汁機打碎入粥。

   蛋白質的種類最好按根治孕期初期餐的飲食建議輪替（參見 50 頁）。例如，每星期一次貝類，就要記得在那星期中有一次鹹粥中的蛋白質要包括貝類。如每星期兩次內臟，就要記得那星期有兩次鹹粥中的蛋白質要包含內臟。但到底粥中包含的肉類應是哪些，還是要看孕婦的接受情況而調整。

   一般孕吐的孕婦對蔬菜比較不會反感，因此在搭配蔬菜時，可按自己喜好的口感決定燉煮的時間。如果粥裡不放蔬菜，則應額外攝取。蔬菜的種類也最好按根治孕期初期餐的建議輪替。例如，每星期一次海藻類、兩次發酵蔬菜。

① **碎肉鹹蛋粥** 粥熬好，將碎肉攪拌入粥中，再將鹹蛋切碎，一併攪入，之後再依口味加入好鹽。不要忘記鹹蛋已經提供鹹味。如果孕婦不反感，可以撒上蔥花或香菜一起食用。

② **碎肉淡菜粥** 粥熬好，將碎肉攪拌入粥中，淡菜切碎一併攪入，依口味加入好鹽。如果孕婦不反感，可以撒上蔥花或香菜一起食用。

③ **碎肉梅干菜粥** 粥熬好，將碎肉攪拌入粥中，再將梅干菜切碎，一併攪入，再依口味加入好鹽。不要忘記梅干菜已經提供鹹味。以正確方式製作的梅干菜可以算發酵食品。

④ **碎肉豆腐乳粥** 粥熬好，將碎肉攪拌入粥中，豆腐乳碾碎，均勻攪入粥中，再依口味加入好鹽。豆腐乳是發酵食品。如果孕婦不反感，可以撒上蔥花或香菜一起食用。

⑤ **碎肉蝦仁粥** 粥熬好，將碎肉、蝦仁攪拌入粥中，依口味加入好鹽。如果孕婦不反感，可以撒上蔥花或香菜一起食用。

⑥ **肝糜魚肉粥** 肝臟先燙或炒熟，將肝和一點粥放入果汁機中打成肝糜，再將打好的糜放回粥中，攪拌均勻。將煎好或煮好的碎魚塊攪拌入粥中，再依口味加入好鹽，如果孕婦不反感，可以撒上蔥花或香菜一起食用。

我治好了自己的孕吐——
成功治療孕吐的真實故事

讀者 Chihilo

　　依照根治飲食的概念選擇食物已經有三年了，不過因為自制力不太好無法完全遵行，所以飲食上的改變只有選用好油、少吃醬類、多吃蛋白質

和肉類、多喝水保持尿尿色淺。澱粉和糖雖有減量，比如不把水果當作健康食品大量吃，麵飯的量也明顯減少，但是我還是會常吃甜點，而且很依賴咖啡，每天都至少一杯。

懷孕大約四至五週時，第一個令我聞到就想吐的東西就是咖啡，所以很快就戒了，此時飲食仍然照常。但之後一週，慢慢開始對食物的味道產生反胃，所以自然而然愈吃愈「素」，例如早餐只吃得下草莓、藍莓加點優格、中午吃酪梨蘋果三明治、晚餐吃蔬菜炒肉。兩天後，想吐的狀況更為嚴重，一整天都感覺有東西頂在胃頂，白天開始精神不濟，注意力不集中，只能躺著，一起床就頭暈想吐。這種情況最後演變成每次進食只喝50c.c.溫牛奶，然後衝去躺著，醒來後再逼自己喝50c.c.溫牛奶。有天晚上覺得該補充點維生素，所以打了一杯蘋果汁，結果喝了之後馬上吐，連剛喝的牛奶也一起吐出來，當天晚上睡得很痛苦，不但空腹還感覺嘴裡有膽汁苦苦的味道，隔天完全不能進食。

此時，想起了宇凡老師食食課課教室上曾談到腎上腺和內分泌系統連成一條線，一關倒關關倒的相互關係，聯想到自己或許依賴咖啡讓腎上腺疲勞已久，孕吐可能是腎上腺影響內分泌系統造成的。再加上，懷孕後愈吃愈素，血糖大震盪和電解質（礦物質）不平衡，讓情況愈來愈嚴重。因為了解孕吐可能與血糖和礦物質有關，當晚就請先生煮了骨頭湯。湯的味道雖然讓我想吐，但還是逼自己喝一點，結果不但喝下去沒有吐出來，晚上還睡得好了一些，沒有一直嘔胃酸和膽汁。第二天早上喝過薑湯，再吃點骨頭湯煮的雞肉粥，之後每隔兩三個小時吃一點點粥，慢慢過了兩天之後，精神和元氣都好了很多，雖然胃還是一直感覺脹脹的，但至少不再噁心想吐。

我發現孕吐期間，胃感覺不到肚子餓，胃酸一上來，直接反應的就是想吐。吃餅乾、水果之後，就更加嚴重，更馬上想吐，只有喝骨頭湯後會感覺胃酸被中和，想吐的感覺慢慢地平息。於是我每隔兩到三小時就進食，吃骨頭湯熬的肉粥加蔬菜，胃口好時配一些肉和魚。吃完粥可以馬上吃半個蘋果或柳丁，餐間不吃那些會讓自己想吐的食物，喝點薑汁加水，

就有精神可以工作，也不會被胃裡想吐的感覺一直困擾著。

現在我早上起床會先喝溫熱的骨頭湯，之後只要少量多餐就一整天都可以吃正常的食物，晚上睡前再喝一碗溫熱的骨頭湯。雖然很多時候還是感覺消化很慢，但是嚴重噁心、嘔吐、頭暈頭痛、注意力不集中和嗜睡的狀況改善非常多，可以專心工作了。

雖然每個準媽媽的狀況可能差很多，但是如果孕吐很嚴重不妨也試試喝骨頭湯。剛開始因為胃很脆弱，可以先喝純骨頭湯加海鹽，待胃慢慢恢復後，可用骨頭湯熬鹹粥當主食吃。有時候粥裡飯的比例太高，也很容易產生胃酸，可以在粥裡加肉，再多打一顆蛋下去煮滾，就能改善。

*如果孕前未採行根治飲食，那麼使用根治孕吐飲食可能要花比較久的時間才能夠完全停止孕吐。

2–8

怎麼吃可以預防妊娠糖尿病？

嚴格說起來，若按一般檢測糖尿病的標準，孕婦可以說是個個都得了糖尿病，因為她們的血糖在那時都會升高，以支援胎兒成長所需的能量。妊娠糖尿病（gestational diabetes）的定義是，在懷孕前沒有糖尿病指數的人，在懷孕時進行口服葡萄糖耐量試驗（Oral Glucose Tolerance Test, OGTT）超出標準。其實，除了一型糖尿病是自體細胞攻擊胰臟造成胰島素不足之外，二型糖尿病和妊娠糖尿病都是吃出來的，既然是飲食造成的，就一定有預防和扭轉的餘地，因為飲食是可以調整的。

要確保胎兒成長有足夠的能量，身體就要確保母體的血糖值足夠。因此，胎盤會在母親懷孕期間生產人類胎盤生乳素（human placental lactogen, HPL），腎上腺同時也會提升壓力荷爾蒙皮質醇、卵巢則提升黃體素

（progesterone）的產量。這幾個荷爾蒙的共通點，就是它們都會造成胰島素阻抗。胰島素好比一把鑰匙，鑰匙的用處就是要用來開關鎖，鎖就是細胞的接收器。胰島素只要插入細胞上的接收器，細胞的門就會打開，糖就會進入細胞變成能量，血液內的糖才能下降。所以，大家才會有胰島素是降血糖的認知。但是，若這些鎖因為過度疲倦收了起來，鑰匙沒地方插，細胞不開門，血糖就無法降下來，結果形成「胰島素阻抗」。懷孕的母體會有胰島素阻抗，是為了要保障足夠的血糖可以透過胎盤提供嬰兒成長，所以孕婦的血糖平均值比平時稍高，是正常的（見圖1）。

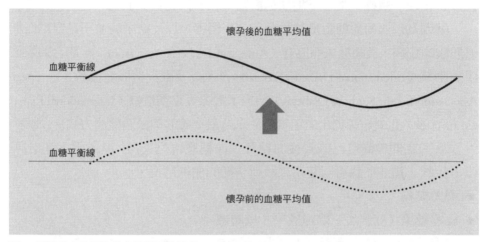

圖1　孕婦的血糖平均值會較懷孕前稍高。

　　孕婦的血糖平均升高是正常，但是孕婦的血糖震幅過大，並不正常。要知道自己的血糖震幅，就必須測量餐後血糖。餐後每小時量一次血糖、記錄血糖值，一直測到下一餐開始（參見 86 頁）。血糖震幅＝最高值－最低值，如果這個數值超過四十至五十，就表示孕婦吃的食物會導致血糖震盪。血糖震盪過大本身就會形成胰島素阻抗，加上上述懷孕過程自然形成的胰島素阻抗，一下子就把血糖值推得太高，被判定為妊娠糖尿病。

口服葡萄糖耐量試驗可能傷害孕婦與胎兒的血糖

　　現階段妊娠糖尿病的檢測方法會傷害孕婦和嬰兒。這種口服葡萄糖耐

量試驗的檢測方法，是讓孕婦空腹在五分鐘內喝完 250ml 的葡萄糖液，飲用兩小時後測量血糖，血糖若高於正常值，就再做另一輪測試。這次是飲用 500ml 的葡萄糖液，每小時測一次血糖，如果在這些時間點血糖都超過指標，就會被判定為妊娠糖尿病。因為這種測試方式是空腹服用葡萄糖（純糖），不搭配能平衡血糖的蛋白質和油脂，血糖必定會被大力震盪。如果孕婦平時飲食就常常震盪血糖，現在就算遇到這麼大的震盪也不會出現症狀，因為已經習慣了。但是，如果孕婦平時的飲食很均衡，一下子這麼過度震盪血糖，就會引起嚴重頭暈或冒汗手抖。且嬰兒的血糖會透過胎盤與母親相連，這樣一上一下地血糖震盪，也會同時傷到胎兒。

就因為口服葡萄糖耐量試驗會有這些傷害，以及糖尿病並不是單點血糖值形成的疾病，美國糖尿病協會（American Diabetes Association）、聯合國際糖尿病聯邦（International Diabetes Federation），以及歐洲糖尿病協會（European Association for the Study of Diabetes）結集了國際專家委員會（International Expert Committee）正式建議糖化血色素值測試為最準確的糖尿病檢測方式。

除了定期檢測自己的餐後血糖外，血糖數值已失控的人，也可能出現以下症狀，這些症狀可同時用來診斷孕婦的血糖情況。

- 視力模糊
- 反覆感染（膀胱炎、陰道感染、皮膚感染）
- 口渴感覺喝水無法解除，只能用糖解除（如吃水果、吃麵包等）
- 頻尿
- 頭暈、嘔吐
- 胃口變大體重卻變輕
- 口氣出現花或水果香味

孕婦的血糖失控，對嬰兒與母親的健康影響極大，母親可能提高剖腹產的機率，胎兒可能畸形（見表1）。

表 1 孕婦血糖失控對胎兒與母親的影響

母親	胎兒
剖腹機率大增	畸形兒
妊娠毒血症	巨嬰症
流產／死胎	初生嬰兒低血糖、低血壓
早產	成人糖尿病、肥胖症

　　因為有妊娠糖尿病這個疾病的定義，所以懷孕的媽媽都知道糖不能多吃。可是，我們對到底什麼食物含糖的認識不清，仍然導致了許多問題。譬如覺得橘子汁富含維生素 C，就多喝一點，許多孕婦就是這樣喝被認為健康的飲料，最後得了妊娠糖尿病。按同樣的道理，每天吃地瓜、五穀粉，也會吃出妊娠糖尿病。其實，一杯一般大小的橘子汁，含八顆方糖的糖量、一個中型的地瓜也有近八顆的方糖量（見圖 2）。

圖 2　一杯橘子汁含八顆四克方糖的糖量，一個中型的地瓜也有近八顆的方糖量。

　　所以，想預防妊娠糖尿病，最保險的方法，就是重新教育自己什麼是高糖食物，什麼是平衡血糖的食物。

建議方案

● **進行根治飲食法以平衡血糖**　糖不光是甜食裡才有，飯、餅、麵、根莖類食物中都含有高量的糖。學習辨認什麼是含糖食物，餐餐一份肉、一

血糖、低血壓，或呼吸困難。這樣的嬰兒，成人後得肥胖症與第二型糖尿病，或女生的月經提早到來的比例，要比一般人高出許多。

建議方案

● **採行根治飲食**　餐餐一份肉、一份菜，澱粉不超過總量的 20%。可參照根治孕期餐規畫整個孕期間的食物組合與搭配（參見 49 頁及 57 頁）。

2 - 10

孕婦要吃什麼才能減少妊娠紋？

　　皮膚會有彈性，是因為它有膠原蛋白，膠原蛋白就好像床墊裡的彈簧，可以支撐皮膚不鬆弛。孕婦懷孕期間腹部的皮膚會隨著寶寶的成長而擴張，若希望皮膚不出現紋路，就要像床墊變大就要添加新彈簧一樣，補充膠原蛋白。所以，想要避免妊娠紋的最好食物，就是吃膠原蛋白豐富的食物。

建議方案

● **補充膠原蛋白豐富的食物**　如常吃帶皮的肉，或用皮和有關節部位的大骨燉的高湯（參見 78 頁）。

● **定期自製膠原蛋白肚膜**　用可食用的動物性膠原蛋白粉一湯匙或明膠片一片（又稱魚膠或吉利丁，英文為 gelatine），加一湯匙冷水，攪拌均勻。等候兩分鐘後再加一湯匙溫水和一湯匙檸檬汁調合，塗在肚皮下方，等待十五分鐘後洗淨。膠原蛋白不能與新鮮鳳梨、奇異果、木瓜等水果混合，因為這些水果內所含的酵素會破壞膠原蛋白濃稠的特性。每星期使用一至兩次。此一肚膜也可以做為面膜使用。

2-11

孕婦該用中藥進補並使用
營養補充品嗎？

對孕婦來說最好的補品就是原形食物。所謂原形食物，指的就是沒有經過太多加工，基本上還是看得出來它原本形狀的食物。現在有許多加工食品已經讓人看不出食物原來的樣子，如熱狗看不出肉、果汁看不到水果，五穀粉看不到原來的五穀。這樣的加工食品，營養已流失殆盡，或是它震盪血糖的能力很強，並不適合孕婦。原形食物如果搭配組合正確，它包含的營養是多元且全面的，且正由於它多元而全面，才能幫助營養元素有效吸收與利用，對胎兒的幫助最大。原形食物中的營養元素可以嘗得出、聞得到，所以可確保它的天然程度，因此對孕婦和母體中的嬰兒來說也是最安全的。因此，孕婦要進補，吃營養密度高、多元的原形食物，加上正確的食物組合，是最好的飲食選擇。

但如果在懷孕期間出現生病症狀，想加速調整身體狀況，是可以使用中藥和營養補充品的，只是在使用時應向了解身體和草藥或營養補充品的專業健康從業人員諮詢。一般人在使用中藥和維生素等營養補充品時，常以為它們是天然的，所以很安全，因此都是以「補得愈多愈好」的心態在使用。其實，西藥的成分也都是從中草藥中萃取的，只是草藥依舊是原形植物，且因為是全植物使用，所以除了植物內提供可供藥用的成分外，還有其他互相配合的成分，可以用來對抗副作用。所以，我們才會說中草藥的藥性溫和，只要使用正確，不像西藥傷身。可是，使用草藥也還是大量使用單一食材，只要是這樣就都是藥用，只要是藥用，用錯了，依舊有危險。

草藥的另一個問題，是在它的藥材品質。同樣是冬蟲夏草，但是以自然農法種植的與大量噴灑農藥的，效果一定不同。草藥的效果，是來自於

2 - 12

孕婦能用保養品、化妝品嗎？

　　皮膚是人體最大的排泄器官，把保養品與化妝品往皮膚上擦，就好像直接把保養品和化妝品擦在肝臟上一樣。並且皮膚吸收表皮上的物質後是直接往血液裡送，跟吃進去的食物不一樣，它第一次循環時並不會進入肝臟。因此，它在後來被肝臟分解排出前，會經過體內各處影響各器官運作。就是因為這個道理，所以現在會有這麼多藥物是以貼劑販售。

　　但是，因為我們常假設擦在皮膚上的東西不會影響身體內的運作，所以擦在表皮上的產品如保養品、化妝品的成分原料，並不像吃進體內的食物那般被監管，對於它的標籤也沒有嚴格的規定。例如，很多保養品和化妝品都含有荷爾蒙，但卻無須標示。因此，如果一位孕婦在飯前擦了唇膏、再擦手部乳液，這些產品裡的化學物質她不但可能吃進去，同時也會被她的皮膚吸收。從皮膚吸收的化學物質在第一次循環時，肝臟過濾不掉，所以也會跟著媽媽的血液進入胎盤，影響胎兒。因此，孕婦在使用保養品和化妝品前，最好先了解產品的原料成分。現在有許多保養品與化妝品都盡量使用天然油脂、色素與精油，這些都是準媽媽比較好的選擇。

　　環境工作組織（Environmental Working Group, EWG）是一個獨立的非營利組織，會定期檢測美國市售產品，我們可將台灣所售的產品以在美銷售的名稱輸入，即可得知原料是否對人體有傷害 [15]。

---

15. 環境工作組織保養品、化妝品的查詢網址如下：http://www.ewg.org/skindeep/。

2 - 13

媽媽感冒發燒能吃藥嗎？
有什麼可以自然降溫的方法？

懷孕過程有將近十個月，這近三百天的日子裡，媽媽要不生個小病很難。但是，如果感冒發燒，大家都說媽媽體溫升得過高會嚴重影響胎兒，所以生病時都會急著用藥。但藥物會不會透過胎盤影響給嬰兒呢？答案是肯定的。

胎盤是母體與嬰兒進行物質交換的地方，在此交換的物質包括了氣體，如二氧化碳，還有營養元素、廢物、酒精、尼古丁，以及大部分的藥物。也就是說，媽媽用了什麼、吃了什麼，都會直接影響嬰兒。這樣看來，不只西藥可以透過胎盤影響嬰兒，草藥、中藥也會透過胎盤影響嬰兒。所以，母親在懷孕時如果使用中藥和草藥，一定要選擇最有品質保證的，而且效用如何也應該自行加以了解、把關。只要是獨立使用的營養元素，就是藥用，只要是藥用，就一定要謹慎。

西藥的化學物質比起中草藥是最集中的，通常藥效也最強大，因此，它的效果也最立即。這些優勢，讓西藥在孕婦的體內會以最快速且強勢的方法，透過胎盤進入嬰兒體內。嬰兒的身體與母親最大的不同，是他的肝臟還沒有開始運作，因此，雖然媽媽的肝可以化解這樣強勢的化學物質保護自身，但嬰兒從胎盤接受這些化學物質後，卻無力分解，只能被動受到損傷。這就是為什麼有這麼多西藥會引發嬰兒成長畸型的原因。

感冒時要不要用藥最終依舊是要媽媽自己決定，但是我相信對的決定，要以豐富的資訊為基礎。因此，在做決定前，了解藥物的影響和自身的免疫運作，就變得非常重要。

我們感冒發燒時，體溫升高的第一個作用就是殺死細菌和病毒，因為

一般的病毒和細菌只要溫度稍稍一改變，就無法存活。體溫升高的第二個作用是身體藉此從骨頭中取鈣。白血球在與病毒或細菌作戰時，是與鈣質合作的，所以發燒就是免疫系統在努力工作的象徵。因此，感冒發燒時，只要我們適時把身體所需的鈣質提供給白血球，體溫就會自動下降。

建議方案

- **服用離子鈣**　離子鈣（calcium citrate）是身體能立刻使用的形式。按品牌指示，依症狀調整劑量，四小時用一次，一直到退燒。

- **多喝骨頭湯**　在消炎和退燒藥誕生前，骨頭湯就是最好的消炎與退燒藥。加入少許醋或酒熬燉的骨頭湯裡有豐富的離子鈣。飲用方式也是每四小時一次，每次至少一小碗，如果病人想多喝一點，則給到病人的需求滿足為止。攝取骨頭湯，最好一直持續到所有感冒症狀結束後才停止。

- **補充紫錐花**　紫錐花（echinacea）一種很容易種植的草藥，可用於提升免疫力。按品牌建議劑量，每四小時一次，一直持續使用到退燒。搭配複合式維生素 C 一起使用，效果更好。

- **補充維生素 C**　一般哺乳動物可以將碳水化合物直接轉換成維生素 C，但是人類沒有這個能力，所以維生素 C 一定要從外攝取。維生素 C 可以大大提升免疫力，每二至四小時，比使用品牌規定劑量加倍使用，退燒後即可停用。維生素 C 為水溶性維生素，過量的維生素 C 可從尿液中排出，沒有中毒的顧慮。使用含有維生素 P 的複合式維生素 C 效果最佳。

- **攝取魚肝油、動物肝臟**　魚肝油和動物肝臟內有豐富易吸收的維生素 A。孕婦被流感病毒傳染時，會大量流失維生素 A，但維生素 A 對胎兒的成長卻非常重要，因此得流感的孕婦應多攝取維生素 A 含量高的食物。植物性維生素 A 與動物性維生素 A 是有差別的。胡蘿蔔內的維生素 A 是胡蘿蔔素（beta-carotene），它進入人體後還要經過複雜的過程轉換，才能成為人體可利用的形式。但研究發現，我們先前對於這類維生素 A 的轉換和吸收率過度樂觀。而動物性的維生素 A 則是人體可以直接使用的形式，因為它跟我們自己肝臟儲存的形式是一模一樣的。因此，植物性

的維生素 A 在人體內吸收的效果比動物性要差很多。

發燒時，隨有油脂的三餐服用魚肝油，每次皆照品牌指示再加一倍。此外，每餐可以不同的形式烹調肝臟，可煮湯、熱炒、做成肝醬，若烹調時能加入麻油和薑酒，能促進血液循環，加速流汗散熱。

● **穿醋襪、檸檬襪、溼襪**　德國的傳統療法中，小孩發燒時不吃藥，先把襪子泡在醋裡，穿在患者的雙腳上，襪長最好及膝，這個方法可以讓人很快退燒。

其實，不管是醋襪、檸檬襪，或是溼襪，治療原理都是一樣的。將溼的襪子套在腳與腿肚上局部降溫，身體為了要將溫度平衡回來，就會使血液循環加速，血液循環一加速，散熱就加速，全身就降溫。這和感冒時喝薑湯促進血液循環，促使流汗散熱是一樣的道理。既是促進血液循環，所以也能減輕頭痛、通鼻塞、減輕咳嗽。

製作檸檬襪、醋襪的方式，是將一雙及膝長襪放入大碗中，一整顆檸檬榨汁（或用 1/4 杯醋），倒在襪上，再倒入熱水。熱水溫度可以高，但不應太燙，水量剛好浸溼長襪即可。將浸溼的長襪擰乾，套在雙腳上。如果長度夠長，就拉至膝部。在溼襪外再套一雙乾的、等長的長襪。之後就可以把雙腳放進被子中睡覺或休息。

如果發燒溫度較高，溼襪很快就乾，可將原本的醋水稍加熱後重複使用，重複以上步驟，一直到退燒。如果溼襪沒有乾，可以一直套到退燒。

2 - 14

懷孕的媽媽需要打流感疫苗嗎？

　　美國疾病控制與預防中心（Center for Disease Control, and Prevention CDC）表示，有兩個因素會影響流感疫苗接種的效果：一是流感疫苗製造當年有沒有猜對那年的流感病菌是什麼，二是接種者自身的健康狀況。

　　流感病菌不但年年變，且它季季變，只要它從一個人轉到另一個人身上，流感病菌都可能變種。因此，每一年疫苗公司要製造流感疫苗時，都必須猜測今年的流感病菌可能長什麼樣子。所以 CDC 才會說，如果疫苗公司猜對了，那麼流感疫苗就可能可以發生作用，讓接種的人有抵抗力。可是，如果疫苗公司猜錯了，那麼流感疫苗就可能完全沒有作用[16]。

　　CDC 會在流感病菌猜對機率不高的情況下，依舊建議全民——包括孕婦——施打流感疫苗的原因是他們認為，如果猜錯了，疫苗無害，但如果猜對了，流感疫苗能大大幫助老人與孩童這些體弱的族群。但其實這與事實不符。

　　大部分的流感疫苗都是以汞做為防腐劑，除此之外，它的添加物裡也有致癌物與其他重金屬，因此，不管是哪一種疫苗，都有風險，所以政府會對每一針疫苗徵收賠償金或賠償稅。也就是因為流感疫苗中有這麼多的添加劑與重金屬，孕婦接種疫苗會增加胎兒在體內病變的風險。美國手術醫師協會（American Association of Physicians and Surgeons, AAPS）就曾表示，多數流感並不會對孕婦造成嚴重傷害，且流感疫苗的效用並沒有經研究證明，因此建議 CDC 修訂其對孕婦建議施打流感疫苗的政策。AAPS 同時表示，研究證明流感疫苗中含的汞可以引發嬰兒神經發展不全、胎兒畸型、死胎，或孩童自閉症[17]，懷孕的婦女若想打流感疫苗需要慎重考慮。

---

16. http://www.cdc.gov/flu/about/qa/vaccineeffect.htm。

17. Ayoub D., Yazbak E.(2006). "Influenza Vaccination During Pregnancy:A Critical Assessment of the Recommendations of the Advisory Committee on Immunization Practices (ACIP)." *Journal of American Physicians and Surgeons,* Volume 11 Number 2 Summer 2006 P47.

2 - 15

乙型鏈球菌檢測不過的媽媽
該怎麼辦？

　　乙型鏈球菌普遍存在於一般人的腸道內，它屬於我們正常腸菌內的一員。一般狀況下，這種菌對成人的健康沒有大礙，但如果免疫系統低弱的嬰兒或老人家受到感染，就有可能會轉成肺炎或敗血症，嚴重時造成失明或死亡。所以，多數情況都會在孕期的第三十五至三十七週為孕婦做乙型鏈球菌篩檢，如果篩檢結果為陽性，就可能建議孕婦於分娩前接受抗生素治療。

　　既然乙型鏈球菌是住在媽媽的腸道內，那麼新生兒是怎麼接觸並感染到的呢？人體內的菌無論是在體表或是體內，都是彼此相連、互相影響的。也就是說，媽媽腸道的菌也可以移居到陰道，陰道就是產道，在母體內近乎無菌的嬰兒，在經過母親的產道時，就會接觸到產道中眾多的細菌。產道內的細菌是媽媽給孩子的第一份禮物。這些菌被胎兒吞進肚裡，開始在孩子的腸道內繁殖、拓墾殖民（colonize），影響健康。近年來的研究顯示，腸菌是否豐富且平衡，與免疫力有極大的關聯。

　　既然乙型鏈球菌在一般人的體內都有，為什麼會讓嬰兒生病致死呢？這個問題，跟母體在孕期中容易尿道和陰道感染是一樣的道理。乙型鏈球菌跟假絲酵母菌一樣，是種嗜糖的菌。如果母體為了保留能量給胎兒使用導致血糖偏高，或是母親飲食中糖分攝取過高時，它的數量便可能失控。菌數增長，如果再遇上胎兒因為早產或其他原因，免疫力低下，疾病就可能產生（見98頁圖1）。

　　這種狀況下，及時發現與治療乙型鏈球菌就變得非常重要。問題就在，研究發現，乙型鏈球菌的檢測並不可靠，而且現階段於生產過程中施

- **服用大蒜膠囊** 大蒜可以在腸道中製造壞菌不喜歡的環境，以達到抑制的效果。大蒜膠囊油狀的形式效果會較粉狀的好很多，因為大蒜的重要抗菌成分是保存在油裡面的。購買時注意成分原料，如果有精煉過的油，就不值得使用。任何油狀營養補充品在開封後，都必須置於冰箱內保存，以防油變質。

- **陰道置優格或大蒜** 優格中的好菌，有助菌種平衡。拿乾淨的有機衛生棉條（確保製作棉條的棉花沒有農藥、化學，及漂白劑）沾滿無糖優格，睡前置入陰道內。次日將衛生棉條扔掉。可以重複上述步驟十日。大蒜內蘊含的物質大蒜素（allicin）可以抗蟲和抗菌。大蒜素會在蒜體被破壞時釋出，所以我們拍碎大蒜時，會聞到濃郁的大蒜味，那個味道就是來自於大蒜素。大蒜素能有效抑菌，對乙型鏈球菌來說，這個物質是有毒的。

將大塊一點的整瓣蒜米剝皮，蒜切半，用針線穿過蒜體正中央，留一條沒有染色的長線，打結，以便隔日拉出。睡前將蒜推入陰道深處，如果陰道口有傷口會造成刺痛，但推入後洗淨外陰部痛感就會消失。蒜一進入體內，口中便可能出現蒜味，因此睡前施行可將不適感減至最低。次日一早便可在馬桶上將蒜拉出扔掉（見圖2）。如果準媽媽依舊想做乙型鏈球菌的檢測，可於檢測日前重複上述步驟十日。

要注意的是，如果母親的飲食不變，這些外用的方法只要一停止，菌數通常很快就會恢復，因此這些都只是治標不治本的方法。如果母親已有感染症狀，或是檢測結果發現乙型鏈球菌數量過大，但是母親無法修正飲食，建議重複以上這些外用步驟一直到寶寶出生為止。

＊ 進行此法時如有不適，應立即停止，
另尋其他途徑解決或詢問醫療人員。

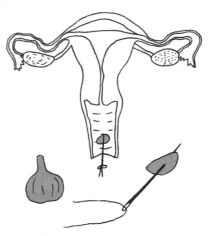

圖2 用針線穿蒜塞入陰道，可以抑制陰道內的細菌。

2 - 16

剛懷孕時容易胃食道逆流、
便秘要怎麼辦？

　　一個三千克左右的嬰兒要穿過骨盆經由產道出生，要靠母親骨盆間有足夠的寬容性。母體骨盆的寬容性來自於人體分泌的高量鬆弛激素（relaxin）。鬆弛激素會在孕期持續高量生產，目的就是要讓母親的骨盆、筋膜能承受得起嬰兒出生時的拉扯和擴張。除此之外，鬆弛激素也能確保母親子宮不提早收縮，讓胎兒有時間在母體內成熟。

　　但是，鬆弛激素除會影響母親全身的筋骨外，也對母親全身的肌肉有影響。鬆弛激素會讓小腸過度放鬆，使腸道蠕動減緩，消化變慢。除此之外，鬆弛激素也會讓賁門這個括約肌鬆弛。賁門位於心臟旁邊，是食道和胃部的守門員，當它不過度鬆弛時，可以守住胃部內的酸，不讓胃酸倒流進食道。但是，消化緩慢，賁門又鬆弛，這時胃酸就很容易倒流，準媽媽就很容易覺得胸口發熱，就是俗稱的「火燒心」，胃食道逆流造成的灼傷感。

　　上消化道會受鬆弛激素影響，下消化道也同樣會受到它的影響。大腸的蠕動會因此變慢，水分被腸道回收的時間也跟著加長，代謝物因此也會比較乾燥，讓準媽媽容易出現便秘。

建議方案

● **注意食物順序和食物組合**　因為母體的消化變慢，飲食中有過量的精緻澱粉時，澱粉裡的糖很容易在胃裡面發酵形成泡泡，導致媽媽脹氣打嗝、胃食道逆流。要預防這些消化的不適，最好的方法就是減少攝取精緻澱粉，同時注意吃飯時要先吃肉類。

人體胃酸的分泌機制要蛋白質才能開啟，胃酸足夠，連接胃和腸之間的幽門才能適時芝麻開門，讓食物順利進入腸道而不回流至賁門，從關不

緊的賁門進入食道，灼傷沒有能力抵擋酸的食道[19]。因此，吃飯時第一口吃肉能確保消化順暢、胃食道不逆流。

● **補充洋車前子殼** 洋車前子殼（psyllium seed husk）裡面的纖維能吸收大量水分，所以我們沖泡洋車前子殼時，會看到它吸水膨脹。它所夾帶的水分可以解決母親代謝物中水分不足的問題。每餐餐前加一小匙在水中，等它完全膨脹後再服用。如果不喜歡它的味道，也可以試試打碎的奇亞籽（chia seed）。記得它們都是種子類的，也就是多吃雖然無害，但卻會影響母親吃其他食物的食欲，影響其他營養的攝取，因此使用應適量。

● **不吃中和胃酸的藥物** 現在很多醫生會在孕期間開中和胃酸的藥物給媽媽，中和胃酸的藥物對母親不會出現立即的危險，但對胎兒的成長卻會造成立即的傷害。礦物質溶於酸，因此它必須在胃酸中才能被身體吸收，母親服用中和胃酸的藥物，必定影響礦物質與維生素 B12 的吸收。礦物質不足，嬰兒骨骼成長一定會出現問題，而維生素 B12 則會造成嬰兒貧血與成長停滯。

2 - 17

懷孕時媽媽皮膚容易起疹子該怎麼辦？是所謂排胎毒嗎？

很多懷孕的媽媽會起疹子，不但奇癢無比，原本好好的皮膚，還弄得坑坑洞洞的，讓許多準媽媽非常擔心。但孕婦出現皮膚問題，其實是值得

---

19 參見賴宇凡著，《要瘦就瘦，要健康就健康：把飲食金字塔倒過來吃就對了！》第 177-184 頁。

慶幸的事，因為胎兒在產前就已經開始在幫媽媽排毒了。

　　創立 GAPS（Gut and Psychology Syndrome）飲食法，發現藉由飲食重建腸道細菌，就能有效改善精神疾病、過敏及免疫疾病的坎貝爾－麥克布萊德醫師（Campbell-McBride）曾經描述過：蘇俄文化中認為，母體常常在懷孕時利用胎兒來排毒。所以傳統部落中的女性對身體的調養，都是從婚前就開始了。她認為，這也是為什麼自然界會有小產的機制，因為如果胎兒無法承受過多毒物，就會自動與母體脫離。

　　我贊同麥克布萊德醫師的說法，但我還認為如果母親懷孕期間長疹子或有其他排毒症狀，多半是因為水溶性與脂溶性的排毒管道不通造成的。我們水溶性毒素的排毒管道是走肝—腎—尿排泄出去，而脂溶性毒素的排毒管道則是走肝—膽—大便的途徑排泄。如果這兩條管道排毒不及，皮膚就是人體的另一個管道。皮膚是身體最大的排泄器官，所以，當母親喝水量不足，水溶性的排毒管道便容易堵塞，症狀就是出汗量很大。如果由於懷孕時鬆弛激素的影響，或是因為母親攝取的油脂品質不對，不利膽囊收縮、造成膽汁滯留，皮膚就很容易長青春痘或起疹子。起疹子會有癢的感覺，是因為抓癢可以讓皮下血流加速，排毒速度也會同時跟著加快。

　　如果母親無法在這個排毒過程中讓毒從體表排出，那嬰兒出生時便可能會帶著媽媽體內要排除的毒物，這些症狀就可能轉至嬰兒身上。

建議方案

- **喝足量的水**　懷孕時，母親的血量必須增加 50%。血液中有 91.4% 的水，所以，血流循環要順暢，毒素能順利經由腎—尿的管道排除，母親水量的攝取一定要足夠。因此，準媽媽帶著水壺行動是很必要的。記得，只有白開水才可以算水，咖啡、茶、果汁等都算脫水飲料。
- **吃對油用對油**　吃對油用對油，才能確保膽汁稀釋流動，脂溶性排毒管道的膽—大便這條通道才能通暢（如何選擇好油參見 45 頁）。
- **用天然毛刷按摩**　選購與手掌一般大小的天然毛刷，最好帶長柄用於身體各處。如果找不到毛刷，可以用天然絲瓜布代替。剛開始按摩時，最好選用比較不粗糙的材質，待皮膚適應後，即可升級。從腳心開始順時

針按摩往上刷，再擴及身體其他各部位。順序為 腳 、腿 、手、臂、背、肚、胸、脖、臉。原則是以心臟為中心點，朝中心點按摩。記得毛刷按摩結束後，必須立即補充水分，以促進排毒。

2 – 18

陰道、尿道感染要怎麼辦？

懷孕時，母體最重要的工作，就是保留足量的血糖在血液中循環，以利胎兒使用做為成長的能量來源。因此，母體的血液中總是帶著比平時更大量的糖在全身運行。糖是體內許多壞菌的主食，糖增加，菌的食物就增加，就有本錢繁殖。只要繁殖一過量，就會造成感染發炎。這些菌常駐在陰道與尿道中，如果數量剛好，還能為身體打點零工，清理掉過多的糖。但如果數量失控，就會出現症狀。

其實，身體為受孕而確保血糖足量的準備工作，在母體受孕前就已經開始了，因此女性在經期時，也很容易出現陰道與尿道感染的症狀。

除此之外，懷孕時期的身體改變，也會讓陰道與尿道感染的機率增加。如陰道為了讓胎兒在生產時通行，在懷孕期間就會開始做延展的準備，這些工作需要能量，因此荷爾蒙便指示糖原開始往這裡送。糖原量一多，嗜糖菌就大開派對，繁殖容易失控。

至於尿道感染，起因常是因為胎兒壓迫

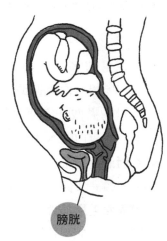

膀胱

圖1 膀胱位於子宮的下方，懷孕時容易因胎兒壓迫尿解不乾淨，引起感染。

膀胱，使得母親解尿時解不乾淨（見圖1）。尿存在膀胱裡排不乾淨，容易讓菌生長繁殖，形成感染，出現症狀。或是，在母體為保留能量提升血糖的同時，母親又攝取高糖飲食，過多的糖需要從腎─膀胱─尿的途徑排出。嗜糖的菌一吃到糖，就大量繁殖，導致感染發炎。陰道感染和尿道感染的症狀如下（見表1）。

表1 陰道和尿道感染的症狀

陰道感染	尿道感染
陰道奇癢	一直感覺想尿尿，但尿不出來
性交或小便時陰道灼燒感	小便困難
排出一塊塊白色物體	下腹有灼熱或緊縮的痛感
	小便時有灼燒感
	尿有味道或顏色濁白

　　其實這些發炎症狀是來自於體內原本就有的菌，既然不是來自外部，因此說它們是「感染」並不恰當。且既然它們並非外來，也就沒有必要以強力的抗生素趕盡殺絕。這些菌會繁殖失控，多來自於體內的環境變化。因此，要改善這些發炎症狀，只要導正環境，就能取回菌種的平衡。而如果我們能提早支援環境改變，便能預防這些症狀的發生，讓準媽媽不用感受這些痛苦。

建議方案

- **進行根治飲食**　均衡飲食可確保血糖平穩，血糖不震盪糖就不會在血液裡突然升高，菌就不會有機會攝取到過多的糖，避免嗜糖的菌繁殖過度。均衡的飲食，就是一份肉、一份菜，澱粉不超過總量的 20%，如果攝取有糖分的食物，一定要跟著有油脂和蛋白質的東西一起吃。
- **孕期每日一小杯無糖蔓越莓汁預防尿道炎**　科學家過去認為是因為蔓越莓汁（craneberry juice）的酸，所以可以有效治療尿道炎。後來，科學家才發現蔓越莓汁並不會讓尿變得比較酸，而是它裡面含有一種能產生抗

果腎上腺健康，女性更年期應該是沒有什麼症狀的。

　　類似的情況也出現在懷孕的過程當中。女性懷孕時，壓力荷爾蒙的產量從懷孕初期便開始攀升，到生產時它的釋出量會比平時高出兩至三倍。大量的壓力荷爾蒙，可以幫助母親保留能量提供胎兒成長、確保母親的免疫系統不排斥胎兒，在懷孕後期時，還能幫助胎兒的重要器官成長。壓力荷爾蒙是由腎上腺生產釋出的，因此，如果腎上腺不健康且疲倦，在懷孕期間工作量又大，腎上腺負擔不了這個重擔，就會出現類似更年期的症狀。

　　腎上腺會不健康，最容易被忽略的因素就是血糖震盪[22]。如果我們飲食不均，血糖不停震盪時，每一次血糖值衝上去多高，就注定會落得多低。高糖飲食可以讓血糖快速推高再重重地摔下。每次只要血糖掉進谷底，腎上腺就必須出馬，讓血糖升高。因為在原始社會，都是我們好幾天打不到獵物、餓好幾天後，血糖才會掉得這麼低，這與生存有關，腎上腺製造的壓力荷爾蒙就是掌管生存的。壓力荷爾蒙可以讓身體迅速將糖原、脂肪、蛋白質轉成血糖釋入血液，也就是說，壓力荷爾蒙可以讓血糖快速提起。但是，如果飲食不均、食物組合不正確，吃過多含高糖的加工食品，血糖快速上升下降，現代人可能一天就經歷好幾次像饑荒一般的低血糖，負責分泌壓力荷爾蒙的腎上腺就很容易因為工作過量而受傷。

　　腎上腺一受傷，當月經期、更年期、懷孕期這類它受徵召次數最多、工作量最大的時期一來到，症狀就會不停出現，一直到它能夠喘口氣休息、恢復為止。

建議方案

- **餐後每一小時測血糖**　餐後每小時測血糖可以了解自己的血糖與食物之間的關係。只要這樣測個兩、三天，很快就能了解什麼樣的食物組合，才能平穩血糖，不會給腎上腺增加工作壓力（測血糖的方法參見44頁）。
- **補充複合式維生素C**　壓力荷爾蒙的轉換與製造過程，需要大量的維生素C，因此懷孕時期補充維生素C就很重要。可按品牌指示分量服用。

---

22. 參見賴宇凡著，《要瘦就瘦，要健康就健康：把飲食金字塔倒過來吃就對了！》第36-39頁。

- **補充魚肝油**　魚肝油裡含的 Omega 是前列腺素路徑的生成原料[23]，荷爾蒙在轉換時是經由前列腺素路徑，因此懷孕時補充魚肝油，可以支援腎上腺，減輕由荷爾蒙失衡引起的症狀。
- **檢視所服用的藥物**　固醇類藥物對腎上腺有直接、負面的影響，如果孕婦因為皮膚、關節或其他發炎因素而長期使用此類藥物，必須了解此類藥物的副作用，在懷孕期間與醫師配合進行劑量的調整。

2 - 20

孕婦高血壓或低血壓要怎麼辦？

　　有些孕婦會在孕期出現血壓異常，要了解為什麼會出現這個狀況，我們要先了解人體血壓的調控機制。人體內的血壓是由血壓調控中樞掌控的，這個掌控室就位在兩個腎臟的最頂端——腎上腺上。

　　血壓與我們的血量有直接的關聯。當人體血量下降時，腎上腺就會指示腎臟保留礦物質鈉。鈉，就是鹽，它能夠吸引血管外的水分，讓它們往血管裡走。水一進入血液，血量就上升，收縮的血管因此能放鬆，血壓就回到正常。所以，可以說調控血壓的靈魂人物，是腎上腺。

　　孕婦懷胎時，身體最巨大的改變要屬血容量。為了要支援嬰兒的血量供給，所以母體在懷孕期間血容量會增加 50%。血容量提高這麼多，仍要保持血壓平穩，就必須靠腎上腺對進出腎臟的鈉調控得宜。

　　此外，懷孕期間母體的腎上腺還必須同時製造比平時高量的壓力荷爾蒙皮質醇，讓母體形成胰島素阻抗，以讓母體血糖充足，好讓胎兒順利成

---

23. 參見賴宇凡著，《要瘦就瘦，要健康就健康：把飲食金字塔倒過來吃就對了！》第 50-56 頁。

長。可以說，在懷孕期間，腎上腺要比平時辛苦許多。如果懷孕期間母親的血糖因為飲食不均而大力震盪，那麼當血糖掉進谷底時，負責提起血糖的腎上腺就又必須辛勤地調整血糖，把掉得太低的血糖扶起來（參見 74 頁）。這個情況如果一直不停反覆出現，就會讓腎上腺更加疲憊不堪。除此之外，壓力大也能讓腎上腺特別疲倦。如果腎上腺過度疲勞，鈉進出腎臟的量就會失控，這時，我們的鹽不是在血液裡過高，造成高血壓；就是在血液裡過少，造成低血壓。所以血壓問題並不是吃鹽吃出來的，它其實是吃糖吃出來的。

建議方案

- **進行根治飲食**　食物組合必須要正確，才能讓腎上腺有機會喘口氣。腎上腺恢復正常，血壓才可能回歸正常。

- **補充複合式維生素 C**　人體中維生素 C 大量聚集的其中一個地方就是腎上腺，壓力荷爾蒙的製成與轉換都少不了維生素 C。因此，要支援腎上腺，補充維生素 C 對孕婦來說是一個安全又有效的好方法。

- **補足水分**　人體血液中 91.4% 是水，因此，水量不足時，血量就不足。血容量一不對，血壓就受影響。孕婦在懷孕時血容量會增加到 50%，表示所需的水量也必須隨之升高。所以，懷孕時整日補充水分，是準媽媽保養自己和保護胎兒的最好方法。

- **減低壓力**　孕期間母親承受壓力，會直接反應在腎上腺的運作上。因此，孕期間了解自己的壓力來源，有效表達情緒，運用行為管理的方式去改善外界環境，是母親的重要功課之一 [24]。

---

24. 有效表達情緒進行行為管理的方法，參見賴宇凡著，《身體平衡，就有好情緒！》第 3 章。

2 - 21

孕婦容易喘該怎麼辦？

　　懷孕期間母體為供給胎兒成長所需的氧分，同時協助胎兒排除廢物，血容量會增加 50%。由於血容量增加，負責將血打進血管中的心臟，工作量也大大的增加。母體在不活動的情況下，心臟的工作量要比沒有懷孕的時候多了 40%、心跳同時增加了 15%。

　　血容量增加血液中的血紅素也會跟著上升。母體會製造較多的血紅素是為了承載較多的氧氣，供給胎兒生長。母體的血紅素在懷孕時期會增加 20% 至 30% 左右，這個措施對胎兒的成長有決定性的影響。胎兒成長靠的是能量，有能量才能創建組織，器官、骨骼、神經、腦部才能成長。而胎兒要能有效利用血糖做為能量，就必須靠血液裡的含氧量，因為糖在有氧的情況下產生的能量是無氧情況下的十九倍（見圖1）。這代表在母體有氧和無氧的不同情況下，胎兒的成長可能相差有十九倍。

　　胎兒成長迅速，因此耗氧量也很大。耗氧量增加，就常讓母親有喘不過氣的情況出現。若是偶爾出現並沒有大礙，可能只是因為母體活動量增加，媽媽的耗氧量跟胎兒所需的耗氧量加起來一下子太大所造成的。但是，如果媽媽常常出現喘不過氣的情況，就必須要注意檢視成因，找方法

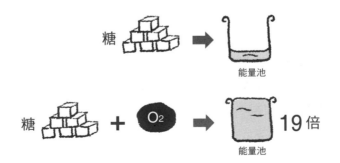

圖 1　糖在有氧狀況下產生的能量，是無氧狀況下的十九倍。

支援母體，修正缺氧的症狀。懷孕時讓母親常喘不過氣的原因可能有以下幾種：

1. 母親原本就有氣喘等呼吸道疾病
2. 母親原本就有造血問題，如地中海型貧血
3. 懷孕期間的貧血

建議方案

● **檢視胃酸是否不足**　存在於胃酸中的卡斯爾氏內因子（intrinsic factor）[25]
是吸收維生素 B12 的必要元素，維生素 B12 不足就很可能引起貧血。因此，如果胃酸不足，或準媽媽有習慣服用中和胃酸的藥物，貧血症狀就很可能不是鐵質攝取不足造成的，而是胃酸不足形成的。這種貧血我們稱為惡性貧血，增加鐵的攝取量，並不能減緩惡性貧血的症狀，且在惡性貧血的情況下服用鐵劑，還有可能造成嗜鐵壞菌大量繁殖，產生其他的問題。

此外，胃酸也同時是礦物質能被分解和被吸收的主要因素。所以，如果胃酸不足，就算攝取到鐵質，也無法被分解和吸收。

胃酸不足最常見的症狀有放屁和大便很臭、打嗝脹氣、胃食道逆流，或是大便中有未消化完畢的食物殘渣。如果孕婦有以上症狀，或有長期服用中和胃酸藥物的習慣，應導正胃酸不足的問題，使母體的血紅素及含氧量充足，是確保胎兒健康成長的首當要務。導正胃酸最好的方法，就是第一口吃肉，並且確保食物組合均衡，也就是澱粉不過量。

● **全素者需補充維生素 B12**　對造血極為重要的維生素 B12 只存在於肉類、蛋類、奶製品當中，因此不吃奶製品與蛋類的全素者，必須額外補充維生素 B12。

● **補充肉類和大葉蔬菜**　除了維生素 B12 外，鐵和葉酸也都是造血的重要功臣，因此也必須注意它們的攝取量。我比較建議攝取鐵質和葉酸時，都從天然的食物中取得，因為這兩種營養元素如果服用過量，都對身體有害無益。

---

25. 參見賴宇凡著，《要瘦就瘦，要健康就健康：把飲食金字塔倒過來吃就對了！》第 178 頁。

鐵過量就和鉛過量一樣，可能導致鐵中毒。且過量的鐵會使得嗜鐵壞菌在腸道內大量繁殖，影響腸菌平衡。因此要補充鐵，最好的方法便是攝取鐵質高的食物。

鐵含量高的食物有牛、羊之類的紅肉，或是菠菜和莧菜之類的蔬菜，許多豆類裡的含鐵量也很高。但是，切記豆類在未經催芽或浸泡時的植酸含量很高，植酸會結合體內重要礦物質並排出體外。因此，如果攝取豆類時不經過正確烹調，不但無法增加鐵質攝取量，還可能造成流失。

葉酸有兩種，在英文裡用不同的字彙表達，一種是天然的葉酸（folate），來自於天然的食物；另一種是人工合成的葉酸（folic acid），多指使用在營養補充品中人工合成的葉酸。天然的葉酸是身體最認得的形式，因此人體吸收天然葉酸的效率要比人工葉酸好得多。

大葉蔬菜中的葉酸含量很高，但在烹調過程中約有 40% 可能會流失。動物性的葉酸烹調時很穩定，不易流失。葉酸含量最高的動物性組織就是肝臟，因此，若要攝取葉酸，牛肝、豬肝等也是上選。

● **補充益生菌**　腸菌平衡，消化酵素的運作才平穩，葉酸這類元素也要靠穩定的酵素運作才能吸收，所以腸菌平衡就變成了吸收葉酸的先決條件。因此補充益生菌，也是一個幫助葉酸吸收的好方法，否則，不管葉酸是從天然食物中取得，或從營養補充品中取得，吸收不到都是白費力氣。

2 - 22

孕婦容易熱該怎麼辦？

　　女性排卵時，基礎體溫會微微升高，微升的體溫讓卵子和精子較易結合，才能創造出最佳的受孕環境。一旦受孕成功，基礎體溫仍會持續微高

cava）會逐漸受到壓迫。腔靜脈位於人體右側，它是將人體下肢血液帶回心臟的一條重要血管，如果被胎兒的重量壓迫，母親腿部血液回流就會變慢。血液回流緩慢，常讓靜脈中的水滲出進入腿、腳的組織，造成水腫。此外，如果母親的糖分攝取過度，嬰兒成長過速，巨大的胎兒對母親靜脈的壓迫就更大，這時，母親的水腫就會比一般人更嚴重。

建議方案

- **喝水去水**　當我們脫水時，身體為了要保留水分會更容易形成水腫，因此母親一整日小口小口補充水分，預防脫水，對去除水腫會有很大的幫助。

- **使用天然海鹽**　身體水腫時，我們常被要求要吃清淡一些，其實，鹽並不是水腫的元凶，腎上腺無法指示鹽排出才是主因。因此，水腫時減少攝取鹽分並不是治根的方法。日常做菜，鹽量最好以孕婦的味覺為標準決定，孕婦如果覺得鹹淡剛好，那就是她需要的鹽量，畢竟，嬰兒的神經系統要順利成長，鹽是重要的主角。但是，不要忘了精鹽是加工過的鹽，它的礦物質並不平衡。天然的海鹽或岩鹽因為含有豐富且平衡的礦物質，可以幫助去水腫，才是孕婦料理時的首選。

- **補充新鮮椰子汁**　椰子汁中含豐富多元的礦物質，鉀含量尤其高。足量的鉀能幫助水分進入細胞，不滯留於細胞外，有助於消水腫。所以，椰子汁是最好的電解水和運動飲料。罐裝椰子水許多都有不必要的添加物和糖，一定要注意檢查原料成分。新鮮現剖後裝瓶的椰子汁是購買的首選。

- **休息**　一天中可找些時間休息，把腳抬高，做些腿部按摩、伸展下肢，可幫助血液循環。

- **盡量側左躺**　母親正躺時，胎兒會直接壓迫到骨盆靜脈；往右側躺時，容易壓迫到腔靜脈，兩者都可能造成血液循環不良。血液循環不良，就容易導致水腫。因此，孕婦如果能抱著長抱枕往左側躺，有助於減輕胎兒壓迫靜脈的情況，促進血液循環（見 119 頁圖 1）。

● **促進血液循環** 　積水常是因為水流變慢，水流快速的地方，不會有積水，所以母體會水腫也和血液循環變慢有關。因此，任何可促進血液循環的方式都能幫助改善水腫情況，如吃辣椒、喝薑湯（記得糖不能多，如果有加糖，隨有油有肉的餐喝）、喝薑水（薑汁加白開水，不加糖），還有按摩、如腳部泡熱水、熱敷、適度的活動等。

2 - 24

孕婦腿抽筋該怎麼辦？

　　孕婦容易腿部抽筋的兩個主要原因，一是礦物質失衡，另一個是血管受壓迫。

　　孕期間為支援胎兒成長，母體的各類荷爾蒙都大量增加，也因此各類腺體的工作量都會加重，包括腎上腺在內。腎上腺位在腎臟的頂端，它會位在那裡就是為了可以就近指示腎臟排出或保留礦物質。如果腎上腺過度疲倦，礦物質的排出和保留就可能失衡。礦物質主掌人體肌肉的收縮與放鬆，一旦失衡收縮的肌肉就可能無法放鬆，造成抽筋。

　　母體對胎兒的保護非常神奇，如果胎兒成長所需的礦物質無法全數從母親的飲食中取得，身體便會從母體的骨頭、頭髮、指甲、牙齒等地調度儲備礦物質，這就是為什麼有些孕婦會突然開始掉髮、指甲斷裂、牙齒鬆動。如果母親體內各處的礦物質被調度，母體血液中的礦物質比例就可能會出現失衡，導致抽筋。

　　此外，夜裡發生的腿部抽筋，則常是血管受到壓迫引起的。孕婦平躺時，胎兒的重量可能壓迫體內大型血管，造成下半身缺血。缺血就是缺

2 - 25

孕婦該如何運動？

　　孕期時鬆弛激素荷爾蒙的分泌量會大大增加，以鬆弛筋骨並張開骨盆，讓胎兒能順利通過產道。但也因此孕婦在活動與運動時都要特別小心，不然鬆弛的筋骨很容易造成運動傷害。

　　雖然鬆弛激素讓孕期與生產期間的母親可以像變形金剛一樣調整身形，負載並生產胎兒，但還是要靠活動與運動才能讓這個超能力在生產時發揮最大力量。所以，孕期間孕婦應該照常活動，除了搬重物外，其他家務照常操作。

　　準媽媽每次走路，都會幫助骨盆藉由胎兒重力持續鬆弛擴張，對生產有極大的幫助。總之，如果只有鬆弛激素，但準媽媽不活動或運動，那身體還是無法達到鬆弛的目的，骨盆也沒有機會擴張。所以，懷孕並不是生病，孕婦不需要什麼都不做、不動。

　　只是，由於孕期時孕婦的筋骨非常鬆弛，所以準媽媽在活動與運動時，應選擇對筋骨衝擊量不大的運動，如走路、瑜伽、游泳等。

＊孕婦不應該在室內游泳池，尤其是氯含量極高的室內游泳池游泳，最好
　選擇室外不擁擠的泳池，或鹽水泳池。

2 - 26

孕婦洗太熱的澡會傷胎兒嗎？

　　一般有說法認為孕婦不能洗熱水澡，這個說法到底是哪裡來的？為什麼不能洗熱水澡呢？事實上，孕婦是可以洗熱水澡，但是水溫最好保持與體溫差不多，過高的水溫會損害胎兒的成長。因為成長中的胎兒細胞組織的分裂與合成正積極進行，這些細胞運作靠的都是酵素，而適合酵素運作的溫度就是媽媽的體溫。如果溫度過高或過低，酵素停止運作，胎兒細胞運作就跟著停頓。

　　除此之外，如果洗澡的水溫過高，母體為了散熱心跳會加速，接近體表的血流量增加，以流汗排出過多的熱能。這時，胎盤的血液便會暫時減少，對胎兒的身體來說，是很大的壓力。因此，母親在泡熱水澡時，水溫不能過高。要記得，媽媽能夠靠流汗散熱，但寶寶卻不能。並且，泡澡後不要忘了及時補充水分，以確保血壓與血流量平穩。

2 - 27

胎位不正該怎麼辦？

　　在醫學中，骨盆形狀有四大類（見 122 頁圖 1），公認對生產最有助益的骨盆形狀是女型骨盆（gynecoid），因為它是一個很完整的圓，適合嬰兒的頭部穿過。

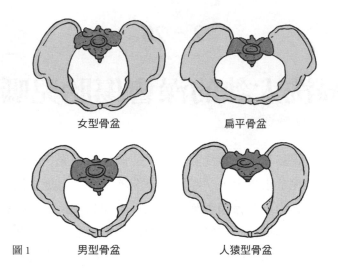

女型骨盆 扁平骨盆

圖1 男型骨盆 人猿型骨盆

　　但根據脊骨神經科脊醫[27]（chiropractor）的經驗，骨盆的形狀，其實大大受脊椎的影響。脊椎的位置會讓骨盆前傾、後傾，或左傾、右傾（見圖2），這些傾斜會決定骨盆的形狀，產生各種不同的生產經驗。例如，脊椎向前傾，尾骨可能會壓迫到子宮，使得生產時宮縮無法和緩，疼痛不已。

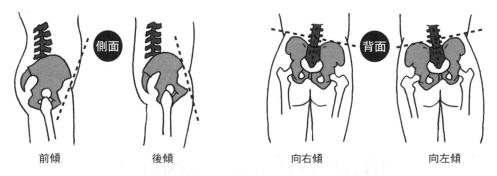

側面 前傾 後傾 背面 向右傾 向左傾

圖2　脊椎的位置會讓骨盆前傾、後傾、左傾、右傾，影響骨盆的形狀。

27.脊骨矯正雖然自遠古開始就已為人使用，但正式被系統性地整理、歸納為一門科學，並定名為骨節整腹（chiropractic），是從1893年美國的一名加拿大醫師開始的。現在美國、澳洲、加拿大、丹麥、法國、南非、英國等國家均對此設有學位課程，入學要求等同醫科及牙科，畢業生是第一線行醫人員。香港在二次大戰前就已經引入此一療法，1993年通過《脊醫註冊條例》，將Registered Chiropractor的法定名稱定為「註冊脊醫」，是亞洲首例。

瘦孕、順產、讓寶寶吃贏在起跑點

而脊椎向左、右傾，會讓胎兒頭部無法穿過骨盆，造成難產。也就是說，胎位正不正很大一部分是取決於脊椎的位置。

　　脊椎的位置決定了骨盆的形狀，骨盆的形狀會影響胎位。骨盆向左右傾，子宮的位置可能被擠壓到一處，胎兒被擠在那裡，循環受影響，胎兒的廢物就可能無法完全排除，結果就很可能會用母親的皮膚來排除胎兒的廢物，讓母親的皮膚起疹子、起痘子，奇癢無比。若要確認自己有沒有這個情況，母親可以觸摸肚子的兩邊，比較溫度的差異，胎兒被擠在的那一邊通常會比較熱。胎位若不正，接近生產時胎兒的頭就有可能會下不來。產程快開始前，在羊水中的胎兒，頭會因為重力關係，自然朝下。但是，如果胎位被骨盆擠壓，胎兒旋轉的空間就有限，頭便無法朝下。頭下不來，生產就會比較困難。

　　因此，影響胎兒與生產的並不是只有體內的化學運作，身體的架構，也會大大影響胎兒的成長與生產的過程。所以孕期前與孕期間，產婦脊椎是否是正位，也應列為產檢與調整的重點項目。

建議方案

● **請合格的脊醫協助調整脊椎**　生產是一個高度需要人體生化運作與物理架構支援的過程，物理架構一不對，不但胎兒很可能被卡住，體內化學傳導或神經傳導也很可能不順，導致生產困難。

國外脊醫所受的訓練冗長且嚴格，並且因為他們不用藥，所以在自然醫學的領域裡占有重要的地位。脊醫對骨骼與肌肉的了解極為深刻，台灣原本並沒有脊醫的相關科系，且他國脊醫的訓練在台灣並未受到承認，使得這類人才要從國外引進極度困難。事實上，整脊是最古老的一個健康行業，因為人體脊椎是人體結構的重要組成。脊椎會產生歪斜，是物理性、精神性，內在化學反應因素等造成的，其中以物理性因素造成的最多。例如，姿勢不良、車禍、跌倒等。如果一個部位發生脫位，那麼上下關節會跟它產生代償平衡作用，一旦超過它的承受力，症狀就會產生。所以，調整骨頭原本就是保健之本，脊椎矯正主要是消除關節之間不正常的壓力，壓力解除軟組織腫脹就消除，神經就不會被壓迫，那麼人體由上到下的化學傳導就會正常。

雖然整脊在日常保健中占有如此重要地位，但台灣現在尚未正式立法讓合格脊醫合法化，也因為沒有合法地位，造成受過正規訓練的脊醫人士無法以脊醫身分服務消費者，也因為此類專業沒有合法化，造成服務資格的管理問題。台灣的元培醫事科技大學首創健康休閒管理系，培養本地的骨結構整復人才，並推動台灣脊醫合法化的立法過程，可望在未來改善這個問題。

2 - 28

照超音波會影響胎兒嗎？

音波是聲波或震動的頻率，超音波指的是超過人類聽力的範圍的音波。但研究發現，在母體內測到的超音波聲，聲音像火車進站一般大。多數研究發現在懷孕期間使用超音波會影響胎兒腦部及細胞組織的成長。有些研究發現對懷孕老鼠進行十五分鐘的超音波檢查，在母體內的胎兒出現腸道流血的症狀。

其實孕期超音波檢查最大的問題在於缺乏管制標準。由於各國政府並沒有對醫院使用的超音波儀器設立標準，因此有些儀器的功率很小，有些卻很大。這中間的差異，對胎兒的影響也會有很大的差別。

因此，現在醫界主張，只要是跟超音波相關的檢測，都採最低頻率原則（As Low As Reasonably Achievable Principle, ALARA）規範檢測的次數與所使用儀器的功率。也就是說，建議只有在醫療真正需要時才使用，使用時以最小的功率，只要達到檢測的目的即可。

因此，所謂 3D、4D 超音波，一拍一小時，也不能做為醫學判斷依據，如果父母只是想拍張照留念，那麼就必須想清楚，是不是真正有必要。

2 - 29

我需要做羊膜穿刺或絨毛取樣嗎？

羊膜（amino sac）是個包覆著發育胚胎的薄膜，之所以叫這個名字，是因為這個胚胎外面的薄膜第一次是在羊胎上確認的，因此稱羊膜。羊膜穿刺（amniocentesis）是一項孕期檢測，醫師會用針筒刺穿母體的肚皮與胎盤，取出羊水，羊水中含有胎兒的皮膚組織，培養後能用做各項檢測（見圖1）。

這項檢驗多是在孕期十六至二十週左右進行。主要目的是為了排除胎兒有染色體不正常而導致的疾病，如唐氏症。但是，由於它屬於一種侵犯式的檢測方法（invasive exam），因此會有傷害嬰兒與流產的可能。

絨毛取樣（Chorionic Villus Sampling, CVS）則是另一項檢測染色體疾病的檢驗。簡單說，絨毛是處於母親與胎兒血液中間的物質，它屬於胎盤組織，因為胎盤組織跟胎兒是從同一個受精卵中發展出來的，因此從中取樣也能夠檢測出胎兒是否有染色體不正常的疾病。但進行絨毛取樣的時間通常比羊膜穿刺早，介於十至十二週左右。此一檢測除了和羊膜穿刺有同樣的風險外，研究也發現它可能導致胎兒肢體殘缺（limb deficiency），如少根手指、缺隻腿等。且讓人擔心的是，研究對此一檢測是如何造成胎兒肢體殘缺並沒有定論，也因此無從預防起。

這類檢測的本意是為高齡產婦或有遺傳性疾病的父母過濾胎兒的先天性缺陷（birth defect），因為根據美國疾管局的統計資料顯示，三

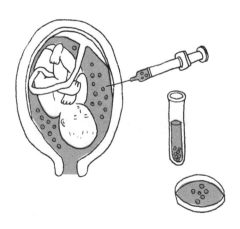

圖1　羊膜穿刺是取出胎兒的羊水進行組織培養，以檢測胎兒的遺傳性疾病，是一種侵入性的檢測方法。

十五歲的婦女懷有先天性缺陷嬰兒的機率是三百八十五個胎兒中有一個，但四十五歲婦女面對先天性缺陷的機率卻升高至三十個胎兒中就有一個。

這樣的檢測母親到底該不該做，端看父母的想法。當初此檢測的目的是為若檢測出唐氏症這類疾病，父母能有時間即時終結懷孕過程。但若父母本身因為宗教信仰不會進行墮胎手術，則這個檢測就變得比較沒有意義。如果父母年紀都比較大，想避免生下帶有先天性缺陷疾病的孩子，那麼這類檢測便給予這樣的父母選擇的機會。

由於這類檢測過程中會採樣胎兒組織，因此除了檢測先天性缺陷疾病之外，它也能被用做上百樣的檢驗。但當一個正在成長中的胎兒或嬰兒經過愈多檢驗，被發現有問題的機率也就隨之升高，主要是因為成長過程人人不一，成長狀況在檢測的那個時間點能不能順利落進檢驗制式的狹小指數範圍內，真的很難講。因此，做父母的在做檢驗決定時，應當要知道這些檢驗可能可以避免、預防疾病，但是它們也有風險，可能帶來疾病，也可能帶來無謂的焦慮與擔心。做父母的同時也必須了解，各類檢驗不管有沒有健保給付，都可以為醫院帶來收入，因此不管它的功能為何，它都是醫院所販售的商品。

2 – 30

媽媽的心情會影響胎兒嗎？

過去都認為我們的「身」是「身」，「心」是「心」，兩者是分離的，互不影響，互不相關。但近來愈來愈多科學證據顯示，我們的「身」與「心」其實是一個整體，如果我們遇到了什麼外在的壓力或刺激，緊張的訊息透過電流傳到腦垂體／下視丘，可以轉換成化學，透過內分泌影響我們

的身體。就好像人一緊張，心跳就加速，緊張是心理反應、心跳是生理反應，它們之所以可以互相影響，就是因為人體是身心合一不分離的。所以，媽媽的心情當然能轉成化學，以內分泌的方式透過胎盤影響胎兒，因此媽媽的心情能夠以很真實的方式影響胎兒[28]。

一般我們還有一個誤解，認為心情是我們想像出來的，所以一旦我們有情緒，總是會有人告訴我們，「沒關係沒關係」或是「別在意別在意」。但是人的心情其實並非想像出來的，我們的情緒是身體製造出來，為了保護我們的。掌管情緒的神經系統，就是掌管心跳、呼吸的自律神經系統，也就是說，人其實無法隨意控制自己的情緒。所以，如果母親有了負面情緒，而這個情緒又會影響胎兒，該怎麼辦？

情緒跟身體感覺一樣，它會被製造出來，就是為了保護我們。就好像手碰到火，會感覺到燙，這樣我們才知道要將手從火上收回來。而就是因為有情緒，他人冒犯我們時我們會生氣，才知道要保護我們的心理界限。當情緒為我們服務，做了它該做的事後，它自動就會離開身體，不再影響我們了。

所以，準媽媽如果出現情緒，不要壓抑、不要忽略自己的情緒，而是該接納與肯定自己的情緒。想清楚，情緒從哪裡來，該跟誰做有效的溝通，環境才會改變，情緒才會離開身體，不繼續留在體內影響胎兒。可以說，肯定與接納自己的情緒，使用它來做溝通的指引，是準媽媽保護胎兒的一個重要功課。

建議方案

● **學習肯定式溝通** 有了情緒一定要處理，處理最好的方式就是溝通。肯定式溝通與攻擊式、被動式、被動攻擊式溝通不同，它能將人與人之間的關係轉向正向發展，減少同樣的事反覆發生的狀況，是處理情緒最有效的方式。

肯定式溝通不越界為別人的用意上標籤，如「你一定是故意的」，它不將情緒埋藏在心裡不顯現，它更不嘴裡不說卻在行為上予以反擊。例

---

28. 參見賴宇凡著，《身體平衡，就有好情緒！》第 14-24 頁。

如，不告訴你我在生氣，反而摔門給你看。肯定式溝通只說明自己的情緒，對方做了什麼事引起我這樣的情緒，同時把未來希望別人如何改變的解決方法一起給了對方。比如，你遲到不打電話回家讓我很生氣也很擔心，下次請你先打個電話回家通知一聲。

從懷孕時期就開始養成不壓抑情緒，接納情緒的習慣，在未來養育孩子時，也會是重要的資產，因為這會是父母與子女間溝通的明燈。而肯定式溝通的練習，則能保障父母與子女間的美好關係。如果父母能以身作則，子女也就能有樣學樣，學會不壓抑自己的情緒，以肯定式溝通的方法改變自己的環境，未來也才有可能心理健康。

2－31

懷孕時該如何為爸爸做心理準備？

家庭需要父母雙方共同的參與，對新生兒來說，父母共同參與，決定能達到共識，比誰做決定更為重要。但爸爸不像媽媽，從懷孕當日開始，就因為身體的種種變化，從心理開始為迎接寶寶做準備，所以事先為爸爸做好心理準備就很重要。

講到懷孕時該如何為爸爸做心理準備，讓我想起一個故事。

我的大女兒有天回家問我和先生，能不能為他們的行進樂隊在比賽時做菜？因為我和先生那時並不知道行進樂隊有兩百名學生，就很無知地答應了，結果沒想到整個過程是困難重重。原先為學生做菜的 X 夫婦很害羞，比較習慣獨立行事，因為不喜歡溝通，讓我們的交接工作變得相當困難。我和先生想多些了解希望跟著他們去買菜，X 夫婦說他們不需要幫忙。我們在比賽當天問他們有什麼要做的？他們總是說現在還沒有什麼要做

的，卻獨自切菜、洗菜。或者他們會說，你等下可以幫忙分菜，但為兩百名學生分菜是什麼樣的景象我們沒見過，根本不知道這是什麼意思，X 夫婦卻也不願解釋。每一次出賽，其實都有家長自願幫忙 X 夫婦，但是 X 夫婦都因壓力過大臭臉相待，從不道謝，最後自願者就來得愈來愈少。這個經驗，讓我深刻地體悟到，人堅持獨自完成事情時，給他人帶來的感受是「我是多餘的、不受歡迎的」，當人有這樣的感受時，就沒有參與的意願了。而主導人不給予幫忙的人清楚明確的指示，讓他們知道他們能做什麼、該怎麼做，人會因為無法貢獻而感到很無力。最後，當自願幫忙得到的是懲罰（臭臉）而非獎勵（感謝）時，往後就不會想再度幫忙了。

因此，如果主導懷孕、生產、哺乳的母親，在這個過程中，堅持獨自完成所有的事，她會讓做父親的感覺自己是多餘的、不受歡迎的，降低了他參與的意願。母親如果有什麼需求，卻不給予父親清楚的指示，告訴他，發生這件事的時候，他可以做哪件事幫忙，那麼父親便會因為無法貢獻而感到很無力。最後，如果每一次父親協助母親，都得不到感謝，那麼父親就會愈來愈不想幫忙。如果這樣的情況發生，父母親這個緊密的養育團隊，就會開始出現裂痕而運作不佳。

所以，為爸爸做好心理準備其實只有三個步驟：

1. 讓爸爸知道媽媽無法獨自完成養育工作

現代女性不再是弱者，因此從小女性就被訓練要獨立、要自強。但這個修正卻讓女人是弱者的路走到相反的極端，變成了女強人不可以有需求，因為表達需求就是示弱。這讓很多女性從小到大各種技能都很豐富，卻常不知道要如何表達需求，反正一切都能自理。獨立自強的習慣在求學、工作上，為女性帶來了豐碩的成果。但是養育孩子和求學與工作不一樣，女性要求自己獨立自強的習慣，會在與伴侶共同養育孩子時出現最大的反效果。獨立自強不適用於養育孩子，因為寶寶出生後所有的需求幾乎都只能靠母親滿足，這些需求一直到孩子大了都還是常常沒有討價還價的餘地。如果母親無時無刻不在滿足孩子的需求，又不懂得依靠伴侶滿足自己的需求，養育孩子注定會是一件苦差事，它也會成為孩子成長的弱勢。所以，母親一定要在生產前，就讓父親知道，她無法獨自完成養育工作，

2 - 32

懷孕時該如何為姊姊或哥哥
做心理準備？

　　新生兒到來時，父母總是充滿歡喜與期盼，但新生兒的哥哥或姊姊卻不見得能分享同樣的心情。新生兒的到來，對哥哥和姊姊而言充滿了太多不確定。「弟弟妹妹來了，爸爸媽媽還會愛我們嗎？」「弟弟妹妹來了，他睡哪裡？我睡哪裡？」父母為哥哥姊姊做心理準備的最佳利器，就是同理心。試想，如果我的先生／太太要把另外一個女人或男人帶回家跟你分享先生／太太的愛，你會有什麼感覺？那個感覺就是父母要照顧的。

　　父母與新生兒在胎兒出生時會同時分泌一種荷爾蒙——催產素（參見144頁），還有與新生兒在初生期親密頻繁的接觸，都能促進親子三人之間的情感連結。但是，哥哥姊姊卻不一定有這樣的機會，兄弟姊妹之間的情感連結，常常要靠父母才能完成。父母不以同理心面對兄弟姊妹之間的相處，常常導致孩子小時爭吵不休，大時兄弟鬩牆。父母要有同理心很簡單，只要想：「如果我父母在我與弟弟妹妹間這樣說、這樣做，我會有什麼感受？」例如，如果你的爸媽在你面前說：「你看，弟弟吃的那麼多，哪像你吃東西都不乖。」你會有什麼感覺，你會對弟弟有什麼感覺？這些感覺，都是做哥哥和姊姊會感受到的，而這些感受都會很實際地影響哥哥姊姊與弟弟妹妹未來情感連結的發展。

　　父母真誠地向大孩子預告弟弟妹妹剛出生時的情況也很重要。把初生弟弟妹妹的需求，以及父母可能必須付出精力與時間來照顧這些需求，都不加粉飾地向哥哥姊姊說明。因為粉飾的結果常是期望的落差，會造成不必要的失望。例如，很多父母會向哥哥姊姊說，弟弟妹妹是爸媽生來跟他們作玩伴的。但嬰兒一到家，卻抱著媽媽的奶不放，不會講話、不會走路，更不用提一起玩了，哥哥姊姊的失望與生氣可想而知，這都必須有方

法來解決。

- **教育孩子肯定與溝通自我的感覺** 因為忙碌的父母不可能孩子的各種感受都偵測得到，所以當哥哥姊姊有感覺時，教育他們如何有效分享，就變得很重要。在寶寶出生前，就教導哥哥姊姊人的心理感覺是為保護自己而存在的，就好像身體被壓到會痛、遇熱會燙一樣，而這些感覺要有用處，一定要說出來。懷孕時就可以教育哥哥姊姊練習肯定式溝通[29]，與他們協議在寶寶出生前，先跟爸爸和媽媽練習正向溝通自己的感覺，並清楚表達自己的需要。父母也應在此同時練習聆聽孩子的感受，給予真實可行的解決之道，而不是習慣性地否定與爭辯他人的感受。

  如此一來，哥哥姊姊就沒有必要在沒人看見時，對弟妹做出報復的行為以宣洩心裡的感受。而且，未來弟弟妹妹有能力溝通時，彼此之間就能很自然地以言語有效連結。做哥哥姊姊的能有效表達感覺，弟弟妹妹就能有樣學樣，為他們未來良好的溝通奠定穩固的基礎。

- **讓哥哥姊姊參與弟妹的成長** 當我們參與他人成長時，就自然會產生分享他成功與失敗的心情，哥哥姊姊對弟弟妹妹也是一樣。哥哥姊姊有參與，就會關心弟妹的成長。因此，若父母能將一些哥哥姊姊能承擔的工作派給他們去做，例如幫忙拿尿布扔尿布、拿毛巾放好毛巾、拿水來把水放回去，給哥哥姊姊一些篩選過的名字，讓他們為嬰兒選名字等等。這些工作不但能訓練哥哥姊姊的肢體反射動作、組織能力，更能促進責任感和參與感。

  但是，父母切記不可與哥哥姊姊分享管教的權力。哥哥姊姊在弟妹還小不知如何溝通時，若對弟妹有情緒，可以與父母直接溝通情緒，但是管教的決定還是應該交給大人。否則，若讓哥哥姊姊有權力進行管教，在弟妹還小無法反饋時，哥哥姊姊可能會無意間傷害到嬰兒。哥哥姊姊長期與父母分享管教的權力，嬰兒長大時便會對哥哥姊姊有怨恨，有礙兄弟姊妹的情感連結。

---

29. 肯定式溝通可參見賴宇凡著，《身體平衡，就有好情緒！》第 172-173。

3-1

生產包裡不能少的是什麼？

　　每位準媽媽都有不同的需求，因此生產包中除必備的證件、換洗衣物等之外，準備的物品大家都不一樣，大部分的準媽媽們都會早早就準備好，以備隨時需要。這裡建議的項目是很可能人人都需要，但並非人人都想得到的，準媽媽們應即早準備，放進生產包中。

□生產計畫書

　　生產計畫書中會說明產婦對生產過程的期盼與選擇。這份計畫可以協助助產人員了解產婦的需求，也能幫助陪伴產婦的家人或陪產員（doula）與醫院做有效溝通（參見 142 頁），它能將突發狀況所面臨的未知傷害減至最低。如果生產時幫自己接生的不是自己的醫生或助產士，或生產時根本就不是在自己原本安排的醫院時，就會有很大的幫助。

□天然鹽、可彎式吸管

　　生產是一項劇烈運動，產婦在產程間一定要補充水分。醫院裡用的水可能是經逆滲透過濾的水，這種水中的礦物質幾乎都已濾掉。水裡沒有礦物質，就沒有電解質，電解質是調節體內水分在細胞內進出不可或缺的角色，缺乏礦物質的水會愈喝愈脫水。

　　即使醫院裡用的水不是逆滲透水，加一點天然鹽在水中也能夠協助腎上腺運作。生產時需要腎上腺大力支援，腎上腺疲倦時會需要比較多的礦物質，所以腎上腺疲倦的人都會想吃很鹹的食物。生產時水裡加點鹽可以支援腎上腺。水裡加鹽的比例約為水 1000ml：天然鹽 1/4 茶匙就夠了，這樣的比例喝水時應該嘗不出鹹味。

　　天然的海鹽或岩鹽中有高達八十幾種的礦物質，溶於水後就是最佳的

電解質。產婦生產時可以在開水裡放兩三粒天然好鹽，再以可彎式吸管定時餵產婦喝水，以確保她不會因脫水而疲倦，造成產程停滯。

□不會震盪血糖的零食

生產是劇烈運動，產婦需要持久的能量供給，一般母親在生產過程中因為陣痛，通常都不太有胃口，但如果產婦餓了，補充的食物一定不能震盪血糖。血糖是體內最大宗的能量來源，如果吃了會震盪血糖的食物，當血糖掉下來時，能量反而會不足，產程很可能因此而停滯或拖延。不會震盪血糖的零食有各式滷味、蛋；素食者可吃無糖優格、橄欖等（參見 394 頁的寶寶手指零食），不建議吃堅果，以免碎堅果粒嗆入氣管[1]。

□按摩油

帶少量按摩油，如椰子油，可在產婦陣痛期間為她按摩，減輕疼痛。

□高品質的吸乳器

哺乳於嬰兒出生後三十分鐘內即可開始，如果母乳因嬰兒吸吮力量不足，或因麻醉藥物讓媽媽的乳汁無法進入乳腺順利下奶，可以使用吸乳器促進下奶。高品質吸乳器的吸力，比手擠與品質低的吸乳器要大許多倍，所以是一個協助親餵母乳的重要配備。強力吸乳器的價格不低，可以先向朋友借，或向醫院借。在吸乳器將母乳引出後，就可以換上嬰兒讓他直接就乳房吸吮。

□發奶草藥

發奶草藥是重要備用品。如果母親因為剖腹或麻醉藥物致使發奶有困難，又來不及製作發奶餐，這時手邊如果有發奶草藥，就可以幫助母體分泌乳汁，讓母親及早發奶（發奶草藥參見 215 頁）。

---

1. 其他各式不震盪血糖的零食，也可參見賴宇凡著，《吃出天生燒油好體質》第 243 頁。

□給新生兒哥哥和姊姊的禮物

人與人之間的情感連結與情緒記憶有很直接的關係。如果能幫助哥哥姊姊在第一次與小嬰兒見面時留下美好的記憶，就能促進他們之間的情感連結，有助於往後的相處。去醫院前不要忘記先幫哥哥姊姊準備個小禮物，在他們跟小嬰兒見面時，代小嬰兒將這份小禮物交給哥哥或姊姊。如此一來，哥哥和姊姊便不會因為嬰兒剛到來，大人的注意力全集中在小嬰兒身上，而覺得受到冷落。

生產包必備物品檢查表

□ 證件

□ 換洗衣物

□ 生產計畫書

□ 天然鹽、可彎式吸管

□ 不會震盪血糖的零食

□ 按摩油

□ 高品質的吸乳器

□ 發奶草藥

□ 給新生兒哥哥和姊姊的禮物

□ 其他

瘦孕、順產、讓寶寶吃贏在起跑點

生產計畫書

我的名字：＿＿＿＿＿＿＿＿＿　　我伴侶的名字：＿＿＿＿＿＿＿＿＿

我的預產期：＿＿＿＿＿＿＿＿　　我助產士的名字：＿＿＿＿＿＿＿＿

我陪產員的名字：＿＿＿＿＿＿　　我醫生的名字：＿＿＿＿＿＿＿＿＿

您好！我們期盼這一天的到來已久，我們的興奮與緊張筆墨無法形容。
預先感謝您在這個生產過程中給予我們的協助。我們了解生產過程中可能出現
很多不能預期的狀況，但是，在情況允許的範圍內，我們希望以下的選擇能夠
被尊重。

1. 我希望以下的方式生產
　　☐自然生產　　　　　☐剖腹生產
　　☐水生產　　　　　　☐居家生產
　　註記：

2. 我希望嬰兒監視器的使用為
　　☐全程　　　　　　　☐隔一段時間才使用
　　☐只有胎兒出現問題時才使用
　　註記：

3. 我希望採用的生產姿勢為
　　☐躺著　　　　　　　☐蹲著
　　☐站著　　　　　　　☐四肢著地
　　☐使用生產器具　　　☐任何我喜歡的姿勢
　　註記：

4. 對於生產的疼痛我希望以以下的方式解除
　　☐伴侶的按摩　　　　☐熱敷
　　☐呼吸調整　　　　　☐中醫針灸
　　☐變換姿勢　　　　　☐藥物
　　註記：

5. 我　☐不希望　　以人工戳破羊水的方式加速產程
　　　☐希望
　　註記：

6. 我 □不希望　　剃恥毛、剪會陰、灌腸
　　　□希望
　　註記：

7. 我 □不希望　　使用吸引器或產鉗加速產程
　　　□希望
　　註記：

8. 我希望寶寶出生後　　□立即剪臍帶
　　　　　　　　　　　□等待臍帶停止脈動後才剪臍帶
　　註記：

9. 我希望　□我能剪寶寶的臍帶
　　　　　□我的伴侶能剪寶寶的臍帶
　　　　　□醫生／助產士剪寶寶的臍帶
　　註記：

10. 我希望能
　　□立即與胎兒有肌膚相貼與親餵的機會，第一次親餵後才做各項例行檢測
　　□在寶寶做完各項檢查後與胎兒有肌膚相貼與親餵的機會
　　註記：

11. 我希望
　　□立即清洗寶寶的胎兒皮脂　　　□不要立即清洗寶寶的胎兒皮脂
　　註記：

12. 如果我必須經歷剖腹生產，我希望採
　　□半身麻醉，寶寶出生後與我一直保持肌膚相貼
　　□全身麻醉，寶寶出生後由我伴侶照顧
　　註記：

13. 在院期間，請「不要」給我的寶寶
　　□糖水　　　　□配方奶　　　　□奶嘴　　　　□其他

14. 其他

如果產程出現問題，我們希望能被告知各項搶救策略的利弊。
再次感謝您參與和支持這個對我們極其重要的旅程。

3 - 2

如何尋找適合自己的
婦產科醫生或助產士？

　　婦產科醫師的英文名稱是 obstetrics and gynecology，obstetrics 這個字根在拉丁文中有旁觀預備（stand by）的意思。意指婦產科醫師是旁觀者而非主導者、旁觀而不介入。會用這個字根形容婦產科醫生，是因為主導生產的人應該是產婦與嬰兒，醫師與其他任何助產人員，都應該抱著「協助」的精神，而不是「介入」的態度。因為隨意介入，會造成產程暫停或中斷，對於生產這個大自然精心安排、環環相扣的流程，只有傷害沒有幫助。

　　因此，在挑選助產專業人員時，了解他的生產哲學便顯得極為重要。如果助產專業人員所抱持的態度是「生產即生病」，那介入的可能性就會增高，因為他會覺得生病的一方需要幫助。但這樣的介入，常使得生產這個並不是生病的自然過程受到干擾，最終使得身體無法執行任務，進而演變成生病，需要各種藥物與手術才能完成接生。

　　一個認為生產即生病的助產專業人員非常好辨認，這樣的人言語間多半充滿恐嚇，談話的主要內容並不是增強產婦的信心，而是無謂地增添產婦的恐懼。

　　除了所抱持的生產哲學外，另一個辨認是否為有幫助的助產專業人員的方式是，是否「尊重產婦的感覺和情緒」。大自然原本就為母親的身體內建了生產的直覺與反射，她該怎麼做，身體的感覺與她的情緒會告訴她。如果助產專業人員不肯定與接納母體所發出的信息，也就是感覺和情緒，那麼助產人員便無法針對個人的需求，依不同母體的需要接生。生產無法針對個人需求，就像非個人化的產品，無法符合個別的需要。當母體的需求不能得到滿足，生產就不易順利。

一個不尊重他人身體感覺和情緒的助產專業人員也很好辨認，他會與產婦爭辯她的感受，而不是接納、肯定，或試圖了解她的感受。

　　此外，特別需要注意的一點是，我們在選擇醫療服務時，經常以健康從業人員的職稱與領域來判斷他們的哲理與技能。比如，我們常覺得自然醫學領域的人一定相信身體有自癒能力，而一個西醫體系的醫生一定不相信身體的力量。其實，人相信什麼，不一定跟他所受的教育有直接的關聯。接受自然醫學教育的人，言語間也可能不停增加產婦、病人的恐懼；而受西醫訓練的醫師，也很可能願意仔細聆聽產婦的感覺與情緒，並將其視為重要的診斷要件。其實，人的哲學是什麼、相信什麼，只有從他的行為中才能得知。因此，產婦在聘用助產專業人員時，最好先行面談、觀察，多方了解，並且做好替換的準備。因為，生產時在產婦身邊的人是協助還是介入，對生產結果將有重大的影響。

3 - 3

什麼是陪產員？
他們能提供什麼幫助？

　　陪產員 Doula，是自古就有的行業，這個字的語源來自希臘文，原意是「一個服務的女人」。她們通常是久經生產的婦人，可以在產婦的生產過程中提供協助，在中文世界裡，擔任此一角色的人，一般稱為陪產員（陪產士）。陪產員熟悉生產的過程，深知產婦需求，可以全程陪伴產程，在產婦生產時協助產婦、產婦的伴侶（家屬），與醫師溝通，為產婦取得必要資

訊，以利做出正確決定。陪產員同時可以協助產婦的伴侶，以他／她能夠接受的方式，參與產程。

陪產在歐美國家已風行多年，受北美陪產員協會認證（DONA International）的種子人員，也已於台灣正式開課訓練在地化陪產員。有此需求的人，除了可聘請專業的陪產員外，如果產婦的家人能及早受產程教育，產婦也能將自己生產意願表達清楚，再加上家人若能達成協議完全支援產婦的要求，那麼，家人也可以勝任陪產員的角色。近年來，由於對父親角色認知的改變，加上台灣男性對伴侶所擁有的情感意識加深，父親擔任稱職陪產員的狀況也很常見。

處於生產過程中的產婦，身體與心理都沒有餘力去注意除了生產之外的事，這時，陪產員就變得非常重要。他們必須擔任產婦的啦啦隊，提供產婦情感上的支援，向產婦做周遭環境與產程變化的報告。他們也會在必要時候，為產婦表達與爭取執行重要的生產決定，例如要不要打無痛分娩、要不要剪會陰、要不要灌腸或在陰部用碘酒塗抹、初生嬰兒要不要打疫苗等。

孕婦可在生產前，與自己所選擇的陪產員溝通生產計畫，藉由陪產員的經驗，一步一步規畫好生產時可能面臨的抉擇。生產計畫可用紙本擬定，便於提醒陪產員產婦的要求。建議在選定陪產員前，可先支付一次性面談費用，看看陪產員是否與自己的生產理念相符，因為如果生產理念不符，陪產員很難堅持產婦事前的生產要求。及早確定是否需要陪產員，或確定自己想找怎樣的陪產員，當家人中沒有適當的陪產員時，就能及時向外找尋專業陪產員（參見 487 頁）。

3 - 4

為什麼樂得兒產房
應該是標準產房？

　　樂得兒產房（LDR）其實是歐美國家的標準產房，這種產房可以讓母親在產程開始後，一直到嬰兒出生，母親恢復，都待在同一個房間內，不需移動。所謂的 LDR，意思就是 Labor（陣痛—待產）、Delivery（分娩—生產）、Recovery（恢復）都在同一個房間內完成。之所以會有這種產房出現，是因為愈來愈多國家的醫界人士認為，生產不是病，是一種自然的過程。待產、生產、恢復都在同一個獨立空間，不但可以降低孕婦的焦慮，且若在產程間不移動母親，就不會打斷生產荷爾蒙的運作，造成產程不必要的延長。還有，母親恢復時，若將新生兒帶離產房進行檢查，母親沒有與新生兒肌膚相貼的機會，泌乳素無法作用，可能會造成哺乳困難。就因為傳統的生產方式讓產婦在產程中，從待產室移到產房再移到恢復室不斷移動，對母親會有種種不利的影響，近年來才出現了樂得兒產房，將這些過程全數統整，讓母親在生產的過程中待在同一個房間，無須移動。

　　分娩是個高度受荷爾蒙左右的過程。嬰兒準備出生的時候，他的體內會開始分泌催產素（oxytocin），同時啟動母親體內的催產素分泌，催產素會讓母親體內開始頻繁宮縮、讓胎兒往產道行進，也會讓子宮頸開始慢慢擴張（cervical dilation）。催產素開始分泌的同時，母體也會分泌高量的腦內啡（endorphin），腦內啡荷爾蒙有強大的止痛功能，俗稱天然嗎啡。腦內啡可以使宮縮暫停，給母親喘口氣的機會，也給肌肉恢復彈性的機會，讓子宮與會陰肌肉不致因過速且過強的宮縮撕裂。母親在生產時，也會同時分泌高量的壓力荷爾蒙，因為若母親在生產時遇到危險，壓力荷爾蒙可以暫停生產過程，讓母親轉移生產場所，以保護嬰兒。壓力荷爾蒙在產程最

後階段，也是將胎兒推出的主力，它能縮短產程，也可以幫助母親於產後保持元氣，確保母親有足夠的精力保護嬰兒及哺乳。

母親懷孕期間催乳激素（prolactin）受胎盤所分泌的荷爾蒙抑制，但在母親生產：胎盤娩出與母體分離後，催乳激素便大量湧出，開始製造乳汁。這時，如果嬰兒能與母親肌膚相貼，催產素的量會再次高升。當胎兒一開始吸吮，催產素能促使乳房內分泌母乳部位附近的肌肉收縮，協助順利下奶。此外胎兒吸吮時，催產素也能促使子宮收縮，讓胎盤能順利與乾淨地完整排出。

催產素又稱愛的荷爾蒙，因為它能促進情感連結。如果產程不被隨意打斷，新生兒的家族是在一個不被干擾的環境下迎接新成員的加入，當嬰兒出生時，父親、母親、新生兒，或在場的家人體內應會同時分泌大量催產素，形成緊密連結，為家庭關係建立良好基礎。

整個分娩的過程，是人體荷爾蒙合作交替、起伏交織所推動的。如果身體的物理架構支援，再加上這些生理化學的助力，生產不應該會拖延或讓人感覺無止盡的痛苦。但是，現在產婦進醫院，要先待在待產房，等到快生了再移動到產房，生完再被移動到恢復室，孩子則被帶離母親去做各種檢查。這些移動並不是為了生產而設計的，這些移動是為了醫院有限的床位管理而設計的。醫院床位被占用，業務就停滯，因此能空出床位接待下一位使用者，對醫院管理來說是最佳的方式。但是，這種移動對生產過程卻不是最好的。因為每一次母親被移動，荷爾蒙的起伏就會被打斷，造成產程不必要的延長。產程拖得愈長，母親就愈沒有力氣生產，順產的可能性就愈小，對母親與胎兒來說，都是危險。

建議方案

因為台灣醫院有移動產婦的習慣，因此，現在樂得兒產房變成了商機，也就是說，如果母親要求待在同一個房間內生產與恢復，是要付出金錢代價的。所以，一般產婦為了不隨意打斷產程荷爾蒙的起伏，可以考慮以下幾種解決方案：

● **考慮居家生產** 居家生產時移動場所的並非產婦，而是助產專業人員。

母親可以從陣痛開始就一直留在家中待產、生產，與恢復。生產時沒有催產的壓力，產程中荷爾蒙運作不會被打斷，孩子出生後也不會被帶離（參見 146 頁居家生產好嗎？）。

- **在家中待產到最後一刻**　因為醫院的運作機制並不是最適合產程的設計，因此，產婦如果能在家中停留至產程最後階段，就不容易被醫院送返回家，或被安置在待產室中，最後還要移至產房，造成不必要的移動。

- **懷孕最後階段與生產過程中吞服複合式維生素 C**　產程時極度需要的壓力荷爾蒙是由腎上腺分泌的，通常不均衡飲食震盪血糖的後果就是腎上腺受傷。再加上現代高度緊張的生活形態，常造成腎上腺疲倦。疲倦的腎上腺在支援產程時，很可能會出現中場疲軟的現象。壓力荷爾蒙的合成與轉換，要靠高量的維生素 C，因此，在進入妊娠最末三個月或在產程間，服用維生素 C 可以有效支援腎上腺運作。維生素 C 與維生素 P（bioflavonoid）必須一起服用才能確保有效吸收與利用，所以同時包含維生素 C 和 P 的複合式維生素 C 是比較好的選擇。

3－5

居家生產好嗎？

　　產婦感覺安全的心情，對生產的過程非常重要，因為只要產婦一感到不安全，身體就會停頓生產過程。從前在野地生產的媽媽只要一感到不安全，身體就會自動停頓產程，讓媽媽能利用時間換地生產，因為身體不允許危險殃及胎兒。所以產婦挑選生產場所應該選擇能讓自己感覺最安全的地方，可能是家裡，也可能是醫院，也可能是助產院所。產婦如果能靜心

體會自己的感覺，並下工夫了解在不同地方生產的全面資訊與利弊，心裡自然會產生定見，因為將要做媽媽的人，一定有選擇孩子最佳出生地的智慧。

居家生產與醫院最大的不同，就是接生的人不是醫師，而是助產士。台灣助產士已發展近百年，有相當的專業訓練。助產士資格自 2004 年後已全面升級為國考，可惜在此之前因停辦助產教育影響了專業發展的空間，導致助產士執業人員人數驟減。

助產士協助產婦在自己家裡生產的最大優勢有：

1. 產婦生產時不需使用胎兒監視器，產婦生產姿勢不受限制，且助產士同樣能以其他方式知道胎兒的心跳情況。

2. 大部分助產士自己有生產經驗，能用同理心與耐心陪伴產婦，給予胎兒所需自然生產的時間。

3. 在自家生產熟悉、安全、舒適。

4. 助產士知道生產不是生病，接生時多鼓勵少威脅恐嚇。

5. 讓生產回歸自然，不剃恥毛、不剪會陰、不灌腸。

6. 技術好的助產士有可能可以把許多例如胎位不正等被列為難產的情況，變成正常生產，減少剖腹的機會。

7. 產婦在產前、生產時、產後都無須經歷不必要的舟車勞頓。

8. 寶寶不必一出生就被帶離進行檢查，可以有充裕的時間讓寶寶向乳爬行（參見 183 頁），有助日後的親餵。

其實台灣設立助產士科系且讓助產士合法化是極為先進的做法。美國大部分的州對助產士並沒有系統式的管理，也就是他們都無執照可拿，且多數的州由助產士協助生產並無法向保險公司申請費用。澳洲助產士則是至今都沒有法案保障。台灣助產士不但設立國考領有執照，且助產士費用健保全額給付，民眾唯一要支付的只有助產士出診至家中的交通費。

助產士除可協助居家生產外，台灣還有助產士醫院接生的設計。因為台灣婦產科醫師人力嚴重不足，衛福部在 2014 年時推出了「助產士重返醫院」計畫，目前北、中、南有六家醫院配合，助產士可在這些醫院為孕婦

產檢，並進行衛教。低風險產婦如果同意，也可由助產士在醫院裡接生。近年來因為飲食不均造成的巨嬰，以及胎兒娩出母體後血糖、血壓不穩定問題，或者產婦年齡的逐年升高等等因素，都讓生產風險日益增大，因此，由助產士協助在醫院接生，不失為一個折中的好方法。

但是，醫院的運作方式與在家中生產有很大的不同。最大的不同就是醫院床位數量是有限的，而且床位永遠不足，生病的人也永遠比生產的人多，所以醫院永遠會有收回床位的壓力。也因此醫院的氣氛，永遠是浮躁不安的。由助產士接生最大的優勢，是助產士對生產需要花多少時間沒有偏見，有些人不到一小時就順產，有些人要生三天孩子才落地。助產士的訓練就是陪伴，她們不會給產婦壓力，要求產婦何時該生。但是，把助產士的工作地點放在醫院，她們原本的訓練就不一定能符合醫院的運作，因此，助產士能不能在一個制式的工作環境中守住自己的接生原則，有待觀察。

另外一個助產士在醫院接生令人擔憂的地方是，醫師和助產士的關係現在並不明確。台灣衛生署在1983年時頒布了一項行政命令，規定助產士在醫院必須要在醫師的指導之下才能擔任接生工作，且當時助產士在醫院接生後不得開具出生證明。雖然現在已沒有這種規定，但受當時法規的影響，助產士與醫師的地位仍然無法平等。助產士有重要的接生經驗與技能，它能補足醫院現在所不能給予產婦的支援。但是，如果將助產士與醫師在醫院中變成了從屬關係，這個特殊的溫柔生產技能就可能遭受扼殺。但若助產士與醫師不是從屬關係，如果醫療出現糾紛，責任又將該如何分擔？這一切，都有待準媽媽在與醫師和助產士面談時，靠感覺來指引自己，決定該往哪裡走。

3−6

水中生產是什麼？

水中生產（Water birth）是產婦在產程中，隨意願進入溫熱水池中娩出胎兒的生產方式（見圖1）。

水中生產的好處，是能減輕產程疼痛，產婦容易變換姿勢，並免除地心引力帶給初生嬰兒的撞擊創傷，同時還能降低初生嬰兒太快衝出產道對母親陰部造成的撕裂傷。

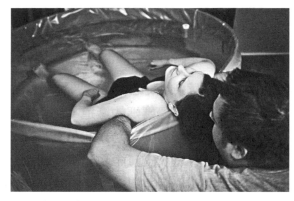

圖1　水中生產能減輕產程疼痛，也可減低地心引力給初生嬰兒的撞擊創傷。

不過，美國小兒科學會與美國婦產科學會並不支持水中生產這種方式，主要原因是，他們不確定嬰兒入水後呼吸的情況，也擔心嬰兒入水後的體溫調節，和害怕嬰兒被水中細菌感染。其實，這三項他們擔憂的原因在歐洲及美國醫師鄧肯・尼爾森（Duncan Neilson）對一千一百例水中生產過程所做的大型研究中，早已證實不存在：

1. 對水中呼吸的疑慮

胎兒在母體內時就是置身在羊水中的，也就是說，還沒出生的寶寶都是水寶寶。初生嬰兒要接觸到含氧量高的空氣與離開羊水受地心引力影響後，才會啟動呼吸功能。之後，胎兒的血液循環轉換成初生嬰兒的血液循環模式，肺部充血，呼吸才開始運作。但是，如果寶寶是在水中出生，那麼這個初生的環境便與媽媽體內的環境沒有太大差別，只是進入了一個比較大片的羊水而已。在寶寶還沒離開水面前，胎盤依舊會持續供給所需的

發現，半數的美國孕婦都使用催生藥物，而且多數嬰兒出生的時間，都落在星期一至星期五上午九點至下午五點的時間。

既然預產期只是一個參考值，是不是按照預產期出生，並不真的那麼重要。所以，在我們計算預產期時，是不是該把做父母與將專業人員的自以為是放下，將孩子要何時來到這個世界的決定權，還給他呢？

3－8

什麼是催生？我有必要催生嗎？

什麼是催生？為什麼要催生？「催」的後面通常是接著「趕」這個字，催趕催趕，也就是，主事者被迫必須超前他的進度。我們的文化覺得人的身體是有瑕疵的，必須控制，不但大人的要控制，孩童的身體因為更不成熟，而更需要控制，這個控制甚至包括了出生的時間。母體何時開始進入產程，其實並不是由母親引發的，母親子宮開始收縮，正式進入產程的啟動荷爾蒙其實是來自胎兒。也就是說，瓜熟蒂落，瓜何時要落地，是由瓜決定的；而胎兒何時長成，何時能夠適應外面的世界，落地的時間是由胎兒決定的。

既然嬰兒出生的時間由他自己決定，為什麼我們會需要催生？其中一個原因是方便醫院的運作。嬰兒出生的時間，應該是不分日夜、週間或週末的，因為在母體內的嬰兒，生理時鐘根本還未形成。但研究卻發現，在週一到週五白天時段出生的嬰兒數量，比夜裡與週末出生的嬰兒比例要高出許多，且醫院的尖峰時段──早晨十點到夜間十點中間──產婦用藥催生的比例，比非尖峰時段的清晨二點到清晨八點間（非尖峰時段）的產婦高

瘦孕、順產、讓寶寶吃贏在起跑點

出了 86%。此外，尖峰時段出生的嬰兒使用吸引器或產鉗的比例，比非尖峰時段的嬰兒高出了 43%。這顯示出，在嬰兒選的時間對不上醫院運作的時候，醫院有許多催趕的工具。

　　除了方便醫院運作外，許多催生的主因在於胎兒待在母體中的時間已經超過預定生產的時期。現在的醫療系統因為害怕胎兒過大太難生，把懷孕三十七週做為建議催生的基礎。但其實四十二週才是世界衛生組織的預產期上限，且預產期的範圍只是一個平均值，各人的情況不同，時間稍微超過一點就催生，就像瓜還沒熟就想摘一樣，必定要經過硬扯硬拉的過程。不管我們的現代檢測儀器多先進，都無法正確判斷孩子是否已經準備好迎接外面的世界。孩子尚未準備好就催生，是攸關孩子的體溫、心跳調節，呼吸能力、血糖和血壓調節等的大事。

　　催生除了對胎兒有潛在的傷害，對孕婦也可能造成傷害。在美國的做法，一般懷孕超過四十二週時使用的催生藥物是合成荷爾蒙催產素，品牌名稱是 Pitocin。但是，由於使用此藥時子宮頸必須已經成熟（cervix ripening），也就是代表生產前兆的子宮頸軟化已經出現。否則，醫師就只能選擇其他藥物催生，所以在懷孕四十二週前催生，多數醫師所剩的選擇便是 Prepidil 和 Cervidil。但這類藥物所費不貲，通常一個塞劑成本都要美金一五〇和一七五元。所以，有些美國醫師就會以 Cytotec 代替。

　　Cytotec 本來是一種消化道藥物，此藥物的副作用是讓胃部強烈痙攣，之所以被醫界拿來用在催生，因為它也能引發子宮強烈收縮，且一個 Cytotec 塞劑的成本只需美金〇·六元。但是，Cytotec 所引發的子宮收縮方式與其他藥物並不相同。由它引發的收縮沒有間斷時間，所以常常造成子宮撕裂，可能讓產婦大量流血，或最後必須切除子宮。就是因為這樣，美國藥物管理局並未核准此藥物用於催產。且自然生產的狀況下，子宮收縮時血流從胎盤擠壓出去，收縮暫停時血流流回胎盤。但持續不間斷的宮縮，不但會讓母親與肌肉無法休息，血流也無法回流至胎盤。沒有血流就沒有氧氣，沒有氧氣胎兒的腦部在缺氧的情況下，很快就會開始壞死。

　　我們現在做什麼事都沒有耐心，沒有耐心等著過街、沒耐心等過紅綠燈、沒耐心等動植物長大、沒耐心好好咀嚼、沒耐心好好做菜吃飯。有多

153

生產是個極度需要活動力與專注力的運動，但是母體與胎兒在無痛分娩的藥物影響下，活動力和專注力都會同時減低。無痛生產的胎兒要娩出產道時，就好像一個喝醉酒的人要從一條狹長的暗巷走出來一樣，不靠他人的幫助很難能出得了這條巷子。所以無痛分娩的生產，使用產鉗與吸引器將嬰兒夾出的機率會大大升高。

5. 影響親餵

未受藥物影響的初生嬰兒，只要一放置到母親的胸口，嬰兒的臉部肌膚接觸到母親的皮膚後，就能反射性地找到母親的乳頭。未受藥物影響的母親荷爾蒙能在生產過程中正常運作，在胎兒吸吮時，環抱泌乳細胞的肌肉就能正常收縮，順利下奶。這些反射性的哺乳行為都會受無痛分娩藥物的干預。

但是也有許多無痛分娩的研究顯示，除了除去痛感，它對生產並沒有太大的影響。只是，多數這類研究設定的生產環境與我們現在一般的生產環境並不相同。例如，研究中的產婦都沒有使用胎兒監視儀器，且有一對一的護士照料服務，產婦多是在子宮頸已開四至五指後才入院，並在開五公分後才使用無痛分娩藥物，這樣的做法原本就能大大減少無痛分娩的副作用。但現在台灣醫院使用無痛分娩的情況並非如此，許多開指較慢的孕婦常被鼓勵及早施打無痛分娩，也就是說，子宮收縮很可能過早就被阻止，造成產程的不必要拖延。

人人都怕痛，但我們也都知道痛是為了保護我們而存在的，因此，在將疼痛移除之前，做母親的要三思，也不要忘記，無痛分娩是一個有價商品。只要是有價商品，就會有行銷行為出現，做為母親不但要三思這類有副作用藥物的必要性，更要知道如何分辨何為促銷行為、何為醫療行為。

建議方案

- **觀察醫院的收費項目** 欲了解一個醫院或診所抱持怎樣的生產理念，最好的方法是坐在它的收費櫃檯旁，觀察繳費的類別是什麼。如果有許多繳費項目是催生及無痛分娩藥物，那麼此一診所或醫院並不是真心支援無醫療介入的自然生產。

3 - 10

生產前可以吃東西嗎？

　　生產其實是一種劇烈運動，雖然從外在看起來並沒有太大的動作，但母親體內的肌肉、骨架卻正經歷一場驚天動地的變化。人在劇烈運動時需要極大的能量，這些能量需要食物來提供。因此，好教練絕不會要求運動員在劇烈運動前禁食。但是，孕婦常被告知在陣痛開始時，就必須禁食。

　　孕婦如果生產時禁食，體內會發生什麼狀況？一個血糖平穩的人如果禁食，在沒有劇烈運動的情況下，她的血糖其實能夠繼續保持平穩。即使兩、三餐不吃，身體依舊能夠動用儲存的油脂、糖原和蛋白質，轉成糖來提升血糖，提供人體所需的能量來源。這時的血糖路徑會如圖1，是慢慢才開始逐漸低於血糖平衡線，也就是說必須要幾餐不吃，體內備用資源開始減少後，血糖才會緩慢開始下降。

　　如果禁食再加上劇烈運動，人體需要快速提供能量，但體內儲備資源無法及時轉換為血糖，血糖就會開始迅速往下降，那時血糖的行徑路線就像圖2。

　　如果血糖的走向像圖2，孕婦就會變得虛弱無力，在產程中出現體力不足的現象。就像所有運動員一樣，只要體力不足，就很可能跑不到終點。生產過程長的需要數天，短的也要幾小時，不吃東西就沒有體力，最後虛

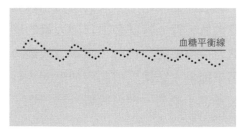

圖1　血糖平穩的人單純禁食時血糖下降速度緩慢。

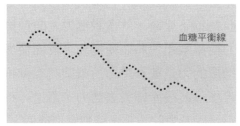

圖2　禁食再加上劇烈運動，即使血糖平衡的人血糖下降的速度還是很快。

脫，被迫進開刀房剖腹。挨了刀的媽媽還不停責備自己太虛弱，無法自然生產。

醫院要求產婦在陣痛後就開始禁食，是因為醫院認為吃食物會讓腸道裡有東西，阻礙生產。或者吃食物可能會使產婦在用力推擠時，把大便一起擠出來，造成母親和嬰兒感染。又或者，醫院認為每一段產程都可能以剖腹手術收場，手術必須禁食，所以就先要求。

但是，身體是柔軟有彈性的，消化道如此，生殖器官也是如此，沒有研究顯示在腸道內的食物會阻礙生產。

至於產婦在生產時排便，是很有可能的，因為最後推擠胎兒出產道的感覺，就和排便的感覺一樣。可是研究顯示，大便如果即時清理，母親與胎兒並不會有感染的危機。因為嬰兒出生時通過的產道裡所帶有的菌種，和母體腸道內的菌種是一樣的。嬰兒出生前雖然幾乎無菌，但生產時在產道內「感染」到的菌種，就是往後居住並繁殖在嬰兒腸道和表皮上的菌。因此，嬰兒出生後接觸到母親大便裡的菌，並不會對健康造成負面影響。

而手術必須禁食，是因為打麻醉針後嘔吐的食物可能造成呼吸道阻塞。但因為如此先讓孕婦挨餓，使得孕婦的體能在產程還未到達最劇烈的運動前就先耗盡，讓剖腹產的機率大大提升，這是一個本末倒置的做法。

並且因為禁食的要求，醫院為確保產婦的血糖不下降太快，還要幫孕婦注射葡萄糖點滴。產程間打點滴，限制母親變換姿勢，產程注定要被延長。產程間打點滴，不僅母親的血糖會被無謂推高，糖也同時會經由胎盤進入胎兒體內，待臍帶一剪，胎兒的血糖就會重重摔落下來，有低血糖和低血壓的危險。此外，母親被葡萄糖點滴無謂推高的血糖，迫使胰臟必須分泌等量胰島素將它降低，母親本來平穩的血糖開始上下大力震盪，每次血糖掉下來時，就虛脫無力。血糖掉得太低，腎上腺就必須分泌大量的壓力荷爾蒙迅速將血糖提起，反而使得壓力荷爾蒙提早耗盡。原本母親最後推擠的力量要靠壓力荷爾蒙將血糖推高來提供，結果反被葡萄糖點滴先耗盡了。最後產婦失去體力，還是一樣被推進手術房，剖腹收場。這一切，只是因為醫院要求產婦禁食造成的。

- **進醫院前先吃豐盛的一餐** 陣痛開始後，先在家裡吃一頓豐盛的食物。這一餐要盡量均衡，確保產程開始時，血糖是最平穩的。平穩的血糖，就是保持體力最好的保障。

- **帶不震盪血糖的零食** 雞屁股、鴨舌、肉乾之類的食物可以讓陪產的人在產婦陣痛期間輕易地餵食（可參考 394 頁寶寶手指零食）。堅果類最好避免，因為母親陣痛時呼吸經常停頓，再次吸氣時，堅果碎渣很容易就誤進呼吸道。傳統的電影院零食不會震盪血糖，血糖平穩，產婦的耐力就會強。在產程間進食的時機，完全看產婦的需求，如果餓了想吃，就吃，如果不想吃就不吃。在產程進入最後階段，痛感增加時，產婦多半就不會想進食了。聽身體的話，是最好的進食準則。

- **不要過早進醫院** 醫院不是按產婦的需求運作，醫院是按經年累月的管理方式運作。醫院運作並不是要讓生產方便，而是要讓醫院運作方便。因此，愈早進醫院就愈有可能和醫院的做法相左，造成不必要的爭論，給產婦無謂的壓力。

3 – 11

什麼姿勢可以幫助減輕 生產時的疼痛？

我們的社會不只害怕負面情緒，還極度害怕疼痛，所以我們的止痛藥才會用得如此氾濫。人的情緒和身體的感覺是身體的自律神經為保護我們

產生的[4]，情緒和感覺的存在並不是為了要懲罰我們。這就是為什麼我們會恐懼，因為如果我們不懂得如何恐懼，見到老虎時就不知道要逃跑。這也是為什麼我們會感覺到燙，因為被燙到了，才知道要將手從火上收回來。痛也是一樣的道理，因為痛，才知道要做自身的修正，也才知道要改變環境。產婦就是因為會痛，才知道要如何變換生產的姿勢，幫助胎兒出生。不知道痛的產婦，不知道該如何變換姿勢，更不知要往哪裡施力和推擠。痛感，可以幫助生產過程順利進行。

我們的現代文化不但怕痛，還矛盾地教大家：痛是你該承受的，如果不想要這個感受，就得極力壓抑它，而不是修正自己與環境以解除痛楚。這種訊息在女性成長時尤其時時被重複。經痛，本來就是應該的；產痛，本來就一定會有的。因為女性就注定該痛，所以我們不尋找痛源，也不進行修正以移除痛源，卻大量使用藥物掩飾痛感。痛的感覺一被掩飾，就不知道要做改變，最後就演變成了嚴重的問題和疾病。經痛不修正，荷爾蒙不導正，最後就演變成子宮疾病、乳癌、子宮癌。產痛時不修正姿勢，胎兒生不下來，往往最後就被推進手術室以剖腹收場。

如果胎兒要從骨盆進入產道時位置沒有對好（見圖1），壓迫到母體神

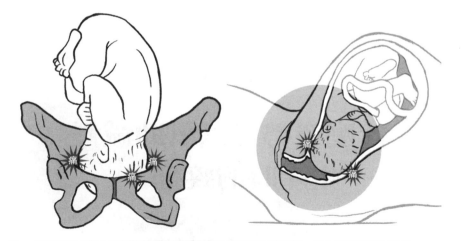

圖1　胎兒從骨盆進入產道的位置如果沒對好，壓迫到母體神經，就會讓媽媽產生痛感。

4.參見賴宇凡著，《身體平衡，就有好情緒！》第26-28頁。

經，就會讓媽媽產生痛感。這個痛感可以告訴媽媽要如何變換姿勢，才能將骨盆的位置和胎兒對上。母體中的胎兒也一樣會因為擠壓產生痛感，胎兒的痛會告訴他，頭部該往哪裡轉才比較不會痛，也才比較出得來。

　　孩子從母體內奮力向外的這個過程，象徵著孩子即將踏上的成長之路，它是辛苦且漫長的，有時，從產道出來的孩子被撞擊和擠壓得鼻青臉腫，但仍是平安的。這個漫長的生產過程充滿了艱辛，但產程是孩子人生開始所上的第一課，它的訊息是：「孩子你夠強，一定能在困難中不放棄地往前進。」這段路，靠的是胎兒與母親雙方同時聆聽與接納身體感覺的引導。所以，生產的智慧我們其實與生俱來，這個智慧來自於我們的身體感覺，這個智慧來自於母親生產時所感受的痛。所以，生產並沒有正確姿勢，有人是蹲著生、有人躺著生、有人趴著生、有人跪著生。什麼姿勢能讓胎兒順利進入骨盆從產道滑出，它都是好姿勢。

　　現在醫院生產最大的問題就是胎兒監視器，只要裝上監視器，母親的活動就會受限制，常常被規定一定要躺著。躺著並非最有利的生產姿勢，因為母親躺著的時候，胎兒會直接壓迫到母親身體後半部的大血管，容易造成母體與胎兒血液循環不良，供氧不足。此外，母親躺著生，胎兒無法位於母親骨盆的正中間，就會從陰道的最下方滑出，較易產生陰道撕裂傷（見圖2）。躺著生的另外一個缺點，就是不利於母親用力。生產時母親推擠胎兒的感受，跟排便是一樣的，想像一下，一個人被要求躺著排便，要施力是一件多麼困難的事？

圖2　躺著生產，胎兒無法位於骨盆腔正中間，容易從陰道下方滑出，造成撕裂傷。

　　母親的活動受限制，就沒有辦法跟著痛感隨意調整姿勢，產程常因此不必要地拉長。這就是為什麼歐美現在有許多醫院不任意使用胎兒監視器，除非有必要才會監測胎兒的情況。這類先進的醫院會任由母親於產房內隨自己身體變換姿勢，不隨意打擾介入，因為他們相信母親身體就已內建

生產的智慧。

建議方案

● **跟著感覺變換姿勢**　多數上過拉梅茲（Lamaz）呼吸法的人都說，陣痛
一開始，在課堂上所學如何減輕疼痛的方法就全部扔到腦後，那是因為
生產本該是一個靠直覺與反射的古老過程。如果疼痛來襲時產婦是極力
想抵抗、逃避，那我們就不知道要如何變換姿勢，加速產程。好比，如
果海裡大浪來襲，我們想盡辦法抵抗它，多半就會被海浪沖推得七葷八
素。但是，如果大浪來襲時我們不抵抗它，順著水流放鬆全身，就會知
道該如何在水中平衡，不會被浪沖得東倒西歪。同樣的道理，生產時如
果我們能跟著感覺走，不逃避、不抵抗，身體自然會告訴我們該怎麼
做，它自然會告訴我們要採取什麼樣的姿勢，也自然會告訴我們該怎麼
用力。如此一來，我們的痛感也會像海浪般，隨著生產的韻律，一波來
一波走，最後，靠著我們身體感覺的力量，將母子都平安送上岸，帶著
胎兒自然順利地娩出產道。

我們的骨盆在恥骨聯合（pubic symphysis）的地方，藉由纖維軟骨
（fibrocartilage）相連，因為它是韌性很強的軟骨，所以可以讓我們骨盆
的上下開口能有彈性地擴張或收縮。胎兒準備要進入骨盆時，上骨盆可
以受壓張開；在胎兒準備娩出母體時，上骨盆靠近，下骨盆張開（見圖3）。

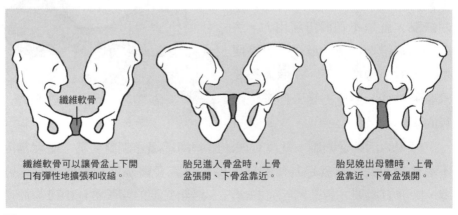

纖維軟骨可以讓骨盆上下開
口有彈性地擴張和收縮。

胎兒進入骨盆時，上骨
盆張開、下骨盆靠近。

胎兒娩出母體時，上骨
盆靠近，下骨盆張開。

圖3

我們的骨盆還連著大腿骨與脊椎，所以變換腿部與背部姿勢，也能幫助骨盆前後、左右變換角度，讓胎兒容易通過（見圖4、5）。這就是生產時孕婦若能隨痛感變換姿勢，是縮短產程重要關鍵的原因。這也是為什麼生產時，孕婦會有左右搖擺的衝動，或是很想坐在馬桶上。因為，這些姿勢都可以變換骨盆的開口和形狀（見圖6）。

通常在胎兒快要娩出時，孕婦會很想四肢著地，有時會想閉腿，有時想張腿，或一腿往前、一腿往後。這些姿勢的變換，都能夠有效變換骨盆的開口，促使胎兒往產道外前進（見164頁圖7）。

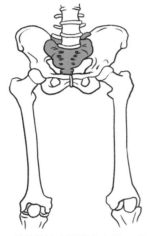

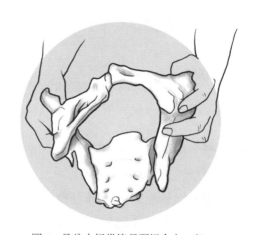

圖4　骨盆接連大腿骨與脊椎，所以變換腿部與背部姿勢可以幫助改變骨盆的開口與形狀。

圖5　骨盆由好幾塊骨頭組合在一起，可隨姿勢變換骨盆的形狀。

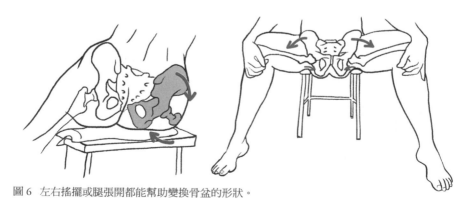

圖6　左右搖擺或腿張開都能幫助變換骨盆的形狀。

圖7 這些動作都能幫助變換骨盆開口，幫助胎兒往產道前進。

● **按摩** 按摩可以減輕疼痛，如果按摩時能了解骨盆的位置與移動的方向，還能夠加速產程。

例如，當胎兒的頭下降至薦骨（sacrum）的部位時，薦骨受擠壓，會產生疼痛。西班牙阿爾科伊醫院（Alcoy Hospital）的助產士認為，如果此時推壓、按摩薦骨區域，不但能有效減輕疼痛，還可以加速讓胎兒頭部順利通過（見圖8）。

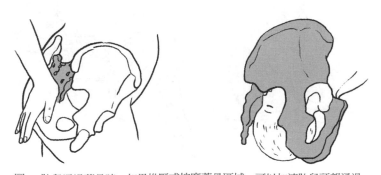

圖8 胎兒通過薦骨時，如果推壓或按摩薦骨區域，可以加速胎兒頭部通過。

或者當胎兒的頭下降至薦骨部位時，按摩中可以找到骨盆的兩方最高點，往後推壓或按摩，這時，恥骨處是向上張開。如果向前推壓，恥骨下方則是向下張開的（見圖9）。此推壓按摩法是由有助產士之母之稱的加斯金助產士（Ina May Gaskin）創始的。

- **孕前或產前調整脊椎**（參見 122 頁）
- **水中生產**（參見 149 頁）

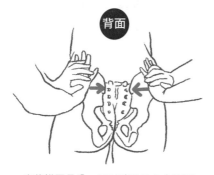

向後推壓骨盆，可以讓恥骨向上張開

圖 9

向前推壓骨盆，可以讓恥骨向下張開

3－12

生產時有必要灌腸、除陰毛和擦碘酒嗎？

一般產婦入院後，灌腸、除陰毛、陰部擦碘酒是標準程序。以下是進行這些手續的原因：

手續	原因
灌腸	·為使消化道中的食物不阻擋胎兒娩出產道 ·避免產程中大便感染嬰兒與母親
除陰毛	·怕陰毛感染嬰兒與母親
擦碘酒	·減少感染

但這些醫療院所採行的標準程序並沒有研究支持。灌腸並不會加速產程，母親還可能因為灌腸而使得食物、元氣不足，拖延產程。消化道是柔軟有彈性的，裡面有食物並不會阻擋胎兒娩出產道。至於產程間排便，是很普遍的現象，腸道中、陰毛上，以及會陰上的菌種，原本都是胎兒應在娩出產道的過程中取得的，而大便中的菌種和腸道中的菌種是一樣的，因此，除陰毛與擦碘酒，其實會影響嬰兒取得菌種，影響嬰兒往後的消化道發展、成長，與菌種平衡。

3 - 13

生產時一定要剪會陰嗎？

1987 年時的美國，61.9% 的母親在生產時都曾有過剪會陰手術的經驗，但是最新研究發現，剪會陰無助生產過程，且常使得生產後的母親恢復延緩、與嬰兒連結或哺乳困難、往後性生活疼痛等。因此，現在剪會陰手術在美國已非標準生產手續。

我們觀察動物界，其實沒有任何動物在生產時需要剪會陰。那是因為，陰道口中有個尿生殖膜（見圖1），尿生殖膜在產程中子宮有韻律的收縮

下，會慢慢擴大，最後就能讓胎兒的頭順利通過，而不造成撕裂。所以若生產順利，母體其實不應該出現傷口。生產會出現撕裂傷的最主要原因如下：

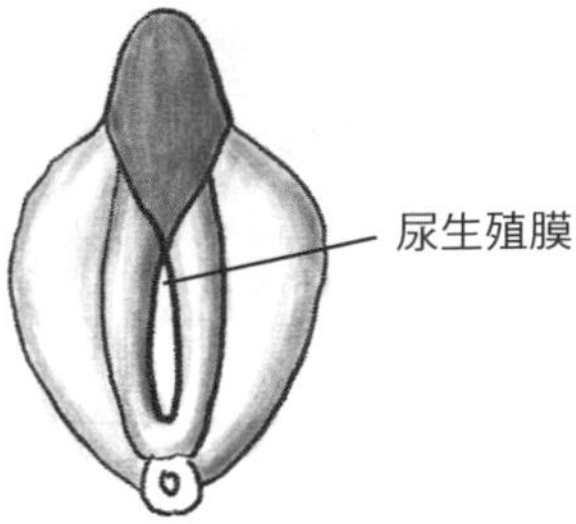

圖1　尿生殖膜在產程中會慢慢擴大，讓胎兒頭部能順利通過。

尿生殖膜

1. **巨嬰**：胎兒過大，迫使陰部必須撕裂才出得了產道。

2. **內分泌失調**：母親於產程中環境不斷移動打斷荷爾蒙運作，或是母親因為飲食不均衡或藥物影響、或其他因素造成內分泌失調，使得子宮收縮韻律失調，尿生殖膜無法伸展。

3. **高齡產婦**：高齡產婦肌肉鬆弛，尿生殖膜有可能延展不佳。

4. **生產姿勢施壓點不正確**：站、躺、蹲都可能對陰部肌肉過度施壓，但四肢著地時，胎兒出生時的施壓點在陰唇（labia)，肌肉撕裂機率較小，就算被撕裂，傷口癒合也較快（見圖2）。

5. **推擠過快**：這是最有可能造成陰部撕裂的原因。就像任何有彈性的薄膜一樣，慢慢拉，就不會造成撕裂，但若拉得太快，就一定會產生撕裂。這就是為什麼做披薩的師傅都是將餅皮慢慢轉開，讓餅皮慢慢變薄，否則拉扯過速，餅皮就易撕裂破碎。所以，有經驗的醫生或助產士，不但不會催促母親過力推擠，他們還常常會指示母親停止推擠胎兒，指導母親有韻律地推擠，讓陰部撕裂的可能減到最低。

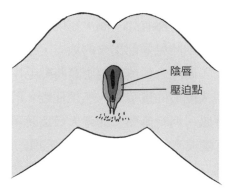

陰唇
壓迫點

圖2　四肢著地時胎兒出生的施壓點就會在陰唇而非陰部。

● **讓母親以身體生產而非以腦子生產**　現在生產前大量的資訊教育，常讓母親過度使用腦子裡的知識主導產程，因此失去身體對生產的感覺與反射。產婦生產期間，助產專業人士如醫師、護士、助產士、伴侶等，常常都會不斷以教練的姿態介入生產過程，告訴母親何時該呼吸、何時該把腿張開、何時該休息。但是，產婦到底何時該做什麼，現在想要以什麼姿勢生產，她的身體最知道。

如果我們打從心底相信女人的身體，相信它所擁有的生產智慧，那麼，便不需要過度介入助產，只需要支援與鼓勵。多數女性處於這種情況下，自然會知道要如何生產才能減低撕裂的可能。有些人會最後突然採四肢著地的姿勢生產，有些人則突然將兩腿合併，有些人側躺合腿，有些人會把手壓在陰部，有些是停止呼吸以減緩胎兒娩出的速度。這些自然的身體反射，都可以大大減緩胎兒頭部娩出陰部的速度，以免造成過大的衝擊，產生撕裂傷。研究顯示，讓母親隨著自己的生產反射動作主掌產程，還可以大大減少使用產鉗和吸引器的機會。

● **減緩推出胎兒的速度**　減緩將胎兒推出產道的速度，是維持陰部不撕裂的最佳策略。

生產過程中，如果母親出現排便時的感受，推擠嬰兒出產道的過程就已開始了，母親應傾聽身體的聲音應變。在產程的最後階段中，母親會感到自己像是快要裂成兩半，那是正常的，因為另一個生命即將離開你的身體，你們將從一個人變成兩個人。

接下來，你可能會感到陰部有如一圈火在燒，這時母親常反射地去摸自己的陰部，想試著控制胎兒頭部出來的地方。這時，有些人喜歡將熱毛巾置於陰部的感受，助產人員或伴侶應該將熱毛巾準備好，靜待產婦的指示。當陰部出現火圈般的感受時，無須催趕，聆聽自己身體的聲音，它會告訴你何時呼吸、何時施壓。助產人員這時可以將產況報告給產婦聽，但不應該隨意觸摸產婦下陰部位，因為充血的陰部很容易被戳傷。

在最後階段，產婦一定要專心且有耐心，不要急著將胎兒推出陰部。如果產婦在這時能與體內感受合作自行減速，胎兒頭部娩出陰部的速度減

緩，陰部便不易被撕裂。這個階段，適時補充水分是很重要的，因為脫水就會虛脫，就無力掌控推擠的速度。

● **會陰按摩**　如果母親是高齡產婦，或長期血糖不平衡，或用藥，就可能是屬於會陰撕裂的高危險群，那麼會陰按摩（perineal massage）的方法可以將撕裂機率減到最低。會陰按摩可於孕期三十四週後進行，一直按摩到生產為止。會陰按摩的方法見圖 3，每日一次，將手指伸進陰部，向下反覆按，持續兩分鐘，再朝左右、向上按摩，各持續兩分鐘。按摩時可以使用杏仁油或椰子油潤滑。切記不要施壓過度，造成陰部撕裂。這樣做的目的，在使生產時擁有較佳的延展能力。

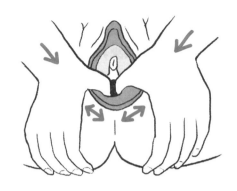

圖 3　孕期三十四週後進行會陰按摩，可讓陰部在生產時有較佳的延展力。

＊如果陰部生產時沒有撕裂傷，產婦很快就能下床活動，一開始會感覺有一點痠疼，如果這時能在陰部敷上熱毛巾，而非冰毛巾，產婦會感覺好很多。產後如果產婦或伴侶能對陰部這個大功臣給予疼愛和關注，每日在陰部塗上好油（純荷荷芭油、椰子油、杏仁油等），稍稍按摩，增進血液循環，恢復會更加迅速。

＊對於陰部撕裂傷是否要縫合，研究並沒有共識。因此，助產專業人員應將撕裂情況告知產婦，讓產婦決定是否要縫合。多數美國助產士的經驗是，不縫合的陰部恢復較快且疼痛較少。

五點多，陣痛愈來愈頻繁，不過我還能自己走去上廁所。老公不停地在搜尋還能去哪間醫院自然產。六點多，我們決定先叫計程車，七點左右，我痛到在床上滾來滾去，下不了床，老公立刻叫救護車。七點半，到達慈濟急診室。原本要直接進產房，結果值班醫生照超音波發現寶寶胎位不正，立刻要我轉往手術室開刀。我抓著醫生的手說：「我要自然產！」醫生不肯，說：「沒辦法！」

接著我就被兩、三個護士推到手術室，我又抓著護士問：「真的不能自然產嗎？」……護士沒回答我……進了手術室，燈亮到我睜不開眼，只聽到護士叫我不要再用力、不要扭來扭去，我也不想啊，但身體就是不由自主地想變換姿勢。

躺在冷冷的手術台上，我好像只能妥協了。這時值班醫生做最後內診，突然驚呼「屁股！寶寶的屁股在洞口了。」我隱約感覺到一線希望！！幫我產檢的醫生迅速趕來，沒幾分鐘時間我就聽到醫生叫我睜開眼睛，屁股抬高，用大便的力氣推！我使勁用力了兩下，寶寶就出來了……7點52分/2850g。醫生處理完傷口之後走到我旁邊，責備我一個人驚動了多少醫護人員。而我只是滿心感謝地看著他說：「謝謝你！」

出了手術室，老公就在那兒等著我和寶寶。老公，謝謝你的處變不驚和勇敢，謝謝你從頭到尾一直這麼支持我，有你真好！

經歷這一連串過程，雖然胎位不正還堅持自然生產為這個過程帶來些驚險，但卻成為我人生中最重要的體驗和回憶。自然產其實非常有意思，經歷一連串的生理反應，感受身體的微妙變化，我真的很驚訝身體能帶著我完成這麼多事！沒有介入的自然生產，讓生產成為生命中最美好的回憶，而不是最痛苦的記憶，我為自己感到驕傲！

3 - 16

第一胎剖腹以後
就注定只能剖腹產了嗎？

　　前胎有剖腹經驗後，下胎依舊採取自然產，稱之為剖腹產後自然產（vaginal birth after cesarean, VBAC）。過去，因為認為前胎採剖腹產，下胎若自然產容易造成子宮破裂，所以只要前胎是剖腹產的婦女，下胎必定是剖腹產。但是，剖腹產後自然產的規定在 2010 年經美國婦產科學會修訂後，放寬了很多。主要是因為，一般剖腹產後的自然產其實危險性並不高，研究發現，剖腹產後自然產可能造成的子宮破裂（uterine rupture）機率小於百分之一。研究還同時發現，婦女不反覆剖腹產，可以避免許多未來的婦科問題。

　　雖然不反覆剖腹產對媽媽本身有很多好處，但因為剖腹產後自然產並不是真的毫無風險，所以最終採取何種生產方式的決定權，依舊在產婦的手中，產婦應與醫師或助產士溝通討論下胎自然產與再次剖腹的利弊。現階段，一般做法是採取剖腹產後嘗試自然產（trial of labor after cesarean, TOLAC），也就是，產程開始時是以自然產為目標，即使產婦懷的是雙胞胎且上胎是剖腹，也能以自然產為目標。

　　若媽媽決心採行剖腹產後自然產的方式，就要妥善地進行準備，成功機率才能大大地提升。是否能夠成功，其中最重要的影響因素是胎兒的重量與大小。如果飲食不正確，胎兒長成巨嬰，自然產的機率就大大地減低了。

產後復元與親餵才能順理成章。剖腹產因為不需要經過漫長的陣痛與等待，當下可能覺得簡單省事，但之後產婦復元與哺乳，都會有更多的麻煩。所以，除非真有醫療上的需要，最好不要貿然進行剖腹產。

3 - 18

臍帶要立即剪還是延遲剪？

過去醫院接生的標準流程，嬰兒臍帶都是出生後立即剪，但是，近來有愈來愈多的研究證據偏向延遲剪臍帶有利嬰兒健康，因此世界衛生組織修正了原來立即剪斷臍帶的建議，改為建議等待一至三分鐘，或是等到臍帶脈動停止才剪臍帶。

新生兒開始呼吸，將胎盤內的血液引向體內，是一個大自然精心設計的複雜過程。胎兒在母體的羊水內時，取得氧氣靠的是臍帶輸送母親血液內所含的氧，因此胎兒肺部在母體內是沒有運作的。所以，大自然在胎兒的血管裡設有岔道，能將血液帶離肺部，不做無謂的循環。嬰兒出生後，原本浸在羊水裡的肺泡會逐漸伸展張開，藉由伸展的物理壓力將血流引進肺部，血管內原本的岔道就在嬰兒每一次呼吸的同時漸漸關閉。大量的血流向肺部，胎盤的血就會這樣跟著流進嬰兒體內，讓胎盤內的血流大大減少（見圖1）。

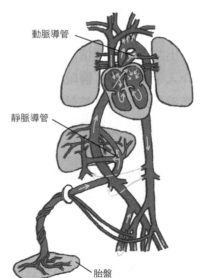

動脈導管

靜脈導管

胎盤

圖1　嬰兒出生後，隨著呼吸肺泡會逐漸張開，藉由伸展的壓力將血流引肺部，胎盤的血流也會藉此跟著流進嬰兒體內。

在嬰兒自己開始呼吸後，原本從胎盤往外走含氧量低的血管，在嬰兒的肺部開始提供氧氣後，含氧量愈來愈高，讓從臍帶流向胎盤內的血管收縮，最後關閉。這個機制讓胎盤裡的血流變成只往外流，不再向內流，最終在胎盤內的血液全供給了胎兒後，臍帶脈動停止（見圖2）。

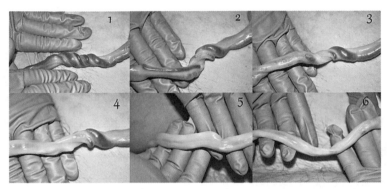

圖2　臍帶脈動停止，胎盤內的血全部流入嬰兒體內後才剪斷臍帶，才不會讓嬰兒因供血不足引起血壓不穩、呼吸困難等問題。資料來源：http://www.nurturingheartsbirthservices.com/

從嬰兒開始呼吸，到胎盤裡的血液全數流進嬰兒身體是個重要的機制，因為在母體內時，嬰兒的血液有三分之一都在胎盤裡。如果，這麼多的血容量在嬰兒出生後，還來不及流到嬰兒體內時就被剪斷，後果就像人體突然失去三分之一的血量一樣嚴重。如此大量出血，可能造成血壓不穩、血糖不足、呼吸有困難、肺部無法順利擴張、各器官會因供血不足而壞死，這些器官包括了腦部。由於這整個機制要靠血液含氧量提高與肺部伸展的物理壓力完成，因此過早剪斷臍帶會擾亂物理壓力轉換，很可能會引起各岔道的關閉困難，造成先天性心導管閉鎖不全、卵圓孔閉鎖不全的問題。就因為可能會引起這麼多問題，所以世界衛生組織才會建議不要立即剪斷臍帶。

但因為這個政策是修訂政策，並不是每一個醫生與醫院都有被告知，因此有些醫生還是遵循著以往的政策立即剪斷臍帶，這部分可能需要事前與醫師溝通。如果醫師無法接受意見，可以跟醫師說算命的說如果孩子臍帶不等五分鐘再剪，往後便會命不好，藉此達成自己的要求。

3 - 19

嬰兒吸到自己的大便該怎麼辦？

有 12% 的胎兒會於母體內就將胎便（meconium）排出，現在新的研究發現，這可能是消化道成熟的表現，或是在產程中受到擠壓的結果。 統計數字顯示，每一千名在母體中排出胎便的初生嬰兒中，便有兩個出現胎便吸入症候群（Meconium Aspiration Syndrome），也就是胎便進入了新生兒的肺部。但有胎便吸入症候群的初生兒中，有 95% 的新生兒胎便可以自動清除，無須外力介入[7]。

胎兒出生時肺部經產道擠壓，出生後肺泡逐漸伸展，這個過程本就能清除在母親肚子裡時積存在肺部裡的羊水，也包括均勻混合在羊水中的胎便，所以多數新生兒才能輕易清除肺部裡的胎便。

此外，胎便在母體內就排出，並不會污染羊水，反而會增加羊水中的益生菌。過去胎便被認為是無菌的，但是有西班牙研究員在胎便中發現了正常腸菌，這些腸菌都是益生種類，不但不會傷害嬰兒，反而有助腸菌繁殖[8]。多數的胎便會與羊水均勻混合，讓羊水呈現綠色或肉汁般的咖啡色，如果胎便從產道出現時是呈黑油狀，那麼胎兒便是臀位分娩。

按理，如果胎兒肺部因為有胎便阻礙了肺泡張開，也沒有什麼大礙，因為胎兒還是可以從臍帶取得母體氧氣。且若嬰兒肺部無法張開，呼吸不順暢時，血流就不會充滿肺部而讓胎盤血壓降低，臍靜脈的含氧量不提高，就不會收縮關閉，胎盤的血流就會持續循環供給，嬰兒也不會有缺氧的危險。此時只要醫療人員能將胎便吸出，所有的運作又會回歸正軌。但

---

7. Katz VL, Bowes WA Jr, "Meconium aspiration syndrome: reflections on a murky subject." *Am J Obstet Gynecol* 1992 Jan;166(1 Pt 1):171-83.

8. Esther Jiméneza, María L. Marína, Rocío Martína, Juan M. Odriozolab, Mónica Olivaresc, Jordi Xausc, Leonides Fernándeza, Juan M. Rodrígueza, " Is meconium from healthy newborns actually sterile?" *Research in Microbiology* Volume 159, Issue 3, April 2008, Pages 187–193.

是，胎便吸入症候群的初生兒在出生後如果過早剪臍帶，因為剪臍帶就是阻斷母體對新生兒的氧氣輸送，新生兒就必須很用力呼吸張開肺部，如果那時肺部有胎便，胎便就會跟著深深的呼吸一起帶往肺的更深處，產生呼吸阻塞與缺氧的危險。

由於以上的原因，現在一般處理胎便吸入症候群的方法，就是不剪臍帶，把初生嬰兒貼在母親胸前的肌膚（skin to skin），讓母親擁抱他，靜待觀察。如果初生嬰兒能自動清除胎便開始呼吸，臍帶脈動自然就會停止，那時才剪臍帶。如果初生嬰兒不能自動清除胎便開始呼吸，則在臍血依舊循環的情況下，協助清理胎便，胎便清理後，初生嬰兒開始呼吸，最後臍帶脈動停止後才剪臍帶。

由於大部分初生嬰兒開始呼吸時都能自行處理胎便，且就算他們無法處理，在臍帶血依舊循環的情況下，初生嬰兒並沒有氧氣不足的危險，醫療人員有充足的時間協助處理胎便，因此也就免除了為了發現胎便而催生、剖腹，以及給初生嬰兒洗胃的必要性。

3－20

為什麼新生兒不需要一出生就洗澡？

足月新生兒出生時會有白白像起司一般的胎兒皮脂覆蓋在皮膚表面，最新的研究顯示，這層胎兒皮脂有許多重要功能，不需要立即清除，最好留待它自然脫落。

胎兒皮脂的組成成分是 81% 的水，9% 的油脂，10% 的蛋白質。胎兒

在羊水中吞入胎兒皮脂時，它可以促進腸道表皮成長，同時還能協助胎兒的皮下組織在羊水中成長。有防水作用的胎兒皮脂可以確保胎兒在羊水中不流失水分與電解質。此外，它豐富的油脂成分，可以減低胎兒在產道中所受到的磨擦（見圖1）。

在胎兒娩出產道後，天然防水的胎兒皮脂就如潛水衣般，可以幫助還無法以顫抖取暖的嬰兒調節體溫。它同時能防止水分太快離開嬰兒皮膚，如果嬰兒在生產時有表皮創傷，它也能讓創傷癒合加速。有最新研究正在嘗試複製胎兒皮脂，希望能覆蓋在燒傷或植皮的表皮上，加速痊癒。與市售的清潔用品比較，胎兒皮脂有同樣的清潔效用。而且不只如此，它比市售清潔用品更好的地方在於，它的天然油脂最適合嬰兒皮膚，是初生嬰兒最適用的乳液。

胎兒皮脂如果能保留，它能讓皮膚酸鹼度可以抗菌，並且創造益生菌繁殖的環境，它含有維生素 E，也是天然抗氧化保護膜，能減少嬰兒未來患皮膚病的機率。如果父母希望能保留胎兒皮脂，應寫在生產計畫書上，並及早與助產團隊溝通自己的意願。

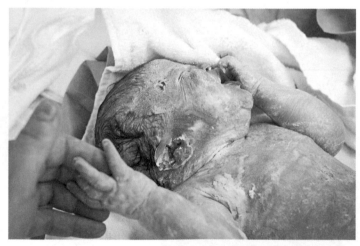

圖1 胎兒皮脂可以幫助嬰兒調整體溫，抗菌，並創造益生菌繁殖環境。現在已有研究在嘗試複製胎兒皮脂，希望能用在燒燙傷及植皮的修復上。

3 - 21

什麼是新生兒向乳爬行？

　　新生兒向乳爬行[9]（breast crawl）的反射動作是瑞典的卡羅琳醫學院（Karolinska Institute）於 1987 年率先觀察紀錄的。所謂向乳爬行，是指將初生的嬰兒趴置於母親的胸腹上，他／她就能自行爬行至母親的乳頭，自行含乳，完成母親的第一次親餵。

　　如果母親沒有經歷剖腹，或初生嬰兒沒有接觸到麻醉藥物，剛出生的寶寶警覺性通常相當高，這種警覺性可以讓他們完成向乳爬行，達成母親的第一次親餵。嬰兒能自行找到母親乳頭的行為，是許多反射動作與感官反應共同支援完成的。研究發現，若將初生嬰兒的身體用毛巾擦乾，但留下手上的羊水，且不清洗母親的乳頭，乳頭的味道可以吸引嬰兒。如果在母親乳頭上塗抹羊水，嬰兒可以就著手上羊水的味道，更準確地找到母親的乳頭。這很可能是因為人類演化過程中，女性自己接生時會用沾滿羊水的手去觸摸乳房試圖哺乳造成的。這個過程是嬰兒嗅覺靈敏的展現。

　　嬰兒趴在母親胸腹上時，會出現踏步反射[10]（stepping reflex），能自行慢慢爬至母親的乳房上吸吮。嬰兒在母親腹上爬行所施的壓力，可以幫助母親順利娩出胎盤、減少母親子宮的出血量。嬰兒上肢的反射活動，則可以按摩母親的乳房，讓母親的乳頭突出，幫助嬰兒含乳。嬰兒按摩母親的乳房，也能幫助母體分泌催產素，促進下奶，並同時刺激子宮收縮排出胎盤。此外，嬰兒脖子的力量可以協助他變換頭部的方向，一旦嬰兒的臉頰觸碰到乳房，就會出現覓乳反射（rooting reflex），臉部會自動朝向乳頭含乳。哺乳時，不只母體會分泌催產素，嬰兒體內也同時會分泌催產素。這

---

9. 初生嬰兒向乳爬行的影片請見，http://www.breastcrawl.org。

10. 踏步反射，將初生嬰兒的腳放在平面上，就自然會出現踏步的動作，這是一種初生嬰兒會出現的原始反射動作。

沒有醫療介入的生產過程	醫療介入的生產過程

經由母親產道獲得益生菌

自然生產的胎兒會通過母親充滿腸道細菌（microbiome）的產道，吞下產道中的細菌，母體的細菌也會同時沾上胎兒的皮膚。

這些細菌會在嬰兒的腸道與皮膚上繁殖，它們是保護未來寶寶不會發生食物過敏的重要功臣，它也讓寶寶的皮膚能做為抵禦外敵的免疫第一站。

剖腹、施打抗生素

胎兒沒有路經充滿腸道細菌的產道，或母親產道菌種被抗生素消滅，嬰兒得不到母體的菌種，需要更多時間繁殖皮膚表層與腸道細菌，容易菌種不平衡，引起食物過敏與皮膚病。

擠壓自然排出肺部羊水

胎兒娩出產道時被擠壓，肺裡的羊水和黏液可以適時被擠出、清除。

剖腹、過早使用產鉗與吸引器

胎兒肺裡的羊水和黏液無法被清除擠出。

臍帶血完全流入嬰兒體內才剪臍帶

胎盤血需要時間才能完全輸送至嬰兒體中，避免嬰兒缺血、缺氧、低血壓。這個過程要到臍帶血完全流入嬰兒體內才算完成。

此外，胎盤血會在嬰兒開始呼吸時，流入肺部，促使岔道關閉，避免形成先天性心導管閉鎖不全、卵圓孔閉鎖不全。

過早剪臍帶

胎盤血來不及完全輸送進嬰兒的體內，可能造成嬰兒缺血、缺氧、低血壓。

胎盤血流來不及輸入肺部，可能造成嬰兒呼吸問題、胎便吸入症候群。物理壓力不足可能造成先天性導管閉鎖不全、卵圓孔閉鎖不全。

沒有醫療介入的生產過程	醫療介入的生產過程

肌膚相貼有利哺乳
- 肌膚相貼（skin to skin）可促使嬰兒反射性地尋找母親乳房，練習向乳爬行的反射動作，可矯正腳骨彎曲角度，並同時練習含乳與吸吮反射。

- 肌膚相貼與嬰兒吸吮可促使母親分泌催產素，催產素可讓子宮繼續收縮，有利排出胎盤，避免產後出血（postpardum hemorrhage）。催產素也可促使環抱泌乳細胞的肌肉收縮，順利下奶，這時的乳汁就是初乳。

母嬰分離過久，無法及早促成哺乳
- 沒有肌膚相貼，覓乳反射、向乳爬行都無法得到練習，腳骨彎曲矯正延遲。

- 沒有肌膚相貼與嬰兒吸吮，子宮收縮不力，胎盤延遲排出，容易出現產後出血問題。

- 環抱泌乳細胞的肌肉收縮不力，無法順利下奶。

及早吃到初乳避免黃疸
嬰兒吃的初乳就是天然的排便劑，可幫助含有許多膽紅素的胎便順利排出，預防膽紅素被吸收回到血液，可幫助消退生理性的黃疸。

延遲吃到初乳黃疸不易消退
嬰兒延遲吃到初乳，胎便排出跟著延遲，膽紅素被血液吸收，黃疸不易消退。

保留胎兒皮脂幫助保溫、抗菌
胎兒皮脂是嬰兒天然的潛水衣，皮脂的油脂量極高，能幫助胎兒順利通過產道，在嬰兒誕生後也能幫助嬰兒保暖、抗菌、保溼。

清除胎兒皮脂影響體溫調節和免疫力
過早清除胎兒皮脂讓嬰兒失去天然的潛水衣，對嬰兒體溫調節、免疫的第一防線都有負面影響。

沒有醫療介入的生產過程	醫療介入的生產過程

親餵保證產乳量
胎盤產出後，嬰兒的吸吮能促使催乳激素分泌，製造母乳。母體會自動依嬰兒的需求量按「出得多就產得多」的定律決定產量。因此，此時若能經常哺乳，就能確保日後的出乳量。

擠出餵、配方奶瓶餵影響產乳量
母體無法測知嬰兒需求量，未來出乳量受影響。

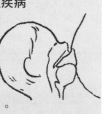

親餵幫助子宮收縮
嬰兒吸吮及與母親間的親密接觸，都可以促使催產素分泌，讓子宮持續收縮，確保它還原到產前的尺寸，也確保惡露順利清出。

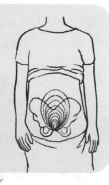

瓶餵無助子宮收縮排出惡露
嬰兒不吸吮，子宮無法持續收縮，使得尺寸還原延遲，也無力排除惡露。

親餵預防小兒呼吸道疾病
嬰兒吸吮瓶嘴需要的力量比吸吮母乳要小很多，胸肌與肺部無法得到適當訓練，較易得到小兒呼吸道疾病。

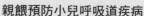

瓶餵較易得小兒呼吸道疾病
嬰兒吸吮瓶嘴需要的力量比吸吮母乳要小很多，胸肌與肺部無法得到適當訓練，較易得起小兒呼吸道疾病。又以奶瓶吸吮無法協助牙床健康擴張，可能會讓未來牙齒成長空間不足，使得牙齒不整齊。

3 - 23

恐嚇和威脅真的是表達關心
最好的方法嗎？

　　懷孕生產應該是全家人開心和滿足的一段經歷，但是，現在卻常常充滿恐嚇與威脅。台灣的生產經歷會是如此並不是醫界觀念落後，它反應的是我們的整個文化。

　　我們社會表達關愛的習慣是恐嚇與威脅，「你不加衣服等下感冒哦！」「你不全部吃下去等下會餓哦！」「你不考高分以後一定會窮哦！」「你不跟他分手等下他會占你便宜哦！」就因為是這樣，在醫院裡你也會聽到醫療人員以相同的口吻對產婦講話，「你不灌腸等下大便會感染傷口和嬰兒哦！」「你這樣亂動胎兒監視器等下測不到胎兒心跳哦！」「你不餵配方奶等下母奶不足嬰兒會長不大哦！」醫療專業人員與做父母的，都認為自己比他們照顧的人位高一等，所以他們知道什麼比較好。他們會出言恐嚇和威脅，只因為他們的用意是關心。這樣的關心表達方式，你我都曾經受害。

　　不管是做父母的還是醫療人員，就因為我們是過來人，所以我們應該知道，如果我們靜心觀察自己的身體感覺和心理情緒，接下來要怎麼做，答案很清楚。我們也應該知道，我們犯過那些無可彌補的錯誤，都不是因為我們沒有聽專家或長輩的意見；我們會犯大錯，是因為我們太久都不聆聽自己身體與心理的聲音。而我們沒有習慣聆聽自己身體和心理的聲音，是因為我們被以恐嚇與威脅的方式，教育忽略自身的感受，而按他人期盼行事。按他人期盼行事，失望最大的莫過於自己的身體與心靈；按他人期盼行事，失去最多的便是自己對自己的信任。

　　懷孕生產本是見證女人身體強大力量的過程，但由於我們不相信自己，不肯定自己、不出聲爭取身體想要的，最後產程不順，更確立了我們

對自己的懷疑，也更確立了醫界對女人生產力量的懷疑。這一切，始自於一個關心的恐嚇與威脅。醫療資源必須為這樣的關心付出代價，女人和嬰兒的健康也必須為這樣的關心付出代價。以恐嚇與威脅的方式表達關心，真的有效嗎？看台灣居高不下的剖腹生產率便知道它無效。

恐嚇威脅的關心，是不相信自己所照顧的人自身力量最清楚的表現。當人自身的力量被這樣的關心掏空時，他的身體和心靈軟弱得不堪一擊，心靈與身體的疾病都會由此產生。這就是為什麼，女性要重拾生產的力量與信心，不能靠他人給的關心，這個信心必須源自於自己的身體。也就是說，產婦必須相信自己身體的感覺。相信自己就不會再害怕恐嚇與威脅；相信自己，才可能為自己與胎兒做最好的決定。如此一來，不管生產過程結果如何，都不會在這個過程裡把自己的力量交予他人。

這樣的母親，會是扭轉台灣以恐嚇威脅表達關心文化的關鍵人物，當文化改變了，醫院的生產政策自然也會隨之改變，整個台灣的生產環境才有可能跟著改變，成為一種尊重女性身體主權，重視個別需要的環境。

Chapter 4

月子、哺乳與新生兒

表 1 不同月齡嬰兒平均一日所需的奶量

嬰兒月齡	平均一日所需奶量 ml/c.c.
0-3 星期	621
3 星期 -2 個月	789
2-6 個月	946
6-9 個月	828
9-12 個月	739

資料來源：http://kellymom.com。

＊此資料可提供計算母親一日所需水量，請勿用來做為擠母奶計算嬰兒攝取量的標準。嬰兒餓了自己會找吃的、不餓就不會想吃（參見 355 頁）。

記得，補充水分指的都是白開水，有咖啡因與酒精的飲料，都是強力脫水飲料，含糖飲料則有輕微脫水能力，盡量不用湯代替白開水。新鮮水果打成的果汁也算含糖飲料，且市面上號稱少糖的飲料依舊含大量糖分。白開水是指含有天然礦物質的硬水，經逆滲透過濾的水是已不含天然礦物質的軟水，應額外添加天然海鹽或岩鹽，天然好鹽中有豐富的礦物質，溶於水後就是電解質，可以讓水成為電解水，人體較易吸收。每 1000ml，加 1/4 茶匙的鹽就足夠了。

3. 用對油做菜

寶寶最大的能量來源，是母乳中的脂肪，此外，母乳中所含的高量油脂對寶寶的腦部成長非常重要。人體的神經有個部位叫髓鞘，髓鞘是一種脂肪組織，它包裹著長長的神經，神經傳導電流時只要一碰到髓鞘就會跳過去，所以可以大大提高神經的傳導速度（見圖 5）。

我們所吃油脂的品質可以決定髓鞘的品質，也就決定了

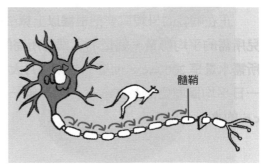

圖 5　神經傳導電流時只要一碰到髓鞘這個脂肪組織就會跳過去。

神經反應的快慢。神經反應快，想事情快、記事情簡單，遇到危險，身體反應快，不容易受傷。神經反應快慢，會決定寶寶的 IQ 與身體靈活度。大腦是人體神經最集中的部位，大腦組織的 60％ 都是油脂，所以如果哺乳中的媽媽採取少油飲食，對寶寶的腦部成長實是件危險的事。

母親所攝取的油脂，不但對寶寶的神經成長有極大的影響，且母親所攝取油脂的品質與量，會影響母親肝、膽的運作，這也是母乳品質與量的關鍵。

我們吃進去的油脂經過消化道時會刺激膽囊收縮，收縮的膽囊將稀釋流動的膽汁均勻噴灑在食物上，可以幫助消化道攪拌，有效分解油脂。但是，如果我們攝取的油脂品質有問題，那麼最先會出問題的就是膽汁。有問題的油脂就像抽油煙機上膠狀的油，這類油製造出來的膽汁不是稀釋可流動的膽汁，它是濃稠的。濃稠的膽汁在膽囊收縮時會滯留在膽囊內，膽囊無法清空，膽就開始病變，且膽汁也會倒流回肝臟，造成肝臟堵塞（見圖6）。肝臟是人體過濾血液最重要的器官，一旦堵塞，全身血液就會出問題。中醫講「乳汁為血所化生，賴氣以運行」，所以母奶就是白色的血，它是由母親的血化身來的。如果肝堵塞，那麼製造母奶一定會出問題。這就是為什麼大部分的發奶草藥都有通肝的功能。其實，要肝臟能順利充血、運作順暢，最大的保障就是吃足量的好油，因為好油不會堵塞肝膽。

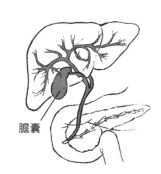

圖6　肝臟用油脂製造膽汁，再將製好的膽汁送入膽囊存放。如果我們吃的油脂品質有問題，膽汁就會有問題。膽汁回流肝就可能堵塞。

膽囊

母親攝取的油脂，不只會影響母親的肝臟運作，它同時也會影響母乳中所含油脂的品質。母親製造母乳時，油脂會從乳房小泡（alveolus）出現，貼在小泡上，要到寶寶用力吸奶後，油脂才會與小泡分離，進入後乳（hind milk），後乳中所含的脂肪成分會較多。如果母親攝取的油脂不足，或油脂品質不佳，那油脂沾黏的狀況就會改變。過度沾黏的油脂寶寶很難吸得到，就很容易堵塞乳腺，造成乳腺發炎（參見 280 頁）。

因為很多月子餐都會使用大量的麻油，麻油屬單元不飽和脂肪酸高的

（goitrogen）的食物，如黃豆與豆製品少碰外（參見209頁），其他沒有禁忌。

根治月子餐建議湯品

1. 豬腳（豬尾）花生湯

　　豬尾的膠質比豬腳更豐富，所以這道菜用豬腳、豬尾都能料理。先加少許豬油入鍋，待油熱後再放入麻油並爆香老薑，接著放入豬腳或豬尾略煎，加入花生、米酒、水，最後再入醬油，鹽等調味。食材與調味料分量都可依個人口味自行調整。可以壓力鍋快煮，或小火慢燉至肉骨分離、花生軟透。

　　吃這道料理時可以搭配少許麵或飯。也可以用生菜包豬腳肉與花生一起吃，再喝湯，這種吃法可以減少澱粉量。

2. 牛尾（牛腩）海帶湯

　　台灣四面環海，海藻種類多到難以想像，小時候它是家常菜裡最常見的食材之一，但近年來卻不太受重視。這很令人惋惜，因為海藻的碘含量是一般蔬菜的四百倍，碘對甲狀腺運作有正面的幫助，因為甲狀腺分泌的荷爾蒙──甲狀腺激素需要碘合成。之所以要用牛肉配海帶，最主要是因為牛肉補血，血水會生成奶水，不只如此，生產時失血的產婦，也很需要補血。就因為如此，海帶牛腩湯才會成為韓國的月子聖品。

　　各類形狀的海帶與昆布都屬海藻類，都可以選用。此外，如果居住地區找不到好牛肉或好的帶骨牛肉，用牛絞肉也可以。料理時先將老薑、葱段用油在鍋底爆香，加入帶皮牛尾或牛腩，再放泡開的海帶，加水，再倒入少量米酒，小火慢燉煮三小時，或以壓力鍋快煮。起鍋前加鹽調味。

3. 榴槤籽燉雞湯

　　榴槤籽（果核）燉煮後會產生大量植物膠，因此它是東南亞國家常見的月子食材。榴槤種類眾多，燉湯應選果核較大的為佳。榴槤籽沒有榴槤肉濃重的氣味，用它燉湯反而會有股清香。榴槤籽洗淨，用好油爆香老薑、葱、蒜，加水，再倒入少量米酒，水滾後將榴槤籽與整隻土雞放入水中，小火慢燉煮一小時。起鍋前加鹽調味。沖洗過的榴槤籽如果要保存兩星期以上，必須放入冷凍庫保存。

4. 酸菜魚頭湯

魚頭內有魚的甲狀腺，對產後內分泌必須重新調整，以及正在哺乳的婦女是一大福音。此料理可任意使用自己喜歡的魚頭，配上自己喜歡的酸菜，但一定要是用傳統天然發酵法發酵的酸菜。烹煮時先將魚頭在不怕熱的好油裡兩面略煎以去腥，取出魚頭，趁油還熱時爆香老薑，再把已切段的酸菜入鍋炒香。之後再次放入已略煎的魚頭，倒入水，慢火燉。熬燉魚頭魚骨所需的時間比一般大骨短，用慢火燉一小時即可，壓力鍋大火也只需要十至十五分鐘。酸菜就是這道料理所需的酸，它可以幫助魚骨中的礦物質順利釋出，因此這道料理加不加酒都可以。起鍋前視口味加鹽調味，加上一小把香菜。香菜可以協助重金屬排出體外，最適合吃魚時搭配。

5. 麻油雞湯

麻油雞湯是台灣的傳統月子菜，整隻土雞下去煮，雞爪、雞脖子、雞頭，與雞皮上的膠質，再加上土雞骨與體內豐富的營養，讓這道月子餐的功效持續受到肯定。傳統上這道菜的做法是將麻油與雞略炒，用全米酒燉煮。老一輩會這樣煮，是因為從前的水質不可靠，因此月子中的湯水，都盡量用酒水，再把酒精揮發掉。但是現在的水質可靠，因此不需要用全米酒烹調這道料理，且若湯中的酒精沒有揮發完全，媽媽吃了含酒精的料理，奶水中也會含有酒精，寶寶因此喝醉的案例也時有所聞。剛出生的寶寶最好不要接觸酒精，所以做這道料理時，只需要下幾匙酒，幫助雞骨中的礦物質釋出即可。

鍋熱後先下一點雞油或不怕熱的油（參見 45、196 頁），油熱後下麻油爆香老薑，再放入切塊的土雞一起翻炒，如果能買到雞內臟，一起下鍋炒最好。待雞炒到略帶焦黃，倒下米酒後立即蓋上鍋蓋（不蓋鍋湯容易有苦味），再倒入水。燉煮三十到四十分鐘即成，起鍋時加鹽調味。雞頭裡的雞腦也可以吃，吃腦補腦，月子中這樣吃，可為寶寶的神經系統發展打下良好基礎。好雞雞骨的骨髓，對月子中的母親有極佳的補血功效，愛啃骨頭的母親也可以取出食用。

6. 棗杞醪糟雞蛋湯

醪糟就是酒釀。這是四川不可少的一道傳統月子菜。四川人坐月子多

及葉酸不同。這樣配，是取菠菜的清爽，可以平衡脂肪含量極高的羊肝的口感。菠菜可以用任何鮮嫩的大葉蔬菜代替。

枸杞先浸泡備用。羊肝洗淨切厚片，加生薑、料酒醃十分鐘。熱鍋後加入羊油（或任何不怕熱的油），入薑、蔥爆香後，放入羊肝快炒幾秒，再加入料酒，蓋鍋。掀開鍋蓋加入羊高湯（或其他相配的高湯）。湯滾後放入枸杞、草菇、菠菜，再沸後即可加鹽調味起鍋。如果不喜歡血腥味，羊肝下鍋前可以先在在滾水中汆燙一下。

10. 狼肉配狗肉湯

「狼肉配狗肉」是中國北方古代的諺語，意思是將最豪華的好東西全加在一起。所謂的狼肉配狗肉湯並不是真的使用狼肉和狗肉，而是將各式食材中最營養的混合在一起，這樣的湯各種營養元素全攝取得到，補身、催奶最有效。此道狼肉配狗肉湯裡，包含清高湯、魚骨高湯和海藻貝類／鮮蝦湯，這三種類的高湯以 3:2:1 的分量搭配在一起，調味起鍋後，單獨喝，每天一小碗，抵得過任何最昂貴的雞精。狼肉配狗肉湯不去油，湯中的骨頭可以瀝掉，海藻、貝類／鮮蝦可以吃。各種高湯燉煮的方式如表 1。

表 1 各種高湯的燉煮方式

湯種	做法	搭配比例
清高湯	各類動物（雞鴨鵝羊牛豬等）關節部位的骨頭，加水，加酸（醋或酒），小火燉三小時，或壓力鍋快燉半小時到一小時。	3
魚骨高湯	魚頭或魚骨，加水，加酸（醋或酒），小火燉一小時，或壓力鍋快燉十到十五分鐘。	2
海藻貝類／鮮蝦湯	各類新鮮或乾燥海藻、昆布（要先泡軟），入水滾二十至三十分鐘後加入薑絲和貝類，如蛤蠣、蚵仔、九孔（九孔是除肝外鐵質含量最高的食材），或有殼蝦類等，待貝類開口或蝦類變紅後立即關火。	1

＊根治寶寶餐食譜中，也有很多月子中的母親可以吃的好食物，參見381頁。

＊北方月子有小米加紅糖調養身體的傳統，但在現在食材取得方便的時

代，並不是最好的選擇。小米是如雜草一般生長韌性極強的植物，由於它耐旱，所以不怕貧瘠與酸鹹強的土地，因此在中國南北乾旱地區都可以找得到它。以往在食材不易取得的貧瘠北方，冬季裡紅糖加小米就是一道能補充能量與保暖的料理。但是，若把小米與肉類、蛋相比較，它的營養價值就顯得微不足道，且它的澱粉含量高，單獨吃會震盪血糖，因此不適合在月子裡做為主食。但它卻依舊是代替大米的良好食材。

4-3

根治月子飲食的 FAQ

1. 坐月子的母親可以喝酒、喝咖啡、茶嗎？

不哺乳的母親少量飲酒，可以促進血液循環，並沒有壞處。哺乳中的母親少量攝取酒精，如做菜時的用酒，對正在吃母奶的嬰兒也沒有太大的影響。但是，如果母親大量飲酒，酒精會經由奶水送進嬰兒體內。此外，咖啡和茶裡的咖啡因也都能進入母乳，所以哺乳中的媽媽喝酒、茶和咖啡，會讓這些刺激物進入母乳影響嬰兒睡眠。且這類飲料也都是強力脫水飲料，脫水的母親母乳產量會大大受到影響。

2. 坐月子的媽媽要忌口什麼食物嗎？

坐月子不是生病，所以沒有什麼必須忌口的，只要一份菜、一份肉，澱粉占 20%，吃得均衡，就會健康。但是，因為哺乳中的母親很仰賴甲狀腺的運作，因此哺乳期間最好不要過量攝取富含甲狀腺腫誘發因子的食物。甲狀腺腫誘發因子就是那些會打斷甲狀腺機能的物質，例如黃豆就是

17. 月子中吃鹽會不會影響泌乳？

　　吃鹽不但不會負面影響泌乳，天然海鹽和岩鹽中的多種礦物質，反而還是泌乳的重要元素。人體需要多少鹽不是固定的，會視腎上腺的情況不同而改變。腎上腺負責掌控體內礦物質的去留，這個去留決定了我們「想吃多少鹽」。因此，才會有些人覺得已經夠鹹，但別人吃起來卻沒有味道；有些人已經吃的死鹹，但還是不停往食物裡加鹽。礦物質去留會左右體內水分的調度、水是不是去到對的地方，這都會影響血量。母乳是血液生成的，因此當血量受影響時，必定會影響到母乳的產量。

　　如果吃鹽會水腫，或總是想吃很鹹的食物，問題其實不出在鹽，這些症狀是腎上腺需要修復、支援，或休息的警訊。讓腎上腺休息最好的方法就是不震盪血糖、保持血糖平穩、睡眠充足、減輕壓力。沒有加工過的鹽都是好鹽，含八十種以上的礦物質，不像加工過的精鹽只有簡單的氯化鈉，坐月子的婦女在料理時更應該使用天然好鹽。

4-4

惡露是什麼？它什麼時候會停？

　　產後陰道流出來的血稱為惡露（lochia），惡露就像是很長的月經，它來自於子宮組織和生產時沒流乾淨的血，這些血大部分來自胎盤連結子宮壁的地方。產後三至十天惡露可能很多，漸漸地血色會從紅變粉紅，再變成咖啡色，最後黃色。惡露在產後四至六個星期內應該會完全停止，如果過了這個時間還持續出現，應尋求醫師診斷。

　　如果惡露長時間不停，有幾個常被忽略的原因：

瘦孕、順產、讓寶寶吃贏在起跑點

1. **哺乳不夠頻繁**：哺乳時幫助下奶的荷爾蒙（催產素）可以收縮肌肉，因此也同時能讓子宮收縮，加速排出惡露，也能有效止血。

2. **月子餐中的油脂不足**：表皮組織修復要靠維生素 A 運作，維生素 A 是脂溶性維生素，如果媽媽的飲食油脂不足，維生素 A 便無法運作，生殖組織的表皮修復就會緩慢，惡露就會不止。

3. **血糖震盪**：媽媽產後飲食如果不均衡，讓血糖大力震盪，糖高升時代謝出來的酸會使平時微鹼的血液變酸。若糖上升速度太快，血變酸的速度就會太快，讓身體原本設計的緩衝系統來不及中和酸血，酸血就會腐蝕血管壁。血管壁受傷，微血管處就很可能破裂，最典型的例子就是糖尿病病患的傷口癒合得都很慢。所以，如果媽媽的飲食讓血糖震盪過度，就不利修復子宮內壁，惡露就很難停止。

建議方案

● **補充魚肝油**　魚肝油中的維生素 A 能有效被人體吸收，且所含的 Omega3 也能幫助消炎。

● **進行根治月子飲食**　根治月子飲食能確保飲食中的油脂量充足，也能保持血糖平衡不震盪。

4−5

該怎麼做子宮才能不下垂，小腹不凸出？

很多媽媽都害怕產後子宮下垂造成小腹凸出，所以會用束腹帶綁住小腹希望能幫助子宮回到原位。但是，其實子宮會下垂的人不管用不用束腹

帶，都還是會下垂，因為子宮下垂最大的原因是產後子宮收縮不佳所造成的，只用束腹從外部施壓，並不會幫助子宮收縮。

產後子宮收縮不佳，主要是因為可幫助子宮收縮的荷爾蒙——催產素分泌不足。催產素不足最大的原因，通常是嬰兒沒有與母親有足夠肌膚相貼與親餵的時間。現在坊間的生產醫療院所和月子中心常為了讓母親休息，把孩子抱走與母親分房，讓母嬰相處時間不足。此外，束腹帶如果收得太緊，很容易影響下腹血流通暢，血流一不通，就會影響生殖器官產後的修復，因為血流必須順暢修復原料才能即時送達，損傷組織也才能透過血流順利排出。所以，若想產後小腹不凸出，與其使用束腹帶，不如增加與初生嬰兒肌膚相貼的機會，以及頻繁親餵。

4-6

為什麼會有產後憂鬱症？

母體在生產前後都會經歷荷爾蒙的大型調整，這個調整的過程如果不順利，就很容易引起憂鬱症。這種情況也經常出現在人生其他大型荷爾蒙調整的階段中，如青少年時期、更年期。

產後憂鬱症可能會出現以下症狀：

- 傷心
- 覺得沒有希望
- 焦慮
- 沒有自信心
- 罪惡感
- 壓力一來就崩潰

- 睡眠問題
- 吃不好
- 空虛感
- 無法感到愉快
- 孤立自己
- 沒有精力
- 沒有性慾
- 覺得自己不適合照顧嬰兒
- 出現傷害嬰兒的幻覺和影像

　　發生產後憂鬱症時能指認得出來很重要，因為它會大大影響母親與孩子的相處與連結。一個罹患產後憂鬱症的母親，可能會對孩子沒反應，很少擁抱或觸碰孩子，這些都會嚴重影響孩子的神經發展。

　　荷爾蒙調節順利，沒有產後憂鬱症的母親，應該會很喜歡跟孩子玩耍、愛對孩子笑、對孩子唱歌、經常擁抱與觸碰孩子。因此，如果母親對孩子表現得冷淡有距離時，家人就應提高警覺，因為與孩子相親是天性，冷淡的行為並不是個性使然，這是荷爾蒙失調的表現。

　　人體的荷爾蒙會在腦垂體／下視丘這個地方整體進行匯整、調節，如果一種過多就很可能會使另一種過少。最能大力影響腦垂體／下視丘的荷爾蒙，就是腎上腺所分泌的壓力荷爾蒙。壓力荷爾蒙主掌生存，它有權掠奪其他荷爾蒙製造所需的原料，因此，只要壓力荷爾蒙的量一高升，其他荷爾蒙就很容易失調。荷爾蒙一失調，就容易引發憂鬱症。

　　壓力荷爾蒙高升有兩個主因：一是血糖震盪時糖掉到谷底，引發壓力荷爾蒙分泌以緊急提升血糖；另一個原因則是精神壓力很大。當我們面臨壓力時，身體以為我們遇了老虎、猛獸，就釋出壓力荷爾蒙支援我們搏鬥、逃跑。這就是為什麼，飲食不均衡、血糖不停震盪的母親，很容易就引發憂鬱症。同時，母親產後沒有支援團體幫忙，或是相處的人常給她很大的精神壓力時，也很容易引發憂鬱症。

　　引發產後憂鬱症的荷爾蒙同時也會影響下奶、哺乳，與嬰兒連結等機制，因此有產後憂鬱症的媽媽，通常也會同時面臨哺乳及與嬰兒相處緊張

等問題。這些精神壓力會雪上加霜，讓憂鬱症更為嚴重[4]。

建議方案

- **了解所使用的藥物**　藥物會大幅影響體內生理化學的運作，因此孕婦產前、產間、產後使用任何藥物，都應深刻了解其副作用，以及對情緒和思考力的影響。

- **進行根治月子飲食**　根治月子飲食能平衡血糖，確保腎上腺得到足夠的休息。吃素的母親要特別注意自己所攝取的蛋白質是否完全，植物性蛋白質沒有完全蛋白質，因此種類一定要輪流攝取[5]。蛋白質是建構神經傳導素的重要元素，它會大大影響我們的情緒。

- **改善消化**　腸神經是我們的第二個腦，它所生產的神經傳導素幾乎和腦部一樣。因此，如果我們的消化道出問題，就很容易引起憂鬱症。許多藥物都會干擾消化道中的菌種平衡，菌種一失衡，它的代謝物就失衡，這些失衡的代謝物就會透過腸神經影響母親的心情與精神狀態。所以，母親一定要熟悉自己在產前、產間、產後所使用藥物的副作用。

- **補充水分**　水是體內神經傳導素的媒介，沒有它，神經傳導出問題，就很容易引起憂鬱症。哺乳時的母親需要比平時更大量的水分，因為奶水中水的含量很高，因此一定不要忘了整日補充水分（參見 195 頁）。

- **增加日曬**　血清素這種荷爾蒙是跟著太陽運作的，日正當中時它的生產量最大，太陽下山後，就會轉成褪黑激素，讓我們能休息安眠。血清素就是我們的抗憂鬱激素，但沒有陽光，它的產量就不足，一旦產量不足，以它為原料轉換的褪黑激素就一併產量不足，這就是為什麼憂鬱症病患多數都會有睡眠問題。

  要確保血清素充足、避免憂鬱症，太陽一定要曬足。婦女坐月子時常常躲在家裡不出門，出了門也包得緊緊的，日照不足就很容易引發產後憂鬱症。因此，坐月子的女性即使不出門，也應該每天在有太陽的窗邊曬一陣子太陽。但現在很多窗戶都有防 UV 透入的處理，如果是在這類窗

---

4. 參見賴宇凡著，《身體平衡，就有好情緒！》第 242-249 頁。

5. 參見賴宇凡著，《吃出天生燒油好體質》第 137-141 頁，及 214-240 頁。

戶旁曬太陽，曬了也等於沒曬。母親也可以和嬰兒同時一起曬，因為太陽對寶寶的睡眠規律，也有很正面的幫助。

4-7

我的母奶不來或不夠
該怎麼追奶？

　　想親自哺乳的媽媽，從孩子還沒出生起，就會對自己到底有沒有辦法親餵而感到忐忑不安。在傳統的年代，沒有母乳嬰兒就難以存活，所以哺乳是大自然的精心設計，大多數的母親都有能力親自哺乳。如果媽媽的母乳不來或不夠，可以檢視表1，找出可能原因，尋求解決之道。

表1 「母奶不來或不夠的原因」檢測清單

　　□ 嬰兒與母親分離太久

　　□ 哺乳不夠頻繁

　　□ 太早開始使用配方奶

　　□ 手動擠母乳餵奶

　　□ 嬰兒含乳（latch on）位置不正確

　　□ 嬰兒舌頭或呼吸有問題

　　□ 母親營養不足

　　□ 哺乳時嬰兒常睡著

　　□ 乳房沒有清空就換另一個乳房餵奶

的方式，都能幫助母子親近，讓荷爾蒙順利分泌。現代社會可以用來抱、揹嬰兒的產品更多了，找出能在日常生活中讓嬰兒和媽媽親密接觸，讓媽媽有好的睡眠與哺乳品質，且不限制媽媽活動的好產品，非常重要（見圖1）。

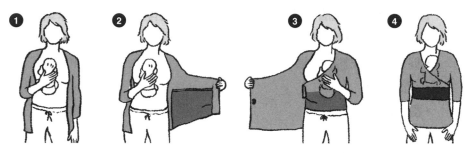

圖1　圖中是一款可將寶寶緊貼在肌膚上的嬰兒揹巾，現在有許多好用的母嬰產品，可提供媽媽更多的選擇。

□ 哺乳不夠頻繁

　　常常奶量不足時，我們的第一個反應都是「我就是無法有足量的母奶」，然後因此放棄。其實，奶量一開始一定是不足的，因為母奶的量是隨著嬰兒需求生產的，在還沒開始哺乳給嬰兒前，母體並不知道該製造多少母乳。人類身體運作的原則是「不浪費資源」，因此在不了解需求的情況下，產量一定不多，這樣才不會造成浪費。所以，身體母乳製造量的定律就是「消耗量＝製造量」。

　　這就和市場的供需定律一樣，工廠在不了解市場需求前，只敢製造少量產品，當市場需求量上升，產量才會開始增加；相反地，如果需求不足，產量就會一直減少直至停產。產品的產量並非由工廠掌控，而是由市場左右。所以，當嬰兒需求量大時，母乳的產量就會大。它的產量，並不是由母親掌控的，而是根據嬰兒的需求決定的（見圖2）。

　　但有時有些初生嬰兒的食量一直大不起來，讓母親的乳量也跟著無法增加。其實這並不是他們的需求量真的小，而是我們哺乳不夠頻繁，讓母體以為嬰兒的需求量不大。初生嬰兒的胃口很小，因為他們的消化器官能

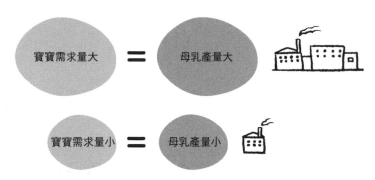

圖2　母乳製造量的定律是「消耗量＝製造量」。寶寶需求量愈大，
母乳的產量就愈多，反之，寶寶需求量愈少，母乳的產量就愈少。

承載的量還不多，所以一次只能吃一點點，但這不表示他們一天需要的總量少。想像一下，如果人的體重要在六個月內增加一倍，這個人會需要多少食物。所以，一次吃不了太多的嬰兒，飲食模式都是少量多餐的，他們會以多餐來補足量。既然是少量多餐，母親的哺乳次數一定要夠頻繁，整體量加起來才會夠大。所以，母親一開始哺乳時如果次數不夠頻繁，母乳消耗的量就不夠大，既然如此，製造的量也不會大，母乳產量就不足。

有研究顯示，母乳量增加並不是因為催乳激素增加，母乳量增加是因為製乳細胞上催乳激素的接收器增加的結果。而這個接收器的數量是在產後三個月內隨著哺乳的頻繁度增加的。因此，即使一般母親催乳激素的平均產量在產後三到四個月間會緩慢下降，但母乳產量還是能夠保持充足。所以頻繁哺乳是最重要的，母親如果能在產後前三個月頻繁哺乳，那麼往後的哺乳量就能夠有保障。

建議方案

- 月子間不要給嬰兒餵食次數與時間設限
- 可以使用強力吸乳器幫助刺激產量（參見 260 頁）。

□ 太早開始使用配方奶

配方奶原本發展的概念是為了要補充嬰兒母親不足的奶量，是補充品（supplement）。但是，這個想法本身就會對母奶的製造量有不利的影響。

因為母乳是按照「消耗量＝製造量」定律製造的。也就是說，嬰兒需要多少，母乳就會製造多少。如果嬰兒需要的量被配方奶滿足了，對母乳的需求量自然就會下降，母乳的產量也就會跟著下降了。

母體等待嬰兒以吸吮量來告訴母體：「我需要這麼多。」再製造嬰兒所需的量，這個過程，稱為校準。在母體校準（calibration）的過程中，有時會出現供給不足的現象，尤其是嬰兒初生時，母乳的製造也才剛起步，正在進行校準。所以初生嬰兒身上都會帶著很多脂肪，脂肪是人體的備用能量，也就是說，嬰兒的身體早已準備好等待母體校準完成。食物不足時，嬰兒可以燃燒脂肪轉換成能量，身體也能藉此學習如何有效轉換與調度能量，所以親餵的嬰兒成年過重的機率會比配方奶的嬰兒低。因此，嬰兒剛出生時體重不升反降，或上升緩慢，其實都是正常的。

但醫院、月子中心常把嬰兒體重當成判斷母乳產量是否足夠的標準，如果覺得體重不足，就會提供配方奶。母體正在進行校準，如果這時嬰兒能頻繁吸乳，母乳的產量就會趕上嬰兒的需求。但是，如果此時嬰兒吃了配方奶，對乳頭的吸吮量減少，需求量減少，母乳的製造量就不會提升。這時，做媽媽的常以為是自己母乳量不足，且嬰兒又成長迅速，對食物的需求也跟著迅速增加，慌亂的父母怕自己的孩子被餓到，就將配方奶的量一直往上加，瓶餵次數開始變得愈來愈多。

瓶餵一多，就會出現兩個問題：一是嬰兒習慣了奶瓶奶嘴，不用花太大力氣就可以喝到奶，所以出現拒絕含乳的情況；二是母乳製造量會跟著配方奶量的增加而遞減，一邊校準一邊減產，最終導致全面停產（見圖3）。

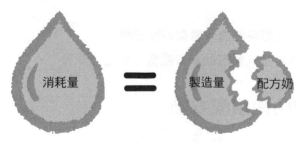

消耗量 ＝ 製造量 配方奶

圖3 配方奶會啃蝕母乳生產量，只要寶寶一開始吃配方奶，對母乳的需求量減少，媽媽的母乳產量就會跟著減少。

- **找母嬰親善醫院生產，或向醫院明白指示初生嬰兒不餵配方奶**　父母應堅持不讓配方奶過早介入母親哺乳的過程。因為現代哺乳最大的問題，並不是母親母乳不足，而是配方奶過早介入。

□ 手動擠母乳餵奶

　　新手媽媽常被教育，母乳要擠出來餵，這樣才知道嬰兒吃了多少，這是大人控制的欲望代替了大自然的設計。大自然的設計是，嬰兒飽了就不吃，餓了就吃，這個飽和餓的感覺由嬰兒的大腦配合瘦體素荷爾蒙掌控，無須大人掌控。並且，我們常是想操控卻沒有操控的配備，或是配備使用錯誤。

　　嬰兒的嘴吸吮的力量極大，所以我們才會有「使出吃奶的力量」一說。這個吸吮的力量，是一般較弱的吸乳器和手動擠的力量無法比擬的。大部分吸乳器的使用方法都是建議一邊乳房吸十至十五分鐘，這樣用鐘錶計算時間，即使吸乳器的力量夠強，也常常無法將乳房中的乳汁清空。也就是說，藉由外力操控取得的母乳量要比嬰兒自己吸吮的少很多。依「消耗量＝製造量」原則決定製造量的母體，在母親手動擠或吸乳器取奶量不足的情況下，母乳製造量一定跟不上嬰兒的需求（見圖4）。

　　這時母親就會開始慌張，害怕孩子吃不飽、長不大，而且母親的乳房

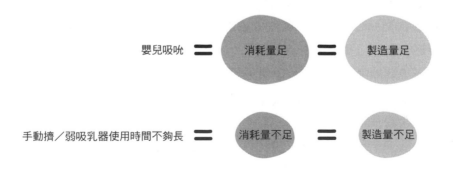

圖4　手動擠、吸乳器力量不夠、使用時間不長，都會
讓母乳的消耗量不足，最終導致製造量不足。

還開始出現很多硬塊，或開始發炎。這是因為母乳中的脂肪從母體分泌出來後，是貼在乳腺的細胞上的，這些脂肪必須靠很大且持久的吸力，才能被吸出，用手動擠根本擠不出來。嬰兒吃奶時，這些脂肪都是在母乳快要清空時，才會在後段奶中出現。如果母乳總是靠手動擠或較弱的吸乳器取奶，這些脂肪就會一直無法與乳腺分離，乳腺無法被清空，脂肪一層層往上堆積，堆到接近體表處脂肪溫度變低，就開始形成硬塊了，結果堵塞乳腺開始發炎（參見 280 頁）。

所以，手動擠母乳最後總是以母親淚眼汪汪，製造量趕不上，配方奶介入收場。

建議方案

● **親餵或使用強力吸乳器**　媽媽坐月子時應直接親餵，不要用手動擠出來餵。如果母親因為要上班必須使用吸乳器，應找一個強力、品質有保障的吸乳器。

□ 嬰兒含乳位置不正確

嬰兒吸吮時乳頭含在口中的位置，會影響到他們能吸吮到的奶量。如果含乳（latch on）時乳頭位置不對，那麼嬰兒就會花很大的力氣，卻只能吸到很少的奶量。這會讓母體以為嬰兒的需求不大，母奶產量也因此不會增加，造成母乳量不足的問題。同時，嬰兒如果含乳方法不正確，也會因為要花很大的力氣才只能吸到很少的奶，而拒絕含乳。如果這時又有奶瓶出現在餵食嬰兒的過程中，聰明的嬰兒就會更確定有比較簡單喝到奶的方法，拒絕含乳的態度就會更為強硬。

以下步驟能協助母嬰找到含乳的正確姿勢：

第一步：孩子還沒餓到發脾氣就該抱起，讓孩子臉貼著母親前胸的肌膚，全身放鬆。

第二步：嬰兒的臉與母親的前胸相貼後，覓乳反射動作就會啟動，嬰兒會自動開始尋找媽媽的乳頭。

第三步：不管是躺著還是坐著，選一個媽媽覺得舒服的姿勢。

坐著時要盡量斜躺45
度角，這樣寶寶才不
會因為重力往後仰，
不利含乳。

第四步：將嬰兒的頭帶向乳
頭，讓嬰兒的鼻子對
著乳頭，不要彎腰把
乳頭往嬰兒嘴裡送，
這會讓媽媽腰痠背痛。

第五步：當嬰兒嘴巴四周的皮
膚碰到乳頭時，他的
嘴就會自動張開，這
時再將嬰兒的頭往乳
暈上送，用手用力支
撐他的頭部，這樣嬰
兒可以與母親非常貼
近[6]。

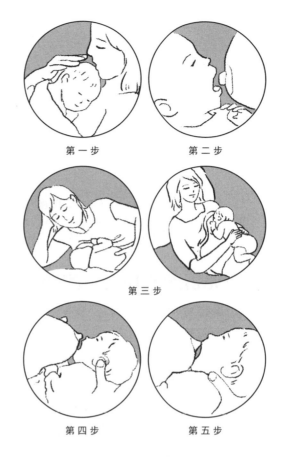

第一步　　　第二步

第三步

第四步　　　第五步

　　如果母親的乳頭扁平或凹陷，並不會對哺乳有重大的阻礙，因為嬰兒
吸乳時並不是只含著乳頭，嬰兒吸吮的力量會把母親的乳頭與乳暈在嘴裡
拉長，形成一個長形的餵乳器（見230頁圖5）。所以乳頭扁平或凹陷只會使得
一開始哺乳較困難，因為嬰兒可能找不到乳頭。這時母親可以將乳頭拉
出，或用手拱起乳頭和乳暈，再將嬰兒的頭往乳頭和乳暈上送[7]。

建議方案

● **使用乳頭拉出產品**（Maternal Concepts Evert-It Nipple Enhancer）

6. 參見 Ameda 吸乳器公司所製作的含乳教學影片 https://www.youtube.
   com/watch?v=Zln0LTkejIs。

7. 乳頭扁平或凹陷哺乳教學影片請參考馬來西亞哺乳與自然育兒協會
   製作的影片 https://www.youtube.com/watch?v=9RfKuqYFpoU。

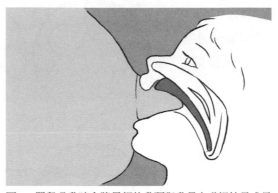

圖5　嬰兒吸乳時會將母親的乳頭與乳暈在嘴裡拉長成長形的吸乳器，所以乳頭扁平並不會影響哺乳。

□ 嬰兒舌頭或呼吸有問題

　　如果寶寶常常在餵食時哭鬧，餵也不是，不餵也不是，他可能有俗稱吊舌根的舌繫帶問題（tongue tie, ankyloglossia）（見圖6），舌頭頂不到上顎，無法順利完成吞嚥動作，無法有效吸吮母乳，結果就是飢餓哭鬧。

　　舌下有條繫帶連接舌腹與下頜的底部，家長可以使用莫非醫師檢測法（Murphy Maneuver）檢測繫帶是否太短或有其他狀況。步驟如下：用小指橫掃舌下，如果指頭只感到有一點凸起，但沒有過不去的阻礙，就沒有問題。但是，如果覺得有一塊大的凸起物阻礙你的手指橫掃，那便是舌繫帶（frenulum）。若手指推向這塊物體舌頭會跟著動，那就表示這個問題有可能造成哺乳困難。請立即就醫。

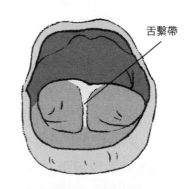

舌繫帶

圖6　舌繫帶問題可能讓寶寶舌頭頂不到上顎，無法順利吞嚥。

　　有時，嬰兒無法正確含乳是因為他鼻塞，不能用鼻子呼吸氧氣，必須依靠嘴巴呼吸。用嘴巴呼吸時無法好好吃奶，就會造成哺乳問題。嬰兒鼻塞有很多可能，感冒、太冷、哭得太久太厲害，或媽媽吃的東西讓他過敏都是。找出鼻塞根源，去除引起鼻塞的環境因素。

- **哺乳前熱敷乳房後輕輕按摩**　在哺乳前用熱毛巾放在乳房上熱敷，這樣乳汁的流速會增加，可以幫助嬰兒較順利地吸吮母乳。熱敷後可以輕輕按摩乳房，幫助下奶順利，但切記不要太大力，太大力按摩乳房反而會引起乳腺發炎。

☐ 母親營養不足

　　很多媽媽都很怕自己懷孕生產會發胖，所以有些人一生完孩子就急著減肥。母親攝取的營養元素如果分量和種類不足，都會大大影響母奶的產量。缺乏原料的工廠無法生產產品，缺乏原料的母體當然也無法生產母奶。

　　媽媽不只是在懷孕的時期才「一人吃兩人補」，其實在嬰兒哺乳時期這句話也適用。經常為嬰兒哺乳，寶寶成長迅速，那麼媽媽的胃口一定也會好，因為她必須為生產母乳提供原料。但如果哺乳順利，媽媽聽從自己的身體需求、順從自己的胃口進食，只要吃得好，不震盪血糖，那麼哺乳其實是最快瘦身的方法。因為母乳中最大量的卡路里來自於脂肪，這個脂肪也需要由母體提供。因此，媽媽要甩去孕期脂肪，最快的方法就是讓嬰兒將它「吸出來」。愈經常哺乳，脂肪甩得愈快。而且每次為嬰兒哺乳時，母親的子宮會跟著收縮，腹部就會變小。更何況，初期頻繁哺乳還能確保奶量充足，可說是一舉兩得。

　　製造母乳的其中一個原料是水，因此要確保母乳量足夠，勤喝水是很重要的，畢竟它是人體最大宗也最重要的營養元素。

- **哺乳期間進行根治月子飲食**（參見 202 頁）。
- **補充發奶草藥**　如奶薊、葫蘆巴、茴香、孜然籽等。請依品牌指示使用（參見 215 頁）。

☐ 哺乳時嬰兒常睡著

　　嬰兒需要睡眠才能成長，初生嬰兒的成長速度極快，所以他們才會睡

得那麼多。但是，有些嬰兒睡得過多讓哺乳不足，會影響母乳產量。

　　嬰兒在餵食時動不動就睡著了，通常有兩個可能。一個是黃疸，另一個是母體菌種代謝物中含酒精類物質太多。現在研究了解，生理性黃疸其實是嬰兒正常的成長過程，並不會造成大礙。要讓它快速排出，就必須頻繁哺乳、讓嬰兒攝取足夠分量的母奶。此外，如果母體菌種不平衡，又食用過多澱粉與糖類食物，嗜糖菌種代謝出來的物質常有酒精類，酒精類物質會進入母乳，嬰兒就會一吃母奶馬上睡著，沒有力氣繼續吸奶。

● **把嬰兒叫醒更頻繁地餵母奶**　因為黃疸會讓嬰兒嗜睡，所以如果發現嬰兒有黃疸，而且常常沒好好吃奶就睡著了，最好的辦法就是把他叫醒讓他繼續吃，並且更頻繁地餵母奶。當嬰兒吃到足量的母奶，造成黃疸的膽紅素就能順利代謝，黃疸自然就消失了。

● **媽媽澱粉、糖分攝取減量**　媽媽如果減少澱粉和糖分的攝取量，嗜糖菌種就會缺乏主食，繁殖和代謝就會相對減少，母奶中就不會有酒精含量過高的菌種代謝物，嬰兒便不會嗜睡。

□ 乳房沒有清空就換另一個乳房餵奶

　　現在很多醫療人員是以瓶餵的餵食時間，來建議親餵的餵食時間。瓶餵時奶水的流量從頭到尾都是一樣的，所以瓶餵的餵食速度，跟親餵的嬰兒比較起來會快很多。但母乳的流量是前面慢，中間快，最後又會再慢下來，這樣是一輪。如果第一輪量不夠，寶寶還餓仍繼續吸吮，那第二輪還是會依循同樣的流量原則生產。這樣的設計跟身體控制母奶產量與擴展嬰兒齒腔的健康成長有很大的關聯。所以，如果限定一邊乳房餵幾分鐘換邊，那先吃的那一邊很可能就會無法清空。由於每一次乳房中的奶都無法清空，以「消耗量＝製造量」的定律來看，這樣子總是沒有出清存貨，產量就會開始削減，母奶量自然會漸漸減少。

● **每次餵奶都應清空一邊乳房，再換另一邊，每一次輪流**　如果前次餵奶

時，第二個乳房沒有清空，那下次再餵時，就從原本沒有清空的那一邊乳房開始餵起。清空的乳房不會感覺到任何硬塊，摸起來軟軟扁扁的。媽媽不用特別去記下次該餵哪一邊，只要總是從比較脹的那邊餵起即可（除非乳腺有發炎，乳腺如有發炎現象，一定從發炎那邊開始餵起）。也不用擔心會不會乳房已清空但嬰兒卻還在吸食，不知道嬰兒是否已吃到奶了。因為當第一個餵食的乳房已清空時，嬰兒會自動將含乳放開。若餵食第二個乳房時，嬰兒再將含乳放開，那就表示他飽了。

嬰兒吃不飽會一直哭鬧，飽了的嬰兒放開含乳時，會出現很滿足的表情。嬰兒雖小，可是很清楚自己要什麼、要多少。大人如果不自以為是地操控和懷疑寶寶的能力，就不會過度介入寶寶進食的過程，如手動擠出奶來餵，或再加一點配方奶，這樣反而會弄巧成拙。

□ 按鐘錶，不以嬰兒需求掌控餵奶時間

很多哺乳教育把親餵當瓶餵，親餵跟瓶餵有很大的不同，其中一個最大的不同，就是它是由嬰兒主掌食量與進食的時間，我們稱之為依訊號哺乳或按需哺乳（feed on cue or feed on demand）。也就是嬰兒想吃，就讓他吃，他不想吃自然就會放開含乳。這樣餵奶，不需要按鐘看錶，只需要觀察嬰兒的反應，就能了解他是不是想吃奶。

按需哺乳能隨著嬰兒食量調整餵食時間，因為每一次嬰兒都是餓了就吃、飽了就停，腦部掌控食欲的荷爾蒙運作自然敏感。這樣也能讓食欲可以和身體需求量搭配，形成正向循環，總是能吃得剛剛好。這也是確保嬰兒成年後不產生飲食與體重問題的最佳基礎。

按需哺乳在初生嬰兒發生群集哺乳（cluster feeding）的情況時格外重要。初生嬰兒的體型小，消化道能處理的母乳量不多，所以他們會採少量多餐的方式進食。這種動不動就餓，有時不到三十分鐘、一小時又要餵的情況稱為「群集哺乳」。群集哺乳常常發生在夜間，但許多月子中心卻是由夜間看護人員以瓶餵方式代替親餵。如果在群集哺乳發生的時候不以嬰兒的反應為哺乳訊號，而是按鐘看錶在哺乳，那麼以「消耗量＝製造量」的定律來看，這樣的餵食方式，一定跟不上嬰兒對母乳需求量的增加，就會

造成奶量不足的情況。

　　群集哺乳這段嬰兒頻繁索乳的時期，嬰兒會一直以哭聲告訴母親他餓了，但因為嬰兒索乳次數頻繁讓人感覺一直不停在哭，有時會三十分鐘不到就又哭了。嬰兒一哭，哭聲在疲倦的母親耳裡聽起來就像打雷。這時心疼母親的父親，和疲憊不堪的母親，就很容易會在他人教唆和慫恿下讓配方奶過早介入，造成往後更讓人頭疼和痛苦的哺乳問題。他人教唆和慫恿的理由常是：「你看寶寶這樣一直哭，體重不增反降，一定是吃不夠，考慮餵一點配方奶比較好吧，不要把寶寶餓到了。」這就是母親陷入母乳量不足惡性循環的開始。

建議方案

● **不設定親餵時間，按嬰兒需求哺乳**　嬰兒初生時期，不設定親餵的時間，哺乳時間由嬰兒決定，他想吃就餵、不想吃就不餵。很多媽媽都會覺得這樣餵多累呀？雖然一開始群集哺乳時很累，但是如果母親抓到哺乳姿勢的訣竅，常常可以一邊餵一邊睡。因為親餵時母親的催產素分泌很足夠，所以親餵的母親都特別放鬆，雖然是一邊餵一邊睡，但休息的品質還是很好。在嬰兒體重快速增加，消化道能處理的量漸漸變大後，兩次哺乳之間的時間便會開始拉長。但是，任何生命的成長都不會是直線前進的，常常會往前走一步再往後退兩步。因此，嬰兒可能會漸漸把哺乳間的時段拉長，又突然把它縮短。但是，只要趨勢是朝對的方向走，那麼，兩次哺乳之間的時間拉長，是指日可待的。所以，只要過了初生期一至三個月後，親餵的哺乳時間其實都比瓶餵要短很多，因為不但嬰兒吃得快且多、中間隔的時間長，還省去了洗奶瓶、沖泡等準備與善後工作。

　　如果，月子中心為了讓媽媽夜裡能多睡一點，讓他人代替定時瓶餵，最後媽媽回了家自行面對親餵時，乳量跟不上，反而會產生更多讓媽媽傷心又傷身的哺乳惡性循環。因此，月子間不按鐘對錶、頻繁地以寶寶的需求哺乳，就是往後能讓媽媽愈過愈輕鬆的最佳保障。並且親餵的嬰兒未來不易得中耳炎和其他疾病，還可以省下讓媽媽和爸爸因寶寶生病無

法成眠的痛苦呢！

□ 第一個月就用奶嘴

　　嬰兒吸吮時身體也會釋出催產素讓嬰兒放鬆，所以奶嘴有安撫的功能。但是，因為嬰兒吸吮奶嘴時也可能掩飾飢餓感，所以若要能正確地由嬰兒的需求引導母奶的產量，最好不要使用奶嘴。太早使用奶嘴，可能會因為哺乳不夠頻繁，而影響未來的母奶產量。因此，當嬰兒體重還沒趕上標準時，或是初生一個月內，最好不要使用奶嘴。

□ 母親用腦子餵奶

　　哺乳是一種反射動作，就跟盤古開天闢地一樣古老。從前的女性生產後沒有一大群專家告訴她該這樣做或那樣做，因為沒有人左右，所以沒有母親懷疑過自己「能不能」。她們聽從身體指示，自然而然地就會找到適合母親和嬰兒雙方的哺乳姿勢。如果嬰兒含乳會讓乳頭疼痛，媽媽就會循著痛感做調整。人類的原始文化裡，沒有暗示身為女性就應該被懲罰，被經痛懲罰、被生產的疼痛折磨，或哺乳時就該會痛。原始文化裡，更沒有害怕與壓抑身體感覺的機制，痛沒有止痛藥可以吃，人只能聆聽身體的聲音，修正環境，以解除痛苦。原始文化中沒有配方奶可以解除擔心，只能一直調整到孩子吃得到奶為止。所以，從前的女性哺乳時是用身體在餵，不是用腦子在餵。

　　現在的媽媽生產前念一大堆書，哺乳時專家七嘴八舌，大家的假設都是「你不會我才要教你」、「你不行所以配方奶才要幫你」。現在的媽媽在哺乳上什麼準備都做了，唯一沒做的，就是相信自己的身體。現在的媽媽，不是用身體在哺乳，是用腦子在哺乳，書怎麼寫、專家怎麼講，就怎麼做。事實上，該怎麼做早已內建在你的體內，身體所產生的感覺，就是你的哺乳智慧。只有你才知道怎麼樣餵奶自己最舒服，也只有你最知道怎麼樣餵孩子吃得最好。

　　用腦子哺乳，母親好像在考試一樣，無法放鬆、壓力很大。如果母體

無法放鬆，奶一定下不來，因為哺乳時身體必須先確定哺乳處是安全的。從母乳產量是「消耗量＝製造量」的定律來看，奶下不來就出不去，舊的出不去，新的就進不來，如此一來，母奶的產量就會愈來愈少，結果就是母奶不來或母奶不足。

建議方案

● **用身體哺乳不用腦子哺乳**

□ 每一次都讓嬰兒哭太久才餵

　　有些母親會在嬰兒初生時期就想自行把餵奶的間隔時間拉長，所以會在孩子餓時讓他等，結果讓孩子大哭不止。其實，母體聽到嬰兒哭的第一聲就已預備好下奶了，等到孩子開始大哭，母親早已開始脹奶了。嬰兒大哭時全身是緊張的，嬰兒含乳的反射動作就會變得混亂；而媽媽聽到嬰兒大哭也會跟著全身緊繃，無法下奶。下奶不及，嬰兒就哭得更凶了，一哭就無法含乳，奶就下不來，進入一個惡性循環。這一餐，大家都不好過。想像一下，如果我們一邊吃一邊大哭，一定沒辦法吃進多少東西。同樣的道理，這樣的惡性循環如果多出現幾次，奶總是無法出清，以「消耗量＝製造量」的定律來看，母奶產量就注定會開始減少。

　　新手媽媽哺乳會這樣讓嬰兒等，大部分是因為他們認為嬰兒要訓練，所以睡眠和哺乳時間都設規矩，認為這樣小孩才會好帶。其實我很贊成孩子要訓練，因為他是家庭成員之一，應該要學習家庭的作息。但是，在初生階段，他們的身體機能有限制，還無法適應家庭所設的作息。比如，他們的消化道還很小，還在長成，因為配備還沒有成熟，所以就沒有調整的能力，於是該吃時就是要哭、吃飽了再多一口就可能吐奶。而少量多餐吃奶的情況，必定會打斷母親的睡眠。然而，在孩子的身體還沒有辦法配合時便設規矩，只會讓雙方產生不信任感，造成往後帶孩子的困難。

建議方案

● **不要等到嬰兒大哭時才餵**　如果母親可以不帶預設立場觀察自己的孩子，她很快就會知道孩子的反應代表什麼。孩子剛開始餓時並不會大

哭，他可能會不安地蠕動，嘴巴不停張閉，這就是孩子要吸乳的訊號（feeding cue），這時母親如果已準備好哺乳，雙方都能放鬆地享受這個過程。不要等到一方怒另一方急時才餵，這才是按需哺乳的意義。按需哺乳能確保母乳量持續增加，就不會有母乳產量不足的顧慮。

☐ 餵奶姿勢不正確

其實，只要嬰兒喝得到足量的奶，母親哺乳時不會疼痛能夠放鬆，不管怎麼餵，都是正確的姿勢。但是，如果嬰兒喝不到足量的母乳，或母親的乳頭會疼痛、哺乳後乳房出現硬塊、乳腺發炎，那就很可能是不正確的姿勢引起的。母親將嬰兒抱在手上、放在膝上，或是母親側臥、正臥，都是哺乳時的常見姿勢（見圖7）。

我們教育哺乳方式時，通常都是教要坐著向前傾，但坐直坐正餵奶對新手媽媽其實比較困難。坐直餵，因為嬰兒的頸部還沒有力量長久支撐，媽媽又不敢用力托著嬰兒的頭，地心引力就會將嬰兒的頭慢慢往後帶，讓

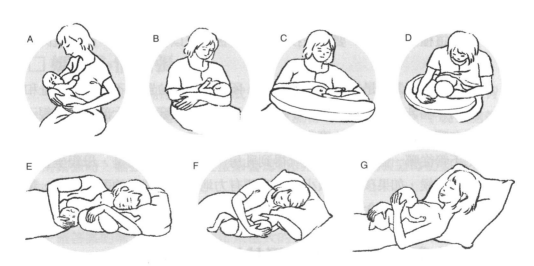

圖7　ABCD 適用於比較大的寶寶，在他們頸椎比較直硬，且母親與寶寶也都對哺乳比較熟練時使用。EFG 適用於比較小的寶寶，寶寶可以利用頭頸的重量正確含乳，較能順利吸乳。這些哺乳方式也很適合夜間哺乳，媽媽可以一邊哺乳一邊休息，比較不影響母親的睡眠時間。

● **使用育兒揹巾**　外出時可以攜帶容易轉換為哺乳使用的育兒揹巾（sling），給自己製造一個隱私的空間（見圖9）。

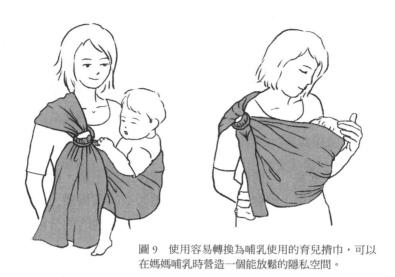

圖9　使用容易轉換為哺乳使用的育兒揹巾，可以在媽媽哺乳時營造一個能放鬆的隱私空間。

□ 脹奶了才餵

　　媽媽有時為了把哺乳間隔拉長，會一直等，等到脹奶了才餵。在奶量平穩後脹奶才餵，偶爾為之沒有大礙。但是，在哺乳初期奶量還沒平穩時，這樣做很可能會讓未來的奶量不足，或造成奶不來的情況。母乳中有一種乳清蛋白質 FIL（feedback inhibitor of lactation），會在乳房中抑制母乳製造。這個機制是人體為了避免能量被浪費而設計的，如果媽媽的乳汁一直未被消耗，身體下次就可以少生產一點，以節省資源。如果母乳在乳房中的累積量一增多，FIL 的量就會跟著增加，母乳的產量就會被抑制。因此，如果母親總是等到脹奶時才餵嬰兒，就會因為 FIL 增加而壓抑母乳生產，最後讓母乳量減少，最終停止製造。

建議方案

● **不要等到脹奶時才餵奶或吸乳**

□ 嬰兒沒有放開含乳就自行停止哺乳

嬰兒是不是吃飽了，媽媽乳房裡的奶有沒有被清空，只有嬰兒才知道。如果他們吃飽了，或是媽媽乳房裡的奶真正清空了，嬰兒就會自動將含乳放開（dislodge）。這和含乳一樣，是人類的反射動作。這個反射動作在初生嬰兒只知道要增加體重、快速成長，還沒有心情含乳玩耍時，就是是否要停止哺乳或換乳的最佳指標。如果媽媽在初生嬰兒還沒有將含乳放開前，就自行停止哺乳，常常不是嬰兒餵食不足量，就是乳房內的乳汁還沒有清空，兩者都會讓消耗的量不足，結果讓製造的量也跟著不足，使得母乳產量減少，結果就是哺乳不足量或是奶不夠。

嬰兒吸吮母乳的過程是幾口長吸，然後吞嚥，再幾口短吸，不吞嚥。新手媽媽常以為短吸就是表示奶已清空，就自行停止哺乳或換乳。其實，那幾口短吸是嬰兒在告訴乳房，現在可以再次下奶了。要這樣反覆多次，奶才會真正清空，嬰兒發現奶真的不再出現時，就自動會將含乳放開。每一個母親乳房的母乳儲存量都是不同的，和乳房大小無關，所以哺乳的過程中才會有多次下奶的必要，媽媽乳房內到底放了多少奶、何時清空，只有嬰兒短吸時才會知道。

建議方案

● **嬰兒自動放開含乳時才停止哺乳或換乳再餵**　如果嬰兒自動放開含乳時，出現飽足的表情，睡得很安詳，換過尿布、打過嗝後還是繼續睡，那就是飽了，媽媽可以停止哺乳。但是，如果他自動放開第一個乳房的含乳後，還是有餓的反應，或換完尿布、打了嗝後還是哭，那就換另一個乳房餵，餵到他自動放開含乳為止。

● **相信自己的身體、相信孩子的身體**　我們的文化極度不信任自己的身體，總覺得它的設計不佳，會犯錯，所以我們不相信自己有能力餵飽自己的孩子，急著藉助配方奶替我們完成任務。不相信自己身體，也會影響我們對孩子的信任。我們不相信孩子的感覺是對的，不相信他知道自己何時飽了、何時餓了，不相信他們能判斷媽媽的乳房是否清空了，所

若出現以下現象表示嬰兒喝的母乳量可能不足

● 尿布總是不溼。尿布量通常會隨著出生的時日增加而增加，例如出生後
　第一天，換一次溼尿布，出生後第二天，換兩次溼尿布。當母親母乳量
　開始跟上寶寶的需求量後（多是在嬰兒出生後第五至六天左右），那時
　一天內大概就能換上五、六次溼尿布。要了解尿量是否足夠，可以倒三
　湯匙的水進乾淨尿布中，再用手稱一下重量，溼尿布就應是這個重量。

● 體重增加不夠。新生兒的體重會在剛出生五至六天間減少 7%，因此在
　這段期間內體重減輕，都無須擔心。如果寶寶在一星期後體重沒有按預
　期回升，這時就是諮詢國際認證泌乳顧問（IBCLC）的好時機（參見
　486 頁）。

● 黃疸在開始喝母奶後五日內沒有改善。

● 嬰兒喝完奶後沒有出現滿足的樣子。

● 嬰兒的大便在一至二個星期間沒有漸漸從黑色轉成綠色，再轉成黃色。

● 用敏感度高的磅秤測量哺乳前寶寶的重量，哺乳後立刻秤重。中間不換
　衣物、尿布。把哺乳後的重量減去哺乳前的重量，就可以知道嬰兒喝了
　多少奶，也就能知道嬰兒吃得夠不夠。

但要特別提醒，如果發現初生嬰兒母乳攝取不足就立即開始使用配方
奶，這並不是明智的選擇。如果初生嬰兒母乳攝取不足，應先使用「母
奶不來或不夠的原因」檢測清單（參見 221 頁）檢查問題所在，修正問
題，十之八九，都能獲得解決，順利哺乳。

若還有其他相關哺乳問題，可詢問國際認證泌乳顧問的台灣顧問，或台
灣母乳協會。馬來西亞哺乳與自然育兒協會所製作的一系列哺乳影片，
也很值得參考（參見 229 頁）。

瘦孕、順產、讓寶寶吃贏在起跑點

你們要相信他是有能力做得到的
——我的親餵哺乳之路

妹妹 賴宇軒

　　我生產之前就很確定自己要餵母奶，即使我一直以為餵母奶一定會像朋友們那樣，個個有段血淚史——乳腺炎、石頭奶、按摩瘀青、乳頭破皮，一個慘過一個。但我還是想餵母奶，所以做足了心理準備要跟母奶拚了。

　　寶寶出生後我照著姊姊教的，全程母嬰同室，母奶吃到飽，直接親餵不擠奶，包括半夜餵奶也一樣。趁半夜催乳激素最高的時候親餵，刺激奶量的效果最好。一切都進行的非常順利，雖然乳頭破皮好痛，但我以為那是必經之路，咬著牙繼續餵，覺得媽媽真偉大。

　　但到第四天時，嬰兒室打電話來說寶寶的體重掉了超過安全範圍的14%，問要不要補一點配方奶，她說：「照這樣看，他應該是幾乎沒吃到奶。我們是擔心小 baby 這樣會長不大啦。」電話掛掉我的眼淚就掉了下來。已經這麼努力餵了，怎麼還是不行呢？後來回想起來，我覺得在沒有認真觀察哺乳姿勢、教育新手媽媽實際哺乳操作前，就驚嚇母親並直接建議讓配方奶介入哺乳過程，是接下來一連串哺乳問題的源頭，也是一般母親很快就放棄哺乳最大的原因。

　　我很沮喪，很緊張寶寶吃不飽，當時幾乎已經想妥協餵配方奶了。但我覺得還是先問一下姊姊。還好當天半夜有找到姊姊，她一聽狀況就判斷是含乳姿勢不正確，她說若是含乳正確乳頭不應該會破皮。剛好那時寶寶餓了，所以我們就開啟視訊電話，由我先生拿著手機拍我哺乳的姿勢給姊姊看。姊姊教我怎麼讓他含上乳頭，教我看他吸奶時怎樣是小口引奶陣，怎樣是奶陣來時的大口吸，到最後吃飽了自己放開奶頭。我看著寶寶滿足的小臉心疼的要命。餓了好多天他終於飽餐一頓。

　　在調整姿勢的過程中，姊姊叫我斜躺著把寶寶放在我胸口。他趴在我胸口，小頭自動稍稍撐起，找到乳頭後大口含住，整個頭埋進我胸部。我

先生有點擔心地問，他這樣會不會窒息呀？「你放心，他不會悶到，吸奶是他的本能，姿勢讓他自己主導。」姊姊才剛說完，就看到寶寶頭微微一偏，讓小鼻子透氣，然後又開始大口吸吮奶水。

姊姊說：「你們要相信他是有能力做得到的。」這一句話深刻印在我腦海裡，在我接下來的育兒路上，時時提醒著我：「他是有能力做到的」。讓我在很多關鍵時刻能夠放手讓他自己成長，而不是成為一個緊張兮兮什麼都不讓他做的媽媽。

也在那個時候我才發現，我為餵奶事先做的功課都是不夠的。看圖片解說容易，實際上抱著個會大哭的軟呼呼的寶寶要餵就不是那麼簡單了。雖然親餵時有請護理人員幫忙確認含乳姿勢，但因寶寶嘴巴小，很容易一動位置就跑掉。所以除非有護理人員全程都確保含乳姿勢正確，不然新手媽媽其實很難自己判斷含乳是否正確以及寶寶是否有喝到奶。

在這之後寶寶的體重就緩慢但穩定地開始回升，乳頭傷口也因為含乳正確很快就復原了。我的哺乳之路正式踏上光明大道。

月子就在每天掏奶跟吃吃喝喝，還有盯著我兒子看並讚嘆怎麼這麼可愛中度過。唯一不解的是，雖然已表明我是全職媽媽可以在家裡全親餵，但我還是每天會被護理人員關心，我們的對話常常是這樣：

「現在奶量多少啊？」

「我都親餵耶，沒有擠出來。」

「你擠出來偶爾可以讓別人幫你餵，這樣你可以休息啊。」

「我回家也是要自己帶，沒有人可以幫我餵耶。我擠出來也是白擠。」

「其實還是可以擠出來，半夜讓嬰兒室餵，你可以好好休息啊。」

護理人員極力勸導我把奶擠出來，要我多多休息。我不好意思告訴她，其實我沒有很累。學會躺餵之後，半夜都是他吃他的我睡我的，加上親餵時我非常放鬆，就算半夜餵好幾次也不見得比調鬧鐘起來擠奶來得累。而且我很懶，對我來說親餵比擠奶輕鬆一百倍，因為不用清洗消毒一大堆東西。

但護理人員還是每天都問，我被問得很困惑。上網搜尋哺乳文章才發現，擠奶是潮流。不管是職業媽媽還是全職媽媽，大‧家‧都‧在‧擠。

就算是在母嬰親善醫院，護理人員也照樣鼓勵擠奶，因為這樣才知道寶寶有沒有喝飽。我覺得其實有的時候醫院或月子中心的做法是方便他們的系統或流程，不見得是以哺乳的利益為最大考量。例如，護理人員瓶餵時常過量餵食，這樣寶寶可以睡得比較久，但也因此讓媽媽們追奶追得很辛苦。通常新手媽媽們因為沒有經驗，對護理人員傳授的哺乳資訊是全盤接收，但也因為擠奶多過親餵，乳腺刺激不夠，很多人都被告知奶量不足建議再補配方奶。補了配方奶之後一方面寶寶不再願意含乳，因為跟奶瓶比起來太累了，一方面乳腺少了寶寶親餵的刺激，分泌也愈來愈少。漸漸的配方奶愈補愈多，母奶愈擠愈少，最終不得不放棄餵母奶。

　　並且媽媽們在這個過程所承受的壓力是難以想像的大，除了對自身沒奶的自責，還有來自長輩的質疑。

　　「你奶夠嗎？」

　　「哎呀，他在哭了一定是沒吃飽，你奶不夠吧？！」

　　「母奶夠營養嗎？」

　　「你不知道他喝了多少，怎麼知道他飽了？」

　　「奶是不是不夠？」

　　　　「奶是不是不夠？」

　　　　　　「奶是不是不夠？」

　　我真心覺得，台灣的哺乳宣導對象應該是整個家庭而不只是針對新手爸媽。很多長輩受了配方奶廣告的影響，陷入奶量要量化才知道寶寶有沒有喝飽及母奶不夠營養的迷思裡。我甚至看過一個媽媽說她被長輩「規定」要把奶擠出來，這樣才知道寶寶有沒有飽。我自己個性比較硬，不怕回應這種質問，但看到好多媽媽為了哺乳，身體承受各種不適，心理還要面對各種質疑聲浪，身心俱疲，感到很心疼。希望想餵母奶的媽媽們能夠不要害怕拒絕，不要害怕反應，不要害怕溝通。哺乳是老天給予媽媽的專屬特權，沒有人能夠拿走，除了你自己。

　　我親餵前兩月，都是不看時間餓了就餵，讓寶寶無限暢飲。先生這段時間對我所做的決定，是無限的支持與鼓勵。寶寶滿月時我的母乳量已經能夠供需平衡，第二個月之後寶寶自己漸漸調整出固定的喝奶時間。在這

期間我沒有脹奶至石頭奶，沒有因為堵塞需要忍痛按摩，沒有乳腺炎，更沒有因為擠出來的奶量有一點減少就每天擔心不夠寶寶喝而忙著追奶。

我認為，要上班的媽媽可以利用兩個月的產假全親餵、衝奶量，等奶量穩定後收假前兩週，再開始用品質高的吸乳器把奶擠出，再轉瓶餵就可以了。這樣上班之後白天擠奶晚上親餵，比較能確保奶量不會減少，更不會被剝奪媽媽與寶寶親密相處的甜蜜時光。

哺乳對我來說是輕鬆愉悅的，每次餵奶時抱著他熱呼呼的小身子，摸摸他軟軟的小頭髮，捏捏細嫩的小手小腳，都還是覺得老天好神奇呀。有的時候他喝到一半會突然抬頭望著我，然後咧嘴一笑，這一幕我希望我永遠都不會忘記。我真心希望每個想哺乳的媽媽也都能夠無障礙，無痛苦，無眼淚地享受這種專屬媽媽的親暱時光。

母奶不來初生嬰兒可以喝水嗎？

初生嬰兒到底可不可以喝水，有兩派理論，在美國會因醫院所採用的理論不同，對嬰兒喝水的政策就有所不同。

初生嬰兒不應喝水的那一派認為，母乳中已有充足的水分，無須再補充水分。而認為初生嬰兒可以補充水分的那一派則認為，經歷漫長生產歷程的嬰兒非常脫水，如果不能馬上就喝到初乳，應先瓶餵補充水分。

我自己的兩個女兒在不同的醫院出生，大女兒出生的那家醫院採行不給水政策，因為生她時我曾接觸到麻醉藥，奶來得很慢，大女兒因此哭鬧不已。她的哭鬧讓我更加緊張，哺乳時雙方都很緊繃，哺乳過程很辛苦。且因為沒有喝到初乳，消化道沒有蠕動，胎便就一直沒有排出，最後黃疸高升到危及生命。但小女兒出生的那家醫院如果看到母親沒有立即哺乳，就會將裝了白開水（並非糖水）的小奶瓶送進恢復室。口渴的小女兒一會

瘦孕、順產、讓寶寶吃贏在起跑點

兒就把水喝完了，喝過水腸道被水刺激，胎便很快就排出，因此她從沒有黃疸高升的問題。

排出胎便的嬰兒會覺得餓，這時因前面移動產房而錯過的覓乳行為，會再度出現。喝過水的嬰兒不會因為口渴而哭鬧，母親與嬰兒都平靜的情況下哺乳，雙方體內都會同時分泌催產素，同時放鬆，幫助情感連結和下奶，親餵就很容易。

有些人認為嬰兒不應該喝水，因為他們才剛從羊水中出生，不需要水。但這就好像是認為游泳的人不需要喝水一樣講不通。以我的經驗，嬰兒最好在出生三十分鐘內就開始哺乳，如果那時哺乳沒有成功，就可以給嬰兒喝一點白開水。嬰兒用奶瓶喝白開水，並不會因為奶瓶好吸，就不願再吸吮母親的乳頭。因為水和奶的味道不同，嬰兒能分辨得很清楚。水能解渴，但卻不能讓嬰兒有持續的飽足感，因此，在他餓想喝奶時，還是會願意使出吃奶的力氣去吸吮母親的乳頭，瓶餵白開水並不會讓嬰兒混淆。

＊在第三世界國家生產，初生嬰兒最好直接哺乳，不接觸沒有經消毒、過濾的公共用水，因為第三世界國家的公共用水沒有安全保障。

＊給嬰兒補充的一定得是「白開水」而非糖水。老舊的理論會倡導餵嬰兒喝糖水，因為認為母奶中本來就含豐富的「奶糖」。但是，糖水中的糖與母奶中的糖是有差別的，糖水中的糖是腸壞菌的主食，而母奶中的糖則是腸益菌的主食。因此喝糖水不但會震盪血糖，還會損傷嬰兒腸道菌種的繁殖，導致腸菌失衡。

菌，容易菌種失衡。而母體剖腹產時施打的抗生素與止痛藥，會干擾、消滅母親的腸道益生菌，不但影響消化，且因為抗生素與止痛藥好壞菌都一起殺，因此在使用這些藥物的同時餵奶，嬰兒的腸道菌種繁殖也會跟著受到阻礙。若嬰兒的腸道菌種繁殖不順利，往後食物過敏、過動、自閉、皮膚病的機率，就可能大大提高。因此，母親使用止痛藥應當適量，待痛感已經能夠忍受時，就應停止使用。且術後使用抗生素應盡量以天然草藥代替。

抗生素是只取單一物質來對抗細菌，但是由於它的物質單一，因此它的殺菌功能並沒有分辨能力，而是好菌、壞菌一起殺。所以，抗生素最大的副作用，就是干擾體內、體表的菌種平衡。草藥中的抗生素物質，是植物成長時用以對抗壞菌的。但由於天然草藥中的各類元素豐富，所以藥效顯著但卻溫和，豐富多元的物質互相作用，可以把副作用一一抵銷。例如，著名的天然抗生素大蒜就有三十三種硫磺元素、十七種胺基酸。

適合在哺乳期間內服用的抗生素有：大蒜膠囊（油裝比粉裝膠囊效果來得好）、紫錐花、薑。哺乳期適用的外用型抗生素有：蘆薈、尤加利精油（可混於蘆薈中使用）、未經殺菌的生蜂蜜（raw honey）。生蜂蜜中有一種抗體（defensin-1），是蜜蜂用來抵抗細菌的物質，於割傷、燙傷時外用，可以有效殺菌，避免感染、幫助癒合[10]。

剖腹產的媽媽在術後可以使用這些外用與內服的草藥，以確保傷口不會感染。

傷口感染就表示菌種失衡，也就是好菌的領土流失，壞菌壯大。天然草藥最大的優勢，就是它不會干擾菌種的平衡，所以它沒有西藥抗生素的抗藥性問題。經常使用西藥抗生素會讓細菌產生抗藥性，反而讓往後受感染的機率大增，所以才會有些人即使使用了抗生素，傷口卻還是繼續感染發炎。

而沒有經過母親產道得不到好菌的嬰兒，產後可以用母親的陰道液塗滿嬰兒全身彌補，包括口、鼻部位，就像有些動物會以舌頭舔自己的陰道

---

10. P. H. S. Kwakman, A. A. te Velde, L. de Boer, D. Speijer, C. M. J. E. Vandenbroucke-Grauls, S. A. J. Zaat. How honey kills bacteria. *The FASEB Journal*, 2010; DOI: 10.1096/fj.09-150789).

口，再舔初生動物全身一樣，因為這樣可以將母親身上的菌傳到嬰兒的體表與體內。許多歐洲國家研究證明，這個做法可以大大減少嬰兒往後的食物過敏與皮膚問題。此外，母親與嬰兒都應立即開始補充益生菌。母親可空腹於睡前口服；且將益生菌膠囊打開，將益生菌塗抹在母親的乳頭上，讓嬰兒在哺乳時服用。一天一次即可。

剖腹產的嬰兒應至少考慮延後施打疫苗，因為他們的腸菌繁殖受到阻礙，速度會較一般嬰兒慢，過早施打疫苗，疫苗中的菌會直接刺激未被腸菌覆蓋、保護的淋巴結，引起不必要的免疫系統問題。

2. 母親的傷口必須重建

剖腹要算是大型手術，母親剖腹的傷，就和殺戮戰場上士兵所負的傷一樣。手術後身體的組織結構都需要資源才能重建，這些資源，就是食物中的各類營養。月子中的母親本來就應吃得營養，而手術後的母親，更應該要吃得營養均衡。術後母親飲食最大的禁忌，就是用高糖食物震盪血糖。血糖不停震盪，消炎管道走不完，總是跳到發炎管道[11]，剖腹的傷口就可能發炎不止，影響復元與癒合疤痕的美觀與速度。因此，產婦通氣前的飲食，應以未去油的雞湯、大骨湯和魚骨湯為主。痛感還沒有完全消失前，應完全禁止澱粉或任何高糖食材，如麵、飯、麵包、地瓜、馬鈴薯、豆類、瓜類等食物[12]，可以一天六小餐，每二至三小時就吃一小餐，協助保持血糖穩定。手術復元期間，蛋白質和油脂的攝取量一定要足夠，因為皮膚重建與癒合的原料就是蛋白質與油脂。

術後飲食營養均衡，不但能幫助傷口的癒合，也能避免剖腹產婦發生憂鬱症。剖腹會大力干擾產婦生產時的荷爾蒙自然運作，因此術後的產婦荷爾蒙、神經傳導素常處於失衡狀態，導致心理、精神疾病，或是與嬰兒連結產生問題。雞湯、骨頭湯可以用最快的速度重新啟動母親的消化道，

---

11. 關於人體發炎消炎的過程，參見賴宇凡著，《要瘦就瘦，要健康就健康：把飲食金字塔倒過來吃就對了！》第 50-57 頁。

12. 可參見賴宇凡著，《要瘦就瘦，要健康就健康：把飲食金字塔倒過來吃就對了！》第 216-219 的血糖控制飲食。

幫助消化吸收營養豐富、不震盪血糖的食物。這些食物中的全面營養元素可以迅速調整失衡的荷爾蒙，給予腦部化學合成所需的元素，讓剖腹產母親發生心理、精神疾病的機率大大降低。

復元期與哺乳期母親的消化道最為重要，因為如果消化不暢通，吃得再好也是枉然。手術時使用的麻醉藥會影響腸道蠕動，讓術後的產婦便秘嚴重，持續補充洋車前子殼，可以幫助排便。每餐配上一點水服用，一開始少量，慢慢加到一茶匙為止[13]。此外，在傷口癒合期間，也可以補充魚肝油以確保消炎管道暢通。

3. 哺乳重建

因為剖腹生產對母體來說是重創，人體天然的生產荷爾蒙運作會大受干擾，且原本用於合成母乳的資源，現在卻必須用於創傷重建。這些，都會大大阻礙母乳製造與下奶，對想親餵的母親來說，是一個挑戰。

由於剖腹產會受到可預見的哺乳困難，所以無論產婦是否事先就計畫剖腹，都應在產前找好國際認證泌乳顧問（參見 486 頁）。這樣如果手術後有哺乳困難，可以有顧問能及時指導。除此之外，我也建議每一個產婦，都在產前預備好發奶草藥（參見 215 頁），以備不時之需。

剖腹產的產婦如果能在產後立即嘗試哺乳，藉由與嬰兒頻繁的肌膚相貼與吸吮乳頭，本來會被麻醉藥影響的哺乳荷爾蒙就能趕上分泌進度。此外，剖腹產的嬰兒也會因為麻醉藥物影響而嗜睡，或無法集中精神吸吮。這時，母親最好經常將嬰兒吵醒，嘗試讓他吸吮乳頭，盡早取得初乳，排出胎便，這也可以加速嬰兒麻醉藥物的分解與排出，讓哺乳次數恢復正常。如果母乳因為麻醉影響，不利下奶，可以先給嬰兒一點常溫白開水為他解渴，水分也能促使胎便排出，開啟整條消化道。白開水與奶水的味道不同，嬰兒不會混淆，所以母親親餵時嬰兒還是會願意用力吸吮乳頭取得母乳。下奶順利後，就可以停止餵白開水了。母親也可以藉用吸乳器或發

---

13. 洋車前子殼的使用方式，亦可參見賴宇凡著，《要瘦就瘦，要健康就健康：把飲食金字塔倒過來吃就對了！》第 198 頁。

奶草藥來刺激下奶。

　　任何想親餵的母親，都應避免過早給嬰兒配方奶或手動將奶擠出來。
一吃配方奶，嬰兒對母奶的需求減低，以「消耗量＝製造量」定律製造乳
汁的母體，乳汁就會減少甚至停產。而手動將奶擠出來的力量，遠不及嬰
兒吸吮乳汁的力量，因此手動擠母乳絕達不到嬰兒的需求，如果不讓嬰兒
直接吸吮母乳，乳汁的製造量必定日益下降。剖腹產產婦的乳汁製造因為
荷爾蒙運作被手術打斷，已經晚了一步，因此想迎頭趕上哺乳進度，配方
奶和手動擠奶都只是介入而非協助，頻繁親餵或使用強力吸乳器才是最好
的辦法。

　　術後的母親在哺乳時，為了要讓傷口休息，最好找一個嬰兒不會施壓
到傷口的哺乳姿勢。術後最好的哺乳姿勢，是母親斜躺，將嬰兒往乳房上
貼，讓嬰兒身體放在媽媽身體之外的地方，靠嬰兒的頭部重力固定含乳。
或是母親側躺，嬰兒也側躺面向乳房。如此一來，媽媽的手不用施力抱住
嬰兒，傷口較不易受到拉扯（見圖1）。

圖1　剖腹產的媽媽可以利用這些姿勢哺乳，比較不會壓到傷口。

記衡量一下吸乳器運作時發出的聲響。除此之外，攜帶方便性及價格也需一併考慮。但是，無法完全親餵的職業婦女，不管電動吸乳器是租是買，都絕對會是父母為寶寶和母親健康所做的最佳投資。

＊電動吸乳器產品適用與否也能向國際認證泌乳顧問詢問。

2. 剛吸時從小吸力調整到大吸力

一般較好的電動吸乳器都能自行調整吸力。因為吸力大於 250 mmHg 就會讓母親感覺劇痛，所以在使用電動吸乳器時，應從最小吸力開始增強，慢慢加到適合的強度。記得不是吸力愈大就會吸出比較多的奶。使用電動吸乳器「不應」產生疼痛。大部分在月子中心或醫院接觸到電動吸乳器的媽媽都有相同的反應，就是使用電動吸乳器好痛，這表示使用時沒有從最小吸力開始調整，有可能是醫院、診所，或月子中心沒有適當指導電動吸乳器使用方式的專人。建議向國際認證泌乳顧問、電動吸乳器品牌服務中心做進一步詢問。

＊使用電動吸乳器前可先在乳頭上塗抹羊脂膏以減輕乳頭疼痛。

3. 建議的吸乳次數和時間長短

職業婦女哺乳最佳的安排是在家時親餵、上班時使用吸乳器。但是，寶寶習慣使用奶瓶後，不見得還願意含乳，所以媽媽可能要全天候使用吸乳器。如果寶寶剛出生時母親順利親餵，則建議在家時頻繁親餵，讓母親在恢復上班前就建立穩定哺乳量。

上班後的母親，一般建議吸乳次數是一日至少七次，母親在奶快脹時就可以準備吸乳，奶已經很脹時下奶有時會比較困難。這七次不一定要完全有同樣的間隔，可以視母親的行程而定。有時等下有會要開，現在有時間就先吸乳，就不會等到開會時才脹奶。或行程鬆時密集吸奶，行程緊時就間隔久一點吸乳。如果母親產假只休兩個月就回到辦公室上班，那麼泌乳素的產量依舊是夜間比較大，母親可以側躺一邊睡一邊親餵；或可以在寶寶夜間起身喝奶時，同時餵奶和吸乳。但是，如果母親上班後奶量並沒

瘦孕、順產、讓寶寶吃贏在起跑點

有減少，就可以省略夜間吸奶，因為在工作的母親夜裡睡得足夠是很重要的。

　　每一次吸乳時，建議至少吸十五至二十分鐘。因為上班時吸乳需要節省時間，因此租購可以雙邊同時吸乳的電動吸乳器很重要。如果想確保母乳產量與寶寶成長能接得上，建議在清空母乳後，再空吸五分鐘，這樣通常可以刺激第二段下奶，新下的奶再將它清空即可。這樣母乳量就會持續增加。

　　二十分鐘可以做很多事，所以建議母親購買吸乳輔助內衣，這樣吸乳器不用手持，在吸乳時雙手就能做其他的事了（見圖3）。

圖3　使用吸乳輔助內衣就能在吸乳的同時空出雙手來做事。

4. 瓶餵寶寶該餵多少母乳？需要定時餵嗎？

　　瓶餵母乳寶寶通常比配方奶寶寶吃得少，這是因為母乳在體內的吸收與運用很有效率，所以需求量不是那麼多。但是，也因為它的吸收和運用都很有效率，瓶餵母乳寶寶的餵食頻率會比配方奶寶寶來得高。

　　因為寶寶每一餐的食量都不盡相同，所以寶寶每一次吃奶剩多少都不一定。一般親餵寶寶在一至六個月間的平均哺乳量是一日 750c.c. 左右。所以在瓶餵母乳時，可以用 750c.c. 去除以寶寶餵食次數。比如，寶寶一天吃八次奶，那就是 750c.c./8 ＝ 93.75c.c.。所以寶寶每一餐大概可準備 95c.c. 的母乳，如果寶寶吃不夠，就再加，如果寶寶吃不完，研究顯示母乳冰回冰箱下次再加熱一次，營養元素並沒有太大的差別。主要是不要操控寶寶的食量，瓶餵寶寶很容易就吃得過多。瓶餵寶寶應該跟親餵寶寶一樣，餓了才餵、不餓就不餵。

＊母乳不應使用微波加熱。

5. 選購奶瓶和奶嘴的方法

現在市售奶嘴常常標榜是仿母親乳頭設計，奶嘴流量也是仿母乳流出的韻律。但是，事實上並沒有任何市售奶嘴像母親的乳頭一樣，能真正有效刺激嬰兒上顎發展。主要的原因是，市售奶嘴不管它的外型再如何與母親的乳頭相仿，或者它的流出韻律跟母乳有多相似，嬰兒使用這類產品吸吮時，依舊是以口唇吸力導出奶水，而非像母親親餵時必須以舌「壓」乳頭奶水才會流出，因此沒有刺激上顎發展的功能。

一出生就開始使用市售奶嘴的嬰兒，因為都是用口唇吸力吸奶，所以容易養成倒吞（reverse swallow）的吞嚥方式，這種吞嚥方式容易吞進較多空氣造成脹氣。所以選購市售奶嘴最需要比較的功能是它防脹氣的設計。如果奶嘴選的對，寶寶吃完奶後因脹氣而哭鬧的可能性就比較低。父母可以使用不同品牌比較，觀察嬰兒在吃完奶後哭鬧、溢奶、吐奶、打嗝的程度，來決定品牌適不適合嬰兒。寶寶吃完奶比較舒服的市售奶嘴，就是好的奶嘴。

如果想讓寶寶在接觸市售奶嘴前，先學習正確的吞嚥方式，最好的方法就是坐月子的那一、兩個月勤親餵，讓寶寶先學會正確的吞嚥法。這樣一來寶寶再接觸市售奶嘴時，也比較不會造成脹氣問題。

6. 生產前與主管先溝通吸乳行程

如果服務公司或單位沒有母親於工作時間吸乳的政策，則媽媽應於生產前先與主管溝通吸乳所需的時間，與主管討論可行的吸乳行程。如果主管願意支持母親於工作時間吸乳，不要忘記以寶寶相片製成卡片感謝他或任何協助母親能順利繼續上班和繼續哺乳的人。這樣這群支援寶寶成長的人，才能很真實地認識寶寶，也更能感受到他們支持的重要性。女性是否能平衡母職與自己的專業，靠政策與立法不如靠自己溝通、推行，與宣導。

因為情況不允許，母親被迫退而求其次以瓶餵母乳，需要的不只是勇氣，還要有毅力。這樣的信念不只家庭、職場應該給與肯定與支持，母親自己更應該給予此信念肯定與支持。除非我們自己肯定自己，不然這樣的

信念永遠不會被重視、不會被接納,也不會被支持。這個信念最終的受益者,就是社會未來的棟樑,那就是我們的孩子,為孩子爭取最好的,就是母親的天職。

4 - 11

可為需要的寶寶
提供母乳的台灣母乳庫

　　台灣的首座母乳庫設置在台北市立聯合醫院婦幼院區,這是全亞洲第一家可處理捐贈母乳的非營利組織。這座母乳庫的作業流程是按北美母乳庫協會及英國母乳庫協會的 SOP 所制定,是全亞洲第一個獲得國際認證的母乳庫。現在也在台中署立醫院成立了母乳庫衛星轉運站[14]。

　　世界上最早的一座母乳庫 1909 年成立於維也納,台灣成立母乳庫的初衷和維也納當年成立母乳庫時的原因一樣,是為先天體弱的孩子而準備。只要是早產兒、先天性異常、重大手術後、腸胃道疾病、餵食不耐,或是一些因母親疾病或死亡而無法哺乳的孩子,都可以請醫師填寫醫囑單,向母乳庫申請母乳。台灣母乳庫庫存的母乳採低溫殺菌,在兼顧安全的原則下,盡量減少對母乳成分的影響。

　　母親無法餵奶,給寶寶喝配方奶不就好了,為什麼要給寶寶別人捐贈的母乳?主導創立台灣母乳庫的台北市立聯合醫院婦幼院區的方麗容主任

---

14. 台北市立聯合醫院婦幼院區及署立台中醫院的聯絡方式都可以上網查詢或見本書第 486 頁。桃竹苗地區需要母乳的人請聯繫台北市立聯合醫院婦幼院區,中南部地區的人則請聯繫署立台中醫院。

認為，先天體弱的寶寶最好的食物不是配方奶而是母乳。母乳的營養沒有任何配方奶可以比擬，能在寶寶修復身體與恢復體能時給予最大的支援。如果母親本身歷經困難的生產導致母乳量建立比較緩慢，他人捐贈的母乳就是這個過渡時期最好的食物。但母乳庫最終的目標仍是讓寶寶喝媽媽自己的奶，因為那依舊是寶寶的最佳選擇。

台灣女性是幸福的，因為這塊土地推動母乳已二十年了，有一群堅持保衛初生嬰兒最佳食物的人，默默地捍衛著母親哺乳的主權。方主任說：「沒有捐乳媽媽，就沒有母乳庫。」台灣因各地熱心媽媽的捐贈，母乳庫建立十年來從沒發生過乳荒。這些捐乳的母親無償花費時間擠乳、存乳，有些人還回頭捐第二次、第三次。平時食物上桌我們都懂得「誰知盤中飧、粒粒皆辛苦」，那我們對滴滴母乳，是不是也該有同樣感恩的心呢？

母乳過多最好的方法就是捐掉，想捐贈自己母乳的媽媽，也可以與台灣母乳庫聯繫，會有專人指導篩選步驟，以及如何擠乳與保存。

為什麼使用非營利組織服務也要付費？

現在有很多服務新手媽媽的非營利組織會開辦系統性的課程，傳授新手父母重要知識，同時收費。很多人會問，既是非營利組織，那為什麼還要向民眾收費？其實非營利組織的營運目標雖然不是為了賺錢，但它依舊需要龐大的運作費用。一個組織要永續經營，不可能完全依靠義工，更不可能在營運時不使用其他資源。

例如，非營利組織如果想開一門課講授如何正確哺乳，這一堂課要能順利開成，需要講師、需要教室空間、需要教材、需要宣傳等等事項配合，這一切，都是開銷。又例如，母乳庫處理 1c.c. 的母乳，成本高達 3-5

元台幣。處理、儲存母乳要經費，從衛生站將母乳運送至母乳庫總站要運費，收件、處理母乳庫申請單等等，都需要人力，也都會產生開銷。

你可能會想，可是非營利組織不是都有大企業捐贈贊助或政府補助嗎？沒錯，但是企業贊助非營利組織常常會動搖組織的中立性。例如，美國糖尿病協會的大型贊助商是汽水公司，既然如此，那糖尿病協會到底該不該建議糖尿病病患喝汽水呢？又例如，一個非營利組織設立的目標原本是為推廣母奶，但如果贊助商是配方奶公司又會如何呢？這個組織若接受贊助要不要推廣配方奶呢？但我們都知道，寶寶喝了配方奶，一定會讓母奶產量減少終至無奶。且現在公家機關編制單位都講求自給自足，母乳庫的維持是需要成本的，如果沒有穩定資金來源，則母乳庫無法永續經營，而母乳又如何穩定流向那些需要的家庭呢？

所以，一個非營利組織如果想保持中立，不被企業左右，有穩定的運作經費，最好的辦法就是透過有效的經營管理，配合使用者向組織所提供的專業知識與技能付費方式，讓它永續經營。使用者付費可以支援非營利組織的運營，能確保使用者取得的資訊是為使用者的利益著想。例如，想了解哺乳的母親，向一個接受配方奶贊助的組織學習哺乳，他所取得的資訊很難沒有偏頗，而這個有偏差的教育，很可能造成往後的哺乳困難。但是，如果這個母親所付的費用，組織就是用來做為提供資訊所需的成本，那麼，這樣的資訊才可能是以母親的目標為目的，使用者取得的教育與資訊才可能是客觀與正確的，而使用者也才可能得到他真正需要的。

因此，如果你有想支援的非營利組織與立場，那最好的方法就是付費使用它們所提供的專業服務和產品。如此一來，社會資源不容易被浪費，且非營利組織也才能繼續客觀地為那些聲音小的人繼續出聲，例如想選擇母奶卻說不出口的嬰兒。

4 - 13

無法餵母奶時
可使用的補強配方奶方案

　　美國有些自製配方奶會建議以動物肝臟調配，雖然它的營養價值極高，但因為動物肝臟的蛋白質還是和母乳蛋白質不同，因此我認為，除了母乳外，最好的代替品，是挑選適當的配方奶再予以補強的補強配方奶。

　　做為補強配方奶基底的配方奶，最好是不外加 Omega 和鐵質的奶粉。母乳中鐵質含量很少，因為嬰兒體內儲備的鐵質夠他們使用六至七個月，且鐵與鋅是敵對關係，也就是鐵多了鋅就會減少，而鋅是初生嬰兒神經成長的重要元素。選用無鐵或低鐵配方的另一個原因是，添加的鐵質與母乳中的鐵質並不相同。母乳中的鐵質有乳糖鐵蛋白（lactoferrin）護衛，可以防止嗜鐵壞菌在腸道中搶先吸收鐵，壯大自己，擾亂腸菌平衡。這就是有些含高鐵配方奶會造成嬰兒消化道不適的原因之一。所以，在自製補強配方奶時，應選用低鐵或無鐵配方。另外，配方奶中外加的 DHA/ARA 多半也是用己烷等化學方式從藻或真菌中萃取出來的，品質沒有保障。所以，最好也選擇不外加 DHA/ARA 的產品。

　　選購配方奶時還要注意牛奶原料產地是哪裡？品質如何？乳清比例最好比酪蛋白比例高。至於是否該選用水解蛋白奶粉，還有待觀察，現在研究數據並不多。會有水解蛋白配方的奶粉出現，是因為牛奶的蛋白分子較母乳大，對人類來說，消化不易，因此用水分解的方式，以強酸或強鹼把它分解成較小的分子，容易消化。但是，這個過程中所使用的強酸與強鹼是什麼，一般大眾並不是很清楚。至於它是否真的比較容易消化，可以觀察嬰兒大便與放屁的臭味是否有減輕，消化完全的食物放屁和大便是不太臭的。不過，還是要特別提醒，水解蛋白配方奶與傳統配方奶比起來，雖

可能因為較容易消化可以避免消化不全引發的過敏問題，但是它卻無法預防食物過敏。唯一能預防食物過敏的嬰兒食品，就是母奶。

表 1 補強配方奶做法

Step1 沖泡 960 ml 配方奶（四瓶 240 ml 奶瓶）

（非 DHA/ARA 配方、低鐵質、無鐵配方、高乳清配方）

Step2 加入

　　1　茶匙（5 ml）　　優質椰子油*1

　　1/2　茶匙（2.5 ml）　優質橄欖油*2

　　1/4　茶匙（1.25 ml）優質奶油*3

　　1/4　茶匙（1.25 ml）優質益生菌*4（菌種最好常替換）

　　1/2　茶匙（2.5 ml）　優質魚肝油*5

　　1/2　茶匙（2.5 ml）　複合式維生素 C 粉*6

　　2　湯匙（30 ml）　　優質動物性膠質*7

　　將以上均勻混合。補強配方奶冷卻後油脂會自動浮在奶上，這是正常現象。加熱時，將奶瓶置於熱水中隔水加熱，溫度升高後油脂會自動溶解。父母應觀察寶寶的消化與排泄，以決定配方奶的品牌是否適合寶寶，或是補強配方奶中的補強成分應如何調整。

＊1 優質椰子油不必一定是有機的，因為椰子很少噴灑農藥。但必須是冷壓的，給嬰兒食用的椰子油，不要使用去味的椰子油，因為去味就必須經過另一道加工手續，營養會流失。

＊2 優質橄欖油必須是有機的，因為橄欖農藥噴灑很嚴重，也同時必須是第一道的冷壓油（extra virgin olive oil）。優質橄欖油一定是用暗瓶裝。

＊3 優質奶油必須是食草牛隻生產的。

＊4 優質益生菌的原料成分應該只有菌種本身，沒有添加許多其他多餘的成分。

＊5 給嬰兒的優質魚肝油，應該用暗瓶裝的液狀魚肝油，而不是膠囊裝。

必須注意魚肝油品牌的重金屬含量。大人可以先試用，好的魚肝油可以調整內分泌系統，迅速消炎。也就是說，吃了好的魚肝油，身體應該會有反應。要選用魚肝油而非魚油，是因為肝臟是動物儲存維生素A與D的重地，因此高品質的魚肝油都含有人體極易吸收的維生素A和D。

＊6 維生素C粉要選購無加糖的產品，因為配方奶中已含乳糖，如果外加物再增添糖分進去，就有可能會震盪嬰兒血糖。

＊7 市售膠質分為兩種，一種為膠原蛋白〔collagen protein〕、一種為水解膠原蛋白〔collagen peptide〕。沖泡嬰兒配方奶用的膠原蛋白最好使用水解膠原蛋白，這類膠原蛋白冷卻後不會凝固成膠，且比較容易消化。一般優質的水解膠原蛋白是用酵素分解製成的，並非用強酸、強鹼製成的。在購買時，一定要注意它是否是從飼養方式正確的動物身上取得的，一般這類產品都會標示牧場養殖〔pasture-raised〕的字樣。

＊天然水解蛋白牛奶最好的原料其實是優格。奶發酵後就是優格，優格的酪蛋白已經益生菌水解，變成了容易消化的小分子蛋白質。但是因為牛奶的乳糖與酪蛋白比例和母乳有很大的差異，因此一歲前的嬰兒不建議以優格製作補強配方奶的基底。另外也要特別提醒，如果要使用優格做補強配方奶，必須要使用高品質的牛奶。

＊嬰兒長到六個月可以開始吃原形食物後，沖泡奶粉的水，可以用各式高湯代替（正確熬高湯的方法可參見78頁）[15]。高湯中的油脂如果可以保留一些（以不影響口感、喝起來不膩為原則），則補強配方中的奶油便可去除。高湯內有最全面完整的礦物質，其油脂中所夾帶的營養成分，是可以幫助吸收這些礦物質的最佳元素。

＊世界上沒有任何一種配方奶能代替母乳。

15.熬高湯的正確方法也可參見賴宇凡著，《要瘦就瘦，要健康就健康：把飲食金字塔倒過來吃就對了！》第128頁。

4 - 14

嬰兒可以喝大豆配方奶嗎？

　　現代人的過敏問題日益嚴重，因為牛奶是主要的過敏源，所以有許多人轉向大豆（soybean）產品，希望用它代替奶製產品。但是，母親與嬰兒食用大豆 [16]，真的對健康有益嗎？

　　大豆是中國人極為熟悉的植物，在發酵技術被發現前，中國人仰賴大豆的並非它的營養價值，而是它能將土壤中的氮鎖住，增加耕作植物產量的作用。所以，中國種植大豆原本並不是為了食用，而是為了增加農產量。後來許多修行的人會大量食用大豆，一則是為了補充蛋白質，二則是大豆中的大豆異黃酮可以有效降低男性荷爾蒙，抑制性慾。

　　因為男、女體內都會生產男性荷爾蒙，所以大量攝取大豆產品，男、女的內分泌系統都會被影響。此外，大豆異黃酮是甲狀腺腫誘發因子，也就是說，它會抑制甲狀腺激素，會讓甲狀腺腫大，或讓人手腳冰冷。我們每個人所處的內分泌系統階段都不一樣，有些人可能亢進、有些人可能機能減退，因此大豆對我們的影響各有不同。一個有甲狀腺機能亢進的病患，大豆異黃酮可能對他有用，但是另一個甲狀腺機能減退的人，攝取過多大豆異黃酮就可能對他有害，所以關於大豆異黃酮的爭議會這麼多，且研究會如此分歧。美國心臟病協會（American Heart Association）現在已收回原本認為大豆對健康有益的說法，改而認為大豆對健康、心臟，與降低膽固醇並沒有助益。《美國醫學協會期刊》（*Journal of the American Medical Association*）也表示，大豆異黃酮並不會幫助記憶或增加骨密度。這主要是因為，大豆含高量植酸，如未經浸泡及催芽去除，會阻礙人體吸收礦物質，反而對骨骼不利。

　　大豆含有高量的植物性雌激素（phytoestrogen），嬰兒大豆配方奶的每

16.大豆是一種豆科植物，黃豆、青豆（不是豌豆）、黑豆、毛豆，都是大豆的一種。

日攝取量中，雌激素含量相當於三至五粒的避孕藥，此劑量的計算方式，是由瑞士國家健康局（Swiss Federal Health Service）所釋出的警告與數據。嬰兒攝取這麼高量的雌激素會終生影響他的內分泌系統。

以大豆為中心的健康食品商機極大，所以推廣它的投資也極大。事實上，它並沒有神效。並且，就由於它是豆類中營養最豐富的一種，因此植物在種子發芽或發酵前對它的保護也最強，這些防護機制會傷害食用者的消化道、導致礦物質失衡，也會擾亂內分泌系統。所以，不但嬰兒不應該使用大豆蛋白配方的嬰兒奶，母親也不適合大量食用未經發酵或催芽的大豆，對已加工過的大豆產品更應避免，才能確保母體受孕的能力、母乳製造量，以及嬰兒骨骼健康成長。

你可能會遇到的配方奶行銷手段

業務員穿著護士制服，在醫院和家訪時分送配方奶，教育第三世界國家的母親配方奶的好處。用這種宛如健康專家般的形象來告訴你配方奶的好，讓像智利這種原本一歲以下嬰兒 95% 皆親餵的國家，到 1974 年時兩個月大的初生兒只有 20% 是吃母乳。奈及利亞原本哺乳的習慣是哺餵至四歲，但根據 1974 年的統計，70% 的嬰兒在四個月大時就已開始使用配方奶。95% 使用配方奶的奈及利亞母親表示，他們是聽從醫護人員的指示從母乳換至配方奶的。但第三世界國家的飲用水標準不一，烹煮設備不全，使用配方奶反而使得許多嬰兒死於病菌感染。這些國家的母親們，不知道使用免費配方奶試用品後，會影響自己的母乳產量，最後母乳停產，他們沒有錢購買奶粉，只好稀釋沖泡，結果反而造成許多嬰兒的營養不良，發生各種成長疾病。不僅是第三世界國家，先進國家使用配方奶也有嚴重的後果，研究資料顯示，配方奶的使用率與各項慢性病發生率的上升是同步

的。這些研究資料，出自於麥克‧穆勒（Mike Muller）所撰寫的一篇調查報告〈嬰兒殺手〉（The Baby Killer, A War on Want investigation into the promotion and sale of powdered baby milks in the Third World）中。

這篇報告掀起了世界性聯合抵制嬰兒食品公司的行動，也推動了世界衛生組織與聯合國兒童基金會所制定並推廣的《國際母乳代替品行銷規範》（WHO/UNICEF International Code of Marketing Breastmilk Substitutes）。在這個規範裡有十項重要項目（項目中所指的「母乳代替商品」主要是指配方奶）：

1. 母乳代替商品不得打廣告
2. 母乳代替商品不得以免費試用品散發
3. 母乳代替商品不得經健康醫療系統推廣、行銷
4. 母乳代替商品不得經護士介紹給母親
5. 母乳代替商品不得經健康醫療場所推廣、行銷
6. 母乳代替商品生產公司不得提供健康從業人員禮物或免費試用品
7. 不得使用文字或圖案將母乳代替商品理想化，包括使用嬰兒的照片在產品標籤上
8. 任何母乳代替商品業者向健康從業人員傳播的資訊，必須是事實或有科學根據
9. 母乳代替品的標籤上應印有親餵母乳的好處
10. 母乳代替品的標籤上應印上此產品對家庭帶來的經費負擔

現在各國以此規範為本，尤其是使用嬰兒配方奶反而死亡率攀升的國家，有些制定了法律、有些制定了協議。但有趣的是，配方奶的最大出產國歐洲與美國，多數國家都沒有參與此項規範。美國原本在 1994 年的日內瓦健康會議中已同意施行此項規範，但在 1998、2001 年我生兩個孩子時，醫院裡的醫護人員仍隨意發送已沖泡好，只要加奶嘴就能使用的配方奶方便包贈品。

台灣母乳文化在各方人士的努力推動下，已經有二十年的歷史了，現在台灣母嬰親善醫院親餵哺乳的環境，比美國要來得好很多。

衛生福利部國民健康署推動母嬰親善醫院以能「終止產科病房及醫院免費或低價提供母乳代用品」為目標，參酌了世界衛生組織及聯合國兒童基金會的標準，制定出「成功哺餵母乳的十大步驟」，要求各醫療院所做到以下事項：

1. 有一正式文字的哺育母乳政策，並和所有醫療人員溝通
2. 訓練所有醫療人員施行這些政策之技巧
3. 讓所有的孕婦知道哺育母乳之好處及如何餵奶
4. 幫助產婦在生產半小時內開始哺育母乳
5. 教導母親如何餵奶，以及在必須和嬰兒分開時，如何維持泌乳
6. 除非有特殊需要，不要給嬰兒母奶之外的食物
7. 實施每天二十四小時母嬰同室
8. 鼓勵依嬰兒的需求餵奶
9. 不要給予餵母奶之嬰兒人工奶嘴或安撫奶嘴
10. 幫助建立哺育母乳支持團體，並於母親出院後轉介至該團體

台灣條件式的鼓勵政策推動向來非常成功，配合成功哺餵母乳十大步驟的醫院能獲得健保的優惠，在不久的將來各大醫院就應該可以完全為母嬰提供一個最好的親餵哺乳環境。但要特別注意，民間醫療診所和月子中心並不包括在此監管範圍內，在私人診所生產的人，一定要注意診所是否有通過母嬰親善醫療院所認證，或要注意管理診所／月子中心行銷配方奶的行為[17]。

中國大陸對配方奶行銷所訂立的規範算是嚴格，但是一位健康市場的資深分析師黛安娜・考藍（Diana Cowland）在所做的調查報告中說，配方奶預測至 2018 年前將每一年成長 11%。這個驚人的成長是來自於亞洲（中國）崛起的中產階級。她說：「亞洲中產階級的父母對自己孩子的期許很高，願意為孩子犧牲，他們將是孩童成長產品的主要銷售對象。[18]」

17. 2013 年台灣母嬰親善醫療院所認證通過名單請見以下網址：http://www.hpa.gov.tw/BHPNet/Web/HealthTopic/TopicArticle.aspx?No=201401140001&parentid=201110060007。

18. Dr. Mercola , "World's fastest growing functional food?" *Infant formula*, November 13, 2013.

以下是配方奶常見的行銷手法和話術，供父母與醫護專業人員參考。

配方奶銷售人員可能會說：

「喝配方奶比較能確定夠不夠」

「配方奶還是要補充一點哦」

「配方奶對嬰兒的腦子較好哦」

「喝配方奶嬰兒會長得比較快哦」

「喝配方奶嬰兒會長得比較大哦」

「配方奶的營養比較全面哦」

「配方奶是為嬰兒健康特別調配設計的哦」

「配方奶是為促進嬰兒消化特別設計的哦」

但我們都知道，只有母乳才是大自然為嬰兒特別量身打造的最佳食物，沒有任何配方奶的營養成分會比母乳更好。

配方奶銷售人員還可能採取以下行銷手段：

• 將配方奶試用品郵寄至家中

• 請醫院提供配方奶試用品

• 配方奶業務頻打電話到家中關心哺乳情況，爭取信賴

• 在醫院、診所、藥房中懸掛配方奶公司形象與產品海報

• 配方奶公司組織媽媽哺乳團體

• 配方奶公司教育哺乳需知

• 配方奶公司業務出現在醫院、診所、藥房教育營養知識

• 醫院、診所只提供單一公司的配方奶試用品

• 配方奶公司業務參與母乳研討會議

• 配方奶公司組織母乳研討會議

• 配方奶公司贊助重要非營利組織[19]。例如美國小兒科協會接受配方奶公司八百萬美元贊助後，撤銷他們對大豆蛋白配方奶的反對立場。

• 配方奶公司贊助研究、醫學期刊、獎學金、醫護人員獎金、旅遊等以

19. Naomi Baumslag, MD, MPH, "Tricks of the Infant Food Industry", December 31, 2001, http://www.westonaprice.org/health-topics/tricks-of-the-infant-food-industry/。

換取支持。

- 配方奶出產過濾水用以沖泡配方奶
- 要求醫院或診所在疫苗簽署單上加上：「母親母乳還沒來時，院方不需經同意即可餵嬰兒配方奶」
- 配方奶包裝上、品牌名稱暗示、明示對健康的好處（見圖1）。

- 配方奶公司也可能用給予政府關稅利益或其他方式，影響政治與政策，以爭取對自身更好的環境。例如 1999 年在日內瓦的國際勞動組織會議中，配方奶公司曾遊說不讓企業給予母親在工作時哺乳或吸乳的時間 [20]。

圖 1　配方奶的包裝上，經常明示、暗示對寶寶健康的好處，這都是世界衛生組織明訂不得使用推銷的方式。

　　在配方奶公司的所有行銷手法中，最有效的莫過於打擊母親對哺乳的信心。在傳統沒有配方奶的社會中，哺乳是天經地義的事，研究證明，無法哺乳的母親不到 5%。但現代被行銷推動的影響，就是母親對自己哺乳能力的不信任。哺乳是一個極受心情左右的機制，因為母親如果無法放鬆就無法下奶。一個對哺乳沒有自信、總是緊張的母親，腦部無法釋出催產素，哺乳的道路一定不順。結果就是原本已經不信任自己的母親，這時更不相信自己。孩子吃不到奶不停哭鬧，母嬰信任就此中斷，將哺乳推向一個惡性循環。對一個被自己打垮的母親而言，沒有母乳，配方奶就是救星，而非一個付費商品。各家配方奶想要獨占醫院試用品機會和勤於關心母親哺乳狀況，就是為了這一刻，因為母親在脆弱時如果跟品牌產生情感連結，這個連結最後就會演變成忠誠的購買行為。

　　這些事都可能打擊母親對哺乳的信心：

- 醫護人員以專業口吻教導、鼓勵親餵哺乳，說明其好處，可是最後加上「但是，如果你的奶水不足也沒關係，因為配方奶的營養可以滿足

20. Naomi Baumslag, MD, MPH, "Tricks of the Infant Food Industry", December 31, 2001, http://www.westonaprice.org/health-topics/tricks-of-the-infant-food-industry/)。

嬰兒成長。」

- 鼓勵「補充」配方奶，打亂「消耗量＝製造量」的母乳生產定律。
- 每個母親下奶的時間不一，嬰兒在出生前體內就已儲存好足夠的能量等待，但父母、長輩常被教育這個等待時間嬰兒會被餓壞，而先行補充了配方奶。配方奶一補充，便打亂了母乳生產定律。
- 長輩受配方奶廣告影響，親餵看不見孩子吃多少，更不確定母乳的營養夠不夠，所以向母親施壓補充配方奶。配方奶一補充，便打亂母乳生產定律。
- 鼓勵施打無痛分娩。施打麻醉劑（包括剖腹）會延遲下奶時間，這段等待的時間，會讓做父母的怕把孩子餓到，而先行補充配方奶。配方奶一補充，便打亂母乳生產定律。

這些話可能打擊母親對哺乳的信心：
「親餵可能乳汁會不夠哦」
「母親吃的不對母乳營養會不夠哦」
「餵母乳要注意不要餓到嬰兒哦」
「母奶不來是要讓嬰兒飢餓三十嗎」

　　你可能會疑惑，為什麼其他產品可以，但配方奶不可以如此行銷？配方奶的行銷和其他產品的行銷有什麼不同？因為父母購買與使用配方奶的目的，和嬰兒配方奶最常採的行銷手法不同。嬰兒配方奶常不是以「補充」為目的，常是以「代替」為目的。因為母乳的生產機制，會被配方奶的「補充」打亂（參見 225 頁），母親在慌亂中如果沒有正確的指導，多半會提早放棄哺乳，母乳在母親放棄下很快就停產了。嬰兒初生六個月內沒有母乳，唯一能靠的，就只有配方奶，不然嬰兒就有餓死的危機。這跟我們購買其他商品不同，因為大部分的商品就算不買，我們也不會面臨生存的危機，也就是，我們是有選擇的。但是在母乳已停產的狀況下，父母如果不購買配方奶，嬰兒就會出現生存危機，所以這種購買是沒有選擇的。更不用說，購買這個產品大部分必須一直重複，因為嬰兒配方奶的使用通常至少要到一歲才會停，這是筆不小的費用，且若母乳停產，它便是配方奶

公司的「必然」收入。可以想見，配方奶公司的最大利益來自於斷絕大自然給嬰兒準備的最好食物，因此配方奶公司根本不應涉足哺乳教育，因為它有直接的利益衝突。這就是為什麼《國際母乳代替品行銷規範》應該要嚴格施行。

歷史過程中，法律向來只反映文化，不能帶領文化。所以，如果父母想保護自己哺餵母乳的權利、想保護下一代的健康，靠政策的推動實在太慢，唯一能靠的只有自己。嬰兒如果能享受母乳帶來的各項健康好處，必須靠母親對自己身體的信任，以及對母乳有優勢的定見。一個有定見的母親，才可能在這個行銷爆炸的世代中，帶著嬰兒躲過各種影響自然成長的陷阱。

4 – 15

乳腺發炎該怎麼辦？

哺乳是大自然為繁衍後代精心設計的，各個環節環環相扣，以確保嬰兒能取得所需的營養。發炎在這個設計中並不包括在內，因此只要乳腺發炎，就一定是某一個環節出了問題，而不是老天設計不佳造成的。

乳腺發炎時的症狀可能有乳房腫痛，腫脹處溫度升高、出現紅腫或硬塊，母親的體溫也可能會跟著升高，出現發冷、頭痛等感冒症狀。乳腺炎的腫痛在哺乳後多能得到些許緩解。

乳腺發炎很少由細菌感染引起，多半是由乳汁堵塞造成的。乳汁會堵塞有兩個重要原因，一是乳汁過於濃稠，二是乳汁中的脂肪一直累積。

如果母親哺乳不夠頻繁，乳汁被製造出來後一直停留在乳腺內，跟體

瘦孕、順產、讓寶寶吃贏在起跑點

內其他腺體一樣，分泌出來的汁液積存在管腺中，水分就會開始被吸收，礦物質含量就會開始上升。水分一減少，汁液就變得濃稠，濃稠的乳汁不如稀釋的乳汁容易流動，嬰兒就不容易吸吮，造成堵塞、發炎（見圖1）。

　　母乳中提供嬰兒最大量的能量來源是脂肪，因此身體製造母乳時油脂合成就變得很重要。乳腺組織（alveoli）合成油脂後，有黏性的油脂會在釋出後貼在表皮細胞上（見圖2）。這些油脂要靠強力且持久的吸力，才能離開表皮細胞，所以後段奶的油脂含量會比前段奶高出那麼多（見圖3）。如果這些脂肪總是不能出清，脂肪一累積，就容易使得後面製造的乳汁堵塞，最後變成發炎。

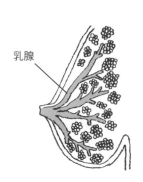

圖1　乳汁一直坐在管腺中就變濃稠。

母乳脂肪

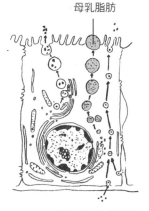

圖2　乳腺組織合成油脂後，有黏性的油脂會黏在表皮細胞上，要靠持久的吸力才能離開表皮細胞。

圖3　後乳的脂肪含量要比前乳高很多，所以前乳顏色較灰白，而後乳的顏色是較深的乳黃色。

　　要知道是哪一個環節出了問題讓乳腺發炎，「母乳不來或不夠的原因」檢測清單（參見221頁）可以做為檢視乳腺發炎根源的檢查表，除此之外，表1幾項也應同時檢視。

表1　乳腺發炎原因檢測清單

☐乳頭堵塞	☐喝水不足	☐用錯油、吃錯油
☐過度施壓	☐乳腺鈣化	☐突然斷奶

□ 乳頭堵塞

當嬰兒含乳不正確造成乳頭創傷，乳頭結疤時乳汁的出口有可能會被堵住，不利嬰兒吸吮，乳汁中的油脂出不來，形成乳腺堵塞。

□ 喝水不足

傳統坐月子，會以酒煮出酒精後留下來的水給媽媽喝，這樣產婦喝的水量一定不夠多，會讓母親飲水不足。我們很注意坐月子時吃得豐富營養，但是大部分人不會把水當成營養看待，因此就不注意水分攝取。但是，水占我們體重的 50-70%。如果媽媽水喝得不夠多，乳房製造乳汁的水分不足，奶水就會變得比較濃稠。濃稠的乳汁不易吸出，容易堵塞。

＊傳統社會坐月子時會以酒裡的水給媽媽喝，是因為以往水質沒有保障，發酵過的酒裡面水沒有壞菌，但現代社會卻沒有這個顧慮。

□ 用錯油、吃錯油

母乳中高量脂肪的原料，來自於母親所攝取的油脂。油脂的品質可以決定乳汁中油脂的品質，如果母親所吃的油品質不高，或烹調方法不對，油脂就會特別膠黏。膠黏的脂肪貼在乳腺表皮上，很難被吸出來，容易形成堵塞。母親要知道自己吃的油對不對，看抽油煙機便知道，如果抽油煙機上黏著的油要用力刷才乾淨，就是吃錯油了。如果用熱抹布一擦就掉，那媽媽吃的油就是對的（參見 45 頁）。

□ 過度施壓

如果媽媽的乳房長期受到壓迫，也容易造成乳汁堵塞。像過緊的胸罩，或者是所揹的包包總是壓在一邊的乳房上，這是最常被忽略的，也有可能是媽媽習慣趴著睡，壓到乳腺。

□ 乳腺鈣化

其實全身只要是有血管流經的地方，就都有鈣化的可能。鈣化最大的因素是來自血糖震盪。如果鈣化的地方正好位於乳腺，那麼乳汁就很容易堵塞，造成發炎。

當我們飲食不均，血糖高升時，糖分快速代謝會讓血變酸，血糖高升的速度之快，會使得身體來不及緩衝，這時，酸血就有可能腐蝕血管壁。受傷的血管壁召喚膽固醇來修復，膽固醇是我們天然的傷疤，它可以修復被腐蝕變薄的血管壁，保持它的厚度，不會因血管過薄破裂。但是，血管的末梢處血管壁原本就非常薄，柔軟的膽固醇單獨修補便顯得不足，這時，就必須要召喚鈣質來當做支架，這就是許多血管硬化的開始，也是微血管末梢鈣化的原因。現代人的飲食不均衡，血糖整日都在震盪，乳房中，尤其乳腺中的微血管豐富，這是為了讓營養元素能運送至此做為母乳的原料，當血糖一震盪，鈣化問題一出現，乳腺常是首當其衝。

□ 突然斷奶

斷奶如果是漸進式，經過一段校準過程，乳汁製造會緩慢減少，最終停產。但是，如果斷奶是突然的，乳汁製造還沒減量就不再取出，停滯在乳房的乳汁就會開始大塞車，容易造成發炎。

建議方案

- **輕輕按摩**　使用椰子油、橄欖油，或可以食用的油，輕輕在乳房上直線按摩，按摩方向由乳房後方的腋下處開始，往乳頭走。
- **哺乳前熱敷**　提高溫度能溶解脂肪，讓它比較容易與細胞表皮分離，也比較容易吸出。
- **使用天然降溫藥、消炎藥、抗生素**　乳腺發炎時母親常會被指示服用消炎藥、退燒藥、抗生素。這些藥物都會經由母奶傳送到嬰兒體內，大大影響嬰兒的腸菌繁殖，可能導致日後食物過敏、皮膚過敏。媽媽在乳腺發炎時要降溫、消炎，最好選擇天然降溫藥、消炎藥與抗生素的代替品。

4 - 17

嬰兒生病時拒絕吃奶怎麼辦？

嬰兒生病時，鼻塞最容易影響他們的睡眠與餵食。鼻塞時呼吸困難，必須用嘴代替鼻子呼吸，但是要同時用嘴呼吸又吸吮母奶，可說是難上加難，所以嬰兒常常不是因為不餓不想吃而哭鬧，是因為呼吸不順吸不到奶所以哭鬧。

建議方案

● **讓嬰兒頭直立餵奶** 採澳大利亞式餵奶姿勢，母親上半身直起斜躺，讓嬰兒與母親肚子貼肚子，使他的頭能直立著吸吮乳頭，這樣鼻涕不易塞在後方堵塞呼吸道（見圖1）。

圖1 澳大利亞式餵奶姿勢讓寶寶的頭可以直立著吸吮乳頭，即使感冒鼻塞也較不影響吸乳。

● **在密閉的空間使用蒸氣** 在密閉的空間使用蒸氣。蒸氣能使空氣潮溼，讓鼻涕稀釋，容易流動。但要注意，使用蒸氣後一定要找時間把門窗打開，讓溼氣散去，不然在台灣這麼潮溼的地方長時間使用蒸氣，空氣裡都能長黴，更不利健康。或者，母親可以在充滿蒸氣的洗澡間裡哺乳。

- **使用鼻吸器**　當早年嬰兒鼻塞無法哺乳時，傳統的做法是父母用口將鼻涕吸出來。這樣的方法常被年輕人嫌棄，其實這種用口吸鼻的方法不但安全，且大人口中的菌有機會傳給嬰兒的呼吸道，豐富菌種、增加菌種平衡的機會，增強抵抗力。

不過，現代產品也能達到相同的效果，使用這類產品，父母可以將一頭對著自己的口，另一頭放進嬰兒的鼻子中，用口來掌控吸力和所吸的方向。因為它是由父母的口和手來掌控，口和手都能藉由感覺引導吸力的大小與堵塞的位置（見圖2）。

圖2　寶寶感冒時可以使用吸鼻器吸出寶寶的鼻涕，讓寶寶好吸乳。

- **頻繁哺乳**　因為嬰兒鼻塞時吸力較弱，吃到的母乳會比平時少，所以頻繁哺乳不僅能補充量的不足，且因為母乳中抗體充足，也是最好的感冒藥。

＊嬰兒中耳炎時也會影響口鼻運作，吸奶時可能會產生疼痛而不願吃母奶。這時母親可以把奶吸出，再用吸管或滴管餵食。媽媽也可以將母乳製成母乳優格用湯匙餵食。母乳中含大量益生菌，因此母乳優格極易製作，只要將母乳置於室溫，當母乳出現凝結時，就是母乳優格，可立即食用，或放入冰箱保存。如果孩子已經開始吃副食品了，這時也可以將母奶吸出，混進食物中餵。

＊嬰兒生病餵食量減少時，母親要記得用強力吸乳器把所製造的奶全部吸出來，否則按「消耗量＝製造量」定律，會因為嬰兒生病消耗量減少，使得母乳產量驟減，這樣在嬰兒病好時就無法跟上需求量了。

4 - 20

嬰兒的大便應長什麼樣子？
間隔時間應該多長？

不同時期的嬰兒大便的樣子也會不一樣。

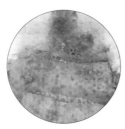

圖1 胎便

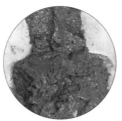

圖2 喝了初乳後的胎便（顏色較偏深咖啡色）

圖3 喝了母乳後的過渡時期胎便（顏色比較偏深綠色）

圖4 拉肚子大便（水分含量過高，或已開始吃原形食物的寶寶便中出現沒有消化完的食物）

圖5 喝母乳的嬰兒大便（氣味應該不重）

圖6 喝配方奶的嬰兒大便（比吃母乳的嬰兒大便要黏稠一些，氣味通常滿臭的，因為有比較多無法完全消化的殘餘腐敗蛋白質）

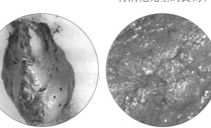

圖7 便秘大便（主要特徵就是黏性高，所以排出不易）

初生嬰兒的腸道菌種正在快速繁殖，且細胞也還在進行連接（tight junction），還有母親下奶的情況不一，這些都會影響到嬰兒排便，因此初生嬰兒排便的間隔時間並不一樣。但是，過了月子時期，吃母乳的嬰兒一日通常都至少有一次排便，否則就是便秘了。嬰兒長期便秘或拉肚子並不是正常現象，如果嬰兒出現超過一個月以上的便秘，應就醫找出便秘原因。

如果覺得嬰兒大便有問題，可按表 1 的清單檢查嬰兒大便問題。

表 1 嬰兒大便問題檢測清單

檢測點	處置對策
□ 配方奶是否適合嬰兒	換配方奶觀察嬰兒排便反應
□ 餵母乳的母親是否吃到自己過敏的食物（參見 415 頁）	若母親有攝取乳製品尤其要注意
□ 餵母乳的母親是否水喝得夠足	母親嚴重脫水時，會影響母乳中的水分含量，讓嬰兒有大便乾燥的情況
□ 餵母乳的母親是否有使用任何藥物或營養補充品	藥物或營養補充品對母親本身的生化運作有很大的影響，因此也會影響母乳，反應在嬰兒的排泄上
□ 嬰兒有沒有在服用任何藥物和營養補充品	藥物與營養補充品對嬰兒的生化運作有很強大的影響，也因此會影響嬰兒的排泄
□ 吃配方奶的嬰兒水分是否喝得充足	吃配方奶的嬰兒可以額外再補充水分，觀察大便情況
□ 益生菌品牌原料成分是否單純	益生菌品牌原料成分應是愈單純愈好
□ 嬰兒的飲食是否剛有變動	剛加入副食品、開始服用益生菌，都可能會引起消化道在適應期所產生的症狀

如果嬰兒排便只是短期出現變化，父母不需特別緊張，因為嬰兒的腸道需要一段漫長的成長過程，初生嬰兒如果有一點環境與飲食的改變，都很可能會讓排便跟著改變。且如果有飲食上的改變，或補充益生菌，那麼大便也會同時跟著改變。有時大便形態會變，如拉肚子；有時大便間隔時間會變，如本來每日都排便的，後來變成一星期才排一次。但如果改變後的大便，有慢慢變回原本的樣子，如本來一星期排一次，下星期變回成五天排一次，到第三個星期是三天就排一次；或本來是拉肚子，過兩天便便開始成型，這都是顯示寶寶的大便開始往正常大便外觀和間隔方向去，消化道在回復平衡。如果方向是正確的，父母就不需要擔心。

4 - 21

嬰兒有黃疸正常嗎？

超過半數的初生嬰兒都有黃疸，我們現在稱它為正常或生理性黃疸，這是初生嬰兒的正常現象。以往嬰兒黃疸被認為是一種疾病，嬰兒常被帶離母親接受光療，母親也常被指示停止親餵，因為之前不正確的研究認為哺乳會造成黃疸增劇，這些都帶給了母親與嬰兒不必要壓力。嬰兒長久與母親分離，會讓母乳製造量減少，嬰兒的壓力荷爾蒙大增，不利膽紅素有效排除。現在歐美國家嬰兒出現黃疸時的標準措施是勤餵母奶，鼓勵日曬，以幫助排除膽紅素。

為什麼初生嬰兒會有黃疸？初生嬰兒的紅血球數量要比成人高出許多，不僅如此，他們紅血球的壽命也比成人短很多，因為要這樣，他們才能在母體內有效分享母體的氧氣。當紅血球完成任務被分解排出時，其中

一個物質就是膽紅素。膽紅素在肝臟內與其他物質結合後，可以透過膽汁，經由大腸，靠腸道內的細菌繼續將其分解。這個最後的物質進入大便，就是讓大便成為咖啡色的原因。嬰兒出生後開始吸入高含氧的空氣，紅血球的需求量不再像在母體內時那麼高，因此分解和排出膽紅素的比例就會因此而升高。再加上嬰兒出生後的頭兩個星期，肝臟運作才剛起步，腸道細菌也才剛開始繁殖，膽紅素排除不及，黃疸症狀就因此出現了。

幫助初生嬰兒降低黃疸，順利排出膽紅素最好的方法，就是勤餵母奶。初乳中有物質能刺激在母體中沒有運作的胎兒消化道啟動，它像天然的排便劑，能刺激胎便排出，嬰兒的第一次大便中，就含有高量的膽紅素。如果胎便不排出，膽紅素就會被吸收回到血液中，增加黃疸的指數。親餵次數如果在二十四小時內能達到十至十二次，就能有效幫助排便，增加膽紅素排出的速度。

用光幫助排出膽紅素的方法，稱為光療（phototherapy）。其實，早年在建築物窗戶沒做紫外線（UV）防護膜，或順產母親在嬰兒出生後繼續在野外工作的時代，嬰兒的陽光照射充足。現在會出現光療一詞，是因為嬰兒在月子中的陽光照射太少了。陽光中的紫外線經由皮膚與血液吸收，可以分解膽紅素的分子鍵，讓膽紅素較易排出。

初生嬰兒的黃疸一般都是正常的，但也有些黃疸是肝膽等分解及排出膽紅素的器官有疾病造成的，稱為病理性黃疸。因此世界衛生組織指出，如果黃疸症狀在出生二十四小時內出現，或於出生兩星期後依舊沒有改善，應當就醫請醫生檢測指數。黃疸偵測方式很簡單，只要看嬰兒的眼白部分，或手掌、腳掌，如果出現黃色，就是黃疸。或可以輕按嬰兒前額或腳掌、手掌，若手指移開時本來應是白色的按壓部分，是黃色的，就是黃疸。記得檢測時一定要在自然日光下，以免燈光造成色偏，讓判斷失準。

建議方案

除了勤親餵，這些方法也可以幫助排出膽紅素。

● 日曬　把嬰兒脫光，包住屁股，讓嬰兒背朝外抱住他在窗邊曬太陽。每次可以曬十五至二十分鐘，一天可以重複四次。注意不要讓嬰兒的眼睛直直對著太陽。日曬時一定要抱著嬰兒，因為嬰兒沒穿衣服，前胸貼著

人體可以確保體溫穩定（見圖1）。如果家中窗戶有貼防紫外線的薄膜，就必須到室外曬，不然皮膚吸收不到紫外線。日曬時最好不要在大太陽直射的地方，如果室外的太陽太大，可以找有遮陰的地方，這樣紫外線仍然能被皮膚吸收。

圖1 把嬰兒脫光包住屁股，背朝外在窗邊曬太陽，一天四次。足夠的陽光可以幫助排出膽紅素，避免黃疸。

- **用光毯照射** 光毯（biliblanket）是一種用光纖纜線製成的毯子，將這種毯子包在嬰兒身上，相當於我們晴天時在樹蔭下所照射到的光線。這種光療產品，有些醫院可以提供居家使用，這樣母親與嬰兒就不需要分離。

- **用 UV 燈照射** 可以購買全面光譜的光療產品（full spectrum light therapy）。UV 燈所放射的光線仿陽光中的 UV，能讓皮膚吸收達到效果。

- **若母奶沒來可先補充水分** 一般順產的母親，可以在嬰兒出生後半小時下奶。初乳這個天然排便劑可以將嬰兒含豐富膽紅素的胎便排出，降低膽紅素運行於血液中的數量。但是，如果因為剖腹生產、麻醉等原因，母奶來得比較慢，嬰兒可以先用奶瓶補充少量白開水。水可以刺激腸道蠕動，只要腸道一蠕動，胎便就可以排出。所以，如果若因種種因素母奶來得太慢，初生嬰兒可以先喝水確保胎便順利排出。喝水與喝奶不同，嬰兒知道什麼是水什麼是奶，且喝水並不會飽，所以他還是會有喝奶的需求，母親不需緊張嬰兒用奶瓶喝了水以後就不願含乳了。

＊若在第三世界國家生產，因為當地的公共用水較無保障，不建議先給嬰兒喝水。

4 - 22

寶寶有脂漏性皮膚炎該怎麼辦？

　　最新的新生兒脂漏性皮膚炎（neonatal seborrhoeic dermatitis）研究顯示，脂漏性皮膚炎是一種稱為秕糠馬拉癬菌（malassezia furfur）的嗜油菌（lipophilic yeast）造成的（見圖1）。這類菌種是人體正常的微生物群系（human microbiome）之一。當這類菌種數量平衡的時候，它的工作是為我們清去皮膚上的油脂，但當它數量失衡時，皮膚的油脂就會被菌過度攝取，且表皮受此菌所代謝的物質刺激，會造成片狀脫落，就像頭皮屑一樣。事實上，頭皮屑就是脂漏性皮膚炎的較輕微症狀，菌吃頭皮上的油，代謝出來的物質刺激敏感的頭皮，讓頭皮發癢。

　　因為它是菌種失衡引起的皮膚問題，所以為了避免新生兒脂漏性皮膚炎，中國從以前就會運用黃連改善。黃連是一種中藥，能抑制腸壞菌，對於平衡腸菌有很顯著的功效。胎兒出生時通過母親產道的菌種與腸菌相符，因此產前諮詢中醫，父母兩方在孕期最後三個月同時服用三個月黃連

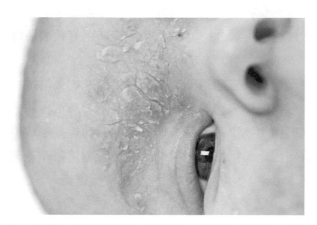

圖1　脂漏性皮膚炎是菌種失衡引起的皮膚問題，寶寶的皮膚被菌種代謝物刺激，會造成片狀脫落。

或益生菌（或同時服用）可以協助產道菌種平衡。之所以會要父親也一起服用，是因為父母常有親密肌膚接觸，父親身上的菌也會影響母親的產道菌種平衡。

此外，嗜油菌失衡有兩種可能，一是皮膚油脂因內分泌系統失衡而製造過多油脂讓嗜油菌繁殖失衡，這個因素通常不會發生在內分泌還沒有被打亂的初生嬰兒身上。另一個會出現脂漏性皮膚炎的因素，是體表菌種的平衡被擾亂。因為初生嬰兒的菌種繁殖才正要起步，所以在菌還沒有形成完整群落前，寶寶出現新生兒脂漏性皮膚炎的機率很高。如果此時菌種繁殖沒有受到干擾，可以發展至完整群落，好壞菌最後就可以互相牽制平衡，那時新生兒脂漏性皮膚炎多半可以自行痊癒。

新生兒脂漏性皮膚炎久久不癒最主要的原因，就是母親在懷孕期間或生產期間接觸抗生素、消炎藥，或寶寶出生後接觸過抗生素、消炎藥。這些西藥好壞菌通殺，因此即使寶寶只是短暫的接觸，菌種平衡也會大大受影響。

建議方案

- **塗抹藥物代替品**　新生兒脂漏性皮膚炎的藥物代替品可以塗抹優格＋益生菌、母奶＋益生菌或發酵食品的汁液（參見 443 頁）。

- **補充啤酒酵母**　如果寶寶已經開始吃原形食物後才出現脂漏性皮膚炎，可以同時在他的食物中加入啤酒酵母以補充維生素 B 群。有脂漏性皮膚炎的人多數缺乏維生素 B6，因為腸菌失衡時，好菌製造維生素 B 群的量不足。

- **父母同時在孕期最後三個月一起補充益生菌**　如果媽媽本來就是過敏體質，那就表示媽媽體表與體內的菌種不平衡，為了預防寶寶在通過產道時吞下的媽媽微生物群落是失衡的，且父母的性接觸或身體接觸會讓菌種互相影響，因此媽媽最好在孕期時最後三個月與準爸爸一同補充益生菌（也可加入黃連），以預防新生兒脂漏性皮膚炎。

寶寶身體菌種為何會被打亂？

　　透過人體微生物計畫的研究，我們現在知道菌其實不可怕。不但如此，我們也極需要菌與我們在體內的合作，才能正常運作。我們現在了解，菌會讓人生病，實是菌種失衡的結果。如果我們能避免菌種失衡，便能夠躲過許多不必要的疾病。

　　寶寶身體菌種被打亂，通常有以下幾種可能：

□ 媽媽懷孕時服用抗生素、消炎藥等藥物

□ 媽媽生產時注射抗生素、服用消炎藥

□ 寶寶非自然產沒有通過產道

□ 寶寶出生後使用抗生素、消炎藥等藥物

□ 寶寶使用外用藥膏

□ 寶寶飲食不均，糖分攝取過量

□ 寶寶不斷接觸殺菌產品，如乾洗手液、有酒精的溼紙巾

□ 寶寶沒有機會接觸大自然與動、植物

　　如果我們能修正以上的情況，那寶寶菌種失衡的可能性就會大大減少，與菌種失衡相關的疾病如食物過敏、皮膚過敏、氣喘、消化問題等，也都能有效避免。

4 - 23

男嬰要割包皮嗎？

　　割包皮在衛生環境不佳與洗澡機會不多的時代，是有必要的，因為這樣較能讓男性的陰莖保持清潔。但是，現在的環境衛生已大大改善，人人幾乎天天洗澡，割包皮便失去了本意。美國小兒科協會不建議男嬰割包皮，因為割包皮時常不施打麻醉劑，而嬰兒的神經系統已長成，會讓嬰兒非常疼痛。割包皮也會增加感染的危險。另一個迷思，就是割包皮能避免女伴感染性病。但唯一能降低性病傳染機率的方法，就是單一性伴侶。

　　包皮這塊皮膚，在皮膚移植時可以生產出鋪滿四個橄欖球場大小的細胞量。它是身體耗損資源製造的，表示它一定有存在的道理。如果父母決定要割男嬰的包皮，最好將手術延遲到一週大之後，要求經驗豐富的醫師動刀，並且使用麻醉藥。如果父母選擇不為男嬰割包皮，之後應該教育他如何自行將包皮往後拉，以方便清潔。小男生自己處理包皮的清潔，最不容易受到撕裂的傷害，因為自己才能感覺到拉扯是否過度用力。

4 - 24

打疫苗真的有用嗎？

　　打疫苗是現代社會每一個父母奉行的守則，且已幾乎是每一個人的共同記憶。我們被教育打疫苗不但是保護自己，也是保護公共衛生。畢竟，上個世紀的大型流行傳染病可以說是被疫苗撲滅的。但是，如果我們檢視

瘦孕、順產、讓寶寶吃贏在起跑點

近百年來的公共衛生資料就會發現，其實幾乎所有傳染病的感染率和死亡率，在開始普遍施打疫苗前就已開始下降。

例如，小兒麻痺的死亡率在美國與英國從 1923 年到 1953 年，相繼下降了 47% 和 55%。可是，這兩國的小兒麻痺疫苗開始普遍施打是出現在 1953 年到 1963 年（見圖 1）。

麻疹的死亡率在疫苗發明前早已大幅下降

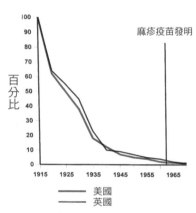

從 1915 至 1958 年，在麻疹疫苗發明前，美國與英國的小兒麻痺死亡率早已雙雙下降 98%。

百日咳的死亡率在疫苗發明前早已大幅下降

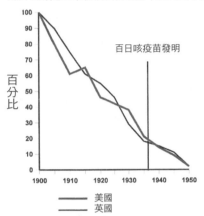

從 1900 至 1935 年，在百日咳疫苗發明前，美國與英國的小兒麻痺死亡率早已各自下降 79% 和 82%。

小兒麻痺的死亡率在疫苗發明前早已大幅下降

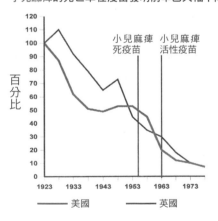

從 1923 至 1953 年，在沙克疫苗（死疫苗）發明前，美國與英國的小兒麻痺死亡率早已各自下降 47% 與 55%。

圖 1 資料來源：*International Mortality Statistics* (1981) Michael Alderson 著。

又例如，麻疹死亡率在美國與英國從 1915 年至 1958 年，雙雙下降了 98%。但這兩國的麻疹疫苗普遍施打都出現在 1958 年之後。百日咳死亡率在美國與英國從 1900 年到 1935 年間，相繼下降了 79% 和 82%，而這兩國的百日咳公共疫苗施打都出現在 1935 年之後 [21]。

疫苗的構想極好，它是想把減弱威力或死亡的病菌打入體內，向免疫系統先打聲招呼，讓免疫系統為它量身打造抗體，往後再見到它時，抗體就能很快撲滅病菌。但是，研究也證明了人類以自然的過程取得的免疫力，再度感染的機率可以壓低至 3.2%。但是從疫苗中獲得的免疫力，卻有 80% 反覆感染的機率 [22]。

鞏固免疫前線的是營養

難怪英國醫學協會（British Medical Council）在 1950 年白喉正盛行時所做的大型研究中發現，疫苗中所取得的疫苗抗體對抵抗白喉病菌並無幫助。很多人即使體內有高量抗體，卻還是得了白喉；相反地，有些人體內白喉抗體並不多，卻能抵抗白喉傳染 [23]。

之所以會有這樣的現象，是因為獲得免疫力的過程不同，抵抗力也會有品質的差別。我們自然感染到的病菌，必須經過許多道免疫系統的關卡才能進入人體。病菌從眼鼻口皮膚進入體內，人體內的黏液、淚液都有免疫系統；如果病菌進了胃部，由蛋白質組成的病菌大部分會在這個時候被胃酸分解。但是，如果有病菌真能通過胃酸進入腸道，人體 70% 的免疫系統就在腸子裡等著它。這個過程讓人體免疫系統的每一道關卡都對此病菌有全面的了解，也因此，如果日後再被此病菌侵犯，就可以有更全面的抵抗策略。

人類免疫系統的反應分為初級（primary response），與次級（secondary）。初級並不表示低階，它代表的是前線的意思。初級免疫反應

---

21. Neil Z. Miller, *Vaccines: Are they really safe and effective*, (Santa Fe, New Mexicao: New Atlantean Press, 2001) p16, p8,p41.

22. Marian Tompson, "Anthoer View", *The Peoples Doctor*, Vol. 6, No.12, P.8.

23. *British Medical Council Report*, #272, May 1950.

是人類最古老的免疫系統，也就是它是我們在演進時第一個發展出的免疫系統。次級免疫反應要等到初級免疫抵擋不住時，才會啟動。抗體其實是在次級免疫反應出現時形成。這表示，如果在初級免疫反應時就能擋住病菌，那麼次級免疫反應根本無須啟動，抗體也無用武之地。但是，如果前線的初級免疫反應很弱，那麼處於後方的抗體即使再強，當敵人排山倒海湧入時，抗體也不見得有能力取勝，這就是為什麼有些人抗體多，卻還是得病的原因。而支援人體初級免疫反應的並不是疫苗，我們的免疫前線是由營養元素鞏固的。

如果病菌不是經過初級與次級免疫侵入人體時，問題就產生了。疫苗將病菌直接打入體內，也就是大開城門，讓敵人直接進入。這個不經過初級免疫，直接啟動次級免疫的方式，會讓這些菌在體內潛伏多時，就像潛伏在戰區的間諜一般，只要免疫系統一弱，它就蜂湧而出。例如，水痘疫苗將水痘（chicken pox）病菌打入體內，之後就無限期地留在體內，一旦人體的免疫力降低，它就再度浮出作怪，這時它的病名就變成了帶狀疱疹、蛇纏腰（Shingles）。結果，現在疫苗公司開始宣導為了預防它再次浮現，還要再給這個疱疹施打一劑疫苗。

傳染病減少與環境衛生改善關聯最大

其實，傳染病會大幅減少並不是因為疫苗，它反而與環境衛生的改善關聯最大。1973 至 1976 年世界健康統計年報（WORLD HEALTH STATISTICS ANNUAL 1973 TO 1976 VOL.2）中就曾寫著：「無論一個國家的人民有無施打疫苗，傳染疾病皆在第三世界國家中縮減。因此，看起來環境衛生改善，才是傳染病能預防的主因。」

此外，與施打疫苗類似，另一項弔詭的事是，當初各地方公共衛生能夠改進，各類傳染病媒能夠掌控，也是用施打藥物換來的。但此一措施造成的生物反撲，從近年來各地病媒數量的暴增就能看得出來，這很可能會影響傳染病的傳播。例如，美國的臭蟲（bed bug）近幾年暴增了五百倍，就是因為過去臭蟲數量是靠 DDT 壓制，但新一代的臭蟲卻在近年產生了抗藥性，結果數量暴漲。同樣的情況，很可能會發生在不同的國家、以不同

發文日期：103 年 10 月 09 日　　　　　　發文字號：疾管防字第 1030039937 號

　　所傳郵件，業已收悉。有關您詢問「小兒疫苗有無強制接種法規」一事，本署說明如下：

　　疫苗接種係為促使幼童對相關傳染病建立免疫保護力，降低疾病感染的風險，是目前已知最具效益的傳染病防治方法，因此世界各國皆積極推動各項疫苗接種政策，我國在全面推行預防接種政策下，多種傳染病已獲有效控制，甚或消除、根除，是對於國人的健康保護及國家防疫安全最首要的策略。

　　在「傳染病防治法」第 27 條賦予兒童之法定代理人應使兒童按期接受常規預防接種，並於兒童入學時提出該紀錄的責任。經由入學的接種紀錄查核，篩選未完成疫苗注射的學童，轄區衛生所並會協同學校追蹤安排學童進行後續補接種事宜，歐美先進國家對於國人或求學、移民者也都訂有相關的預防接種要求，但接種疫苗與否並不會影響幼童入學權利。

　　本署基於維護幼兒健康與共同確保國內傳染病防治之成效，若兒童非因前述等特殊情形而不適合接種，仍鼓勵請家長攜幼兒接種疫苗，除可避免孩童受傳染病侵襲，同時可維護校園防疫安全，保護自己也保護他人。

　　如果您仍有預防接種相關疑義，歡迎就近洽詢所在地衛生局、所或撥打國內免付費之民眾疫情通報及關懷專線 1922 洽詢，如話機無法撥打簡碼電話號碼，請改撥 0800-001922 防疫專線。

　　感謝您的來信，祝您健康、快樂！

　　　　　　　　　　　　　　　　　　　　　衛生福利部疾病管制署 敬復

　　台灣疫苗法的規定，給予父母完全的尊重，是國家文化真正進步的展現。因此，打不打疫苗的決定，應是父母依寶寶健康狀況，與自己對疫苗的全面了解後才做的決定，不需要為了能否入學才決定。

4 - 27

如果真要打疫苗，該怎麼打？

　　疫苗是個爭議性極高的議題，我曾見過有父母因為打不打疫苗無法達成共識而離婚。但這實在是沒有必要，因為孩子最大的優勢不是來自於有打疫苗或沒有打疫苗，孩子的最大優勢來自於父母齊心齊力的合作。如果，父母有一方堅持要給孩子打疫苗，那麼如果施打方式有策略，疫苗傷及嬰兒的機率就會大大降低。

　　施打疫苗有策略，這些方法能降低孩子被疫苗損傷的機率。

1. 延後施打疫苗的時間

　　現在疫苗施打的時間都太早了。嬰兒的免疫系統是跟著腸道細菌的繁殖而增強的，這個細菌繁殖的時間，至少需要半年到兩年。這段時間內，嬰兒的淋巴結還很小、它們才初步成形，在骨髓與淋巴結中的血漿很稀薄，免疫血球素（immunoglobulin）的製造量也很低。也就是說，初生嬰兒的免疫力是很不成熟的。所以初生嬰兒的前半年，都是靠母體所給與的抗體在抵抗所處環境的外敵。如果在免疫系統還不成熟時，就施打多種疫苗，對正在成長的免疫系統來說，是極大的負擔。其實，被稱為免疫學之父的愛德華·金納醫師（Dr. Edward Jenner）在 1796 年施打第一劑牛痘疫苗的對象，是一個八歲的健康男孩。

2. 每六個月只打一種疫苗

　　現在的疫苗常是五合一、六合一的合併針劑，有時打五合一的同一天，還可自費再加肺炎鏈球菌跟口服輪狀病毒。這些疫苗不管是死是活、不管它的力道是強是弱，都是病菌。也就是說，在人類歷史上，這是我們第一次要求身體同時處理白喉、破傷風、百日咳、小兒麻痺等重大病菌。

人類免疫系統的資源是有限的，也就是說，免疫細胞的數量不可能無限複製。在有限的資源下，不停加重它的戰鬥負擔，這場戰爭要贏很難。例如，一個五百人的軍團，如果它對抗的是另一個五百人軍團，那麼勝算就很大。但是，如果這個五百人的軍團一下子就要對抗一個比它大五倍的軍團，五百人跟二千五百人交手，它獲勝的可能性就會降低很多。如果這個輸的軍團，是嬰兒體內的免疫系統，後果很難想像。

還有一個特別值得注意的地方，疫苗是一個有價商品，有價商品不是跟著研究走的，它是跟著消費者的需求走的。如果爸媽消費者覺得一針針打太麻煩，覺得一次打完多方便，醫院省時也省針筒，那多合一的疫苗就會發展得愈來愈多。所以，多合一疫苗會出現並不是嬰兒的免疫系統需要打多合一疫苗，而是因為消費者的要求與政府提供的鈔票。

就因為體內抵抗外敵需要資源與時間，所以疫苗施打最好延後，而且，每一次都只施打一種病菌，並在每一針中間，都至少等六個月再接續施打。

3. 查詢疫苗有無含有硫柳汞

硫柳汞是疫苗添加物中最具毒性的物質，要查詢疫苗中是否含硫柳汞，美國食品藥品管理局（FDA）的網站中有提供最新資料[31]。汞中毒的可能症狀為：自閉、過動、焦慮／憂鬱、對外在刺激過分敏感（冷熱、光線、觸摸）、手抖、失眠、入睡困難、口水過多。

對於每一種疫苗的詳細資料，可以在 Vactruth 網站查詢[32]。這個網站有每一種疫苗的詳細資料，雖然它是英文的，但如果你有疑問，我建議你使用翻譯軟體盡量了解即將打進你孩子體內的物質是什麼。如果你查到疫苗中有你無法接受的成分原料，記得向有關單位反應，用鈔票當選票，這是疫苗公司唯一改變的動力。

---

31. 美國食品藥品管理局（FDA）的網站中提供關於柳硫汞的資料網址如下：http://www.fda.gov/BiologicsBloodVaccines/SafetyAvailability/VaccineSafety/UCM096228。

32. Vactruth 網站網址 http://vactruth.com/。

4. 避免施打活性病毒

由於死病毒增強免疫力的效果很差，因此現在很多疫苗都是採用活性病毒，再將病毒用致癌物如甲醛，將力道減弱。但是，因為我們無從偵辨病毒力道到底減到什麼程度，所以這些病毒的繁殖很容易在體內失控，尤其是寶寶免疫力下降時。最好的辦法，就是避免活性病毒。

5. 如果有生病症狀，則停打疫苗或先不打疫苗

孩子如果已有哮喘、異位性皮膚炎、各類過敏、發炎等症狀，或在打疫苗時正在感冒發燒，表示孩子的免疫系統已經負擔很重了，這時如果再打疫苗加重免疫系統的負擔，免疫系統很可能癱瘓。不但原本的症狀可能更加嚴重，還可能出現更多的症狀。

此外，如果孩子本來沒事，但打了疫苗後卻出現嚴重反應，這並不是正常現象。症狀就是警訊，會發生症狀就是為了要告訴你，引起症狀的環境應該有所修正。所以，孩子打疫苗後，父母要有習慣並有警覺地觀察反應，最好將疫苗施打日期、施打種類、施打單位、施打時間，和施打後反應都記錄下來。如果反應強烈，表示孩子不適合施打疫苗，他的免疫系統可能還不夠成熟，或是他可能對疫苗中的添加物敏感。父母應對未來的疫苗針劑做更周全的考慮。

美國疾病控制與預防中心（CDC）的網站有逐項列出哪些人不適合繼續施打疫苗，其中有對酵母、蛋白、動物凝膠等物質過敏的警語，在施打疫苗前最好先查詢[33]。

在這個網站提到的施打疫苗後的強烈反應包括了：

- 癲癇或暈倒
- 不停地哭超過三小時
- 發超過 40.5℃的高燒
- 各類過敏反應

---

33. 美國疾病控制與預防中心（CDC）對哪些人不適合繼續施打疫苗的警語請至以下網址查詢。
http://www.cdc.gov/vaccines/vpd-vac/should-not-vacc.htm#hepb。

・突然生病

6. 施打疫苗前需補充營養品

這類營養補充品最好在疫苗施打前、後兩星期到一個月之間補充。

● **魚肝油** 魚肝油和魚油都有豐富的 Omega3，但是，因為肝臟是儲存維生素 A 跟 D 的地方，所以，魚肝油比魚油多很多維生素 A 和 D，而且這些在動物肝臟內的 A 和 D 都是人體非常容易吸收的形式。維生素 D 可以強力支援免疫系統。

● **複合式維生素 C** 維生素 C 對增加免疫力，有最直接的影響。除了人類和幾種其他動物外，這世界上所有的動物都有將碳水化合物轉成維生素 C 的能力。就因為人類無法自行製造維生素 C，所以攝取維生素 C 就變得非常重要。科學家認為，就是因為水溶性維生素 C 在體內的含量不足，所以人體才發展出了次級免疫。不然，如果體內的維生素 C 含量充足，初級免疫的運作就已經夠強了。

若是單獨攝取維生素 C 會導致生物類黃酮（bioflavonoid，又名維生素 P）流失，因此兩者一起攝取最能確保兩者能被有效吸收與利用，這就是一般市售的複合式維生素 C。

● **攝取硫含量高的食物** 硫可以結合重金屬排出體外。疫苗中的重金屬除了可能含汞外，還可能含鋁。硫含量高的食物有動物內臟、蛋。

● **平衡血糖** 早在 1951 年時班哲明・山德勒（Bejamin P. Sandler）醫生就發現在飲食中震盪血糖的人，在血糖下降過低時，容易感染小兒麻痺症。在他所著《飲食預防小兒麻痺症》（Diet Prevents Polio）一書中表示：「他不相信大自然有意讓人們感染生病，以致死亡或殘疾。」當時，小兒麻痺症的疫苗還沒有發展出來，但山德勒醫師沒有被動等待疫苗出現，因為他不認為我們能為每一種病菌發展疫苗。他認為，人自身就有能力對抗外敵，而這個力量深深地受飲食影響。

山德勒醫師的發現，現在我們知道是因為血糖震盪的時候，腎上腺會釋出壓力荷爾蒙皮質醇以提升過低的血糖。皮質醇是糖皮質激素

（glucocorticoid）的一種，糖皮質激素能夠有效抑制免疫力，這就是為什麼器官移植手術病患都必須長期服用此類藥物。血糖過低時人的免疫力都會暫時下降，感染窗口就會出現。施打疫苗的情況也是一樣，如果人在血糖震盪的時候接觸疫苗中的病菌，免疫力下降病菌的力道會顯得比較強，就可能造成傷害。

做父母的一定不要忘記，嬰兒、孩童雖小，但是吃錯食物，他們的血糖依舊會被大力震盪，血糖掉下來時，感染的窗口就會大開。

7. 使用固醇類藥物期間不打疫苗

固醇類藥物的作用在盡速消炎、減輕症狀，許多有過敏症狀的孩子會長期服用此類藥物，或者有皮膚問題的孩子會長期使用外用型固醇類藥物藥膏。不管是服用型或外用型的固醇類藥物，都會抑制白血球參與發炎過程，藉此達到消炎目的，但是由於白血球被抑制，所以這類藥物都會抑制免疫力。當孩子的免疫力被抑制時注射疫苗，疫苗的危險性就相對升高。

4 – 28

菌真的很可怕嗎？

病菌病菌，有菌就有病，這是我們過去近百年對菌的看法。但是，近年來世界致力於對菌種的研究，讓我們理解到，我們覺得菌一定會導致疾病的看法其實是錯誤的。最新的菌種研究讓我們認清，菌其實是生態中的一員，它們的存在可以確保生態平衡，因為它們在平衡生態中扮演的是清道夫的角色。

引起）。

　　陽光照射除了對嬰兒骨骼健康有影響外，它對嬰兒的情緒與睡眠也有很大的影響。嬰兒在月子後，兩次餵食間的時間會開始逐漸拉長，嬰兒的生理時鐘便可以開始隨著陽光調整。日正當中時，我們體內的天然抗憂鬱激素血清素的產量會達到最高點，這個激素能讓我們保持樂觀，讓我們容易滿足開心。如果嬰兒的血清素產量足夠，那麼只要生理需求能被滿足，寶寶就會很平靜、很容易開心。太陽下山後，血清素在體內就慢慢轉成褪黑激素，褪黑激素的分泌在太陽下山後三小時會達到最高量（見圖1）。褪黑激素是讓我們能夠放鬆入睡的激素，只要足量，嬰兒就很好入睡，睡眠品質也好（但這不表示初生嬰兒不在夜間群集哺乳）。

　　等到第二天太陽升起，同樣的生理循環又再度被開啟，血清素與褪黑激素又再開始運作，只要這兩種荷爾蒙的產量足夠，小嬰兒就很容易滿足開心，也可以早睡早起。

　　但是，如果嬰兒日照不足，則血清素製造便不足，且因為褪黑激素是由血清素轉換而成的，因此當血清素不足時，褪黑激素也就會不足。嬰兒白天便容易煩躁、焦慮、不易平靜，夜裡入睡困難，且睡眠品質不佳。

圖 1　陽光配合著血清素與褪黑激素量的轉換。

瘦孕、順產、讓寶寶吃贏在起跑點

● **有策略地讓嬰兒曬太陽** 嬰兒曬太陽該怎麼曬：

1. 初生嬰兒與剛生產完的母親，都很需要陽光滋潤。

2. 嬰孩出門玩耍、隨父母買東西，只要太陽不是太大，照射時間不是太久（十五至三十分鐘內），無須包得密密麻麻，也無須擦防曬油。

3. 如果出外遊玩時太陽很大，可以找有遮蔽或樹蔭處，有遮蔭的地方也會有充足的紫外線。如果在大太陽下會待得比較久，可以戴帽，穿能遮擋的衣物，或在易曬傷的地方擦防曬油，如臉、肩、脖子等部位[34]。

4. 還在哺乳的嬰兒在曬太陽時，不要忘記讓他勤喝奶，奶中有水，能確保嬰兒不脫水。大一些的嬰孩曬太陽時，一定要勤喝白開水，果汁、汽水等含糖飲料屬脫水飲料，不能算水。不脫水是預防曬傷的最佳方案。

5. 只要父母不過度不讓嬰孩曬太陽，總是適度出門行動，嬰孩的日照都應該是充足的。

6. 曬太陽應該是一種享受，而不是一項功課，所以父母應盡量避免過度曝曬嬰孩，預防曬傷。

---

34. 正確擦防曬油的方法參見賴宇凡著，《要瘦就瘦，要健康就健康：把飲食金字塔倒過來吃就對了！》第 263 頁。

4－30

寶寶可以用牙膏和肥皂嗎？

寶寶要到兩歲菌種才繁殖完全，在這之前，使用任何殺菌產品都會過度干擾寶寶的菌種。

一般市售的牙膏和肥皂除了清潔功能外，常常也包括殺菌功能，所以會干擾寶寶嘴巴裡和皮膚表層的菌種繁殖。嘴巴裡菌種失衡就很容易讓嘴巴裡的酸鹼也失衡；嘴巴裡的酸鹼一失衡，就很容易有蛀牙或口臭。而皮膚表層的菌種失衡，就很容易導致各類真菌感染，並且循環復發。

因此，寶寶兩歲前建議只用清水刷牙和洗澡。如果真的要用清潔產品，記得要選用天然原料製成的清潔用品。用鹽刷牙，是最天然也最有效的清潔方法。帶寶寶在月子中心坐月子時，不要忘記提醒月子中心，不要給寶寶用中心提供的或是自己帶的清潔用品洗澡洗頭。

4－31

寶寶要多大才能坐飛機？

坐飛機在人類進化史中，是非常近代才發生的事。也就是說，從前的人從出生到死亡，很少有長途旅行的機會，很多人終其一生都停留在同一個地方，即使遷移變動，也不可能在短時間內跨越大洋去新的大陸，所以我們的身體是在不常遷移變動的狀況下演化而來的。因此，雖然一般會建

議寶寶四到六個月後可以坐飛機，但是「可以」不代表「適合」。

寶寶在四到六個月時體能就已經能適應高空，所以醫師審核多半認為可以成行。但是，只要是車子開不到，需要坐飛機才能到的地方，對寶寶的體表、體內菌種和他的免疫系統來說，就是一個全新的世界。

寶寶出生後頭幾個月的免疫力主要來自於母奶中的抗體。母親身體接觸過的抗原（antigen），都會成為抗體進入母奶，為寶寶增強免疫力。這些抗體是有地域性（location specific）的，也就是說這些抗體都是由接觸當地的抗原取得的。因此，只要母親一離開原本所接觸的環境，免疫力都要重新認識環境，才能開始製造新地方的抗體，這個是需要時間的，在這段時間內就可能形成寶寶的免疫空窗期。到新環境就會很容易生病，有很大一部分原因就是免疫系統適應新抗原，其實是需要時間的。抗體是為抗原量身打造的，免疫系統需要重新認識新抗原，才能製造出新抗體。

再加上寶寶生下來後，體內和體外的菌種才開始繁殖，從研究得知菌種的繁殖大概要到寶寶兩歲後才算完成，因此在寶寶還小時就帶他到一個有新菌種的新天地，菌種繁殖的變數就變大了。如果再加上可能發生的免疫空窗期，寶寶接觸到的新壞菌就有機會壯大。

長途旅行對身體來說是個極大的壓力。我們的身體平時最大的工作就是取得平衡（homeostasis）。氣溫、溼度、菌種、抗原、時差（太陽升起和降下的時間）等，都會影響身體的平衡。當我們到一個新的地方，這些因素一起改變，可以想像，身體的平衡會被影響得多麼深。這就是為什麼我們長途旅行時，不但常常睡不好、吃不好，也常常出現排泄和消化問題，或者容易感冒。失衡愈大，身體就要耗損愈多資源去取回平衡，這些資源就是營養。也就是說，長途旅行時，身體必定要流失營養。寶寶正在快速成長時，營養就是成長的基礎，因此過早就將寶寶帶去一個全新的世界，實在是一件很冒險的事。如果沒有必要，寶寶最好不要在一歲前坐飛機或長途旅行。

建議方案

如果情非得已下，寶寶必須坐飛機長途旅行，那麼以下是一些建議措施：

- **頻繁哺乳**　如果是還在哺乳的親餵寶寶，那麼長途旅行最好的保障，就是更經常吃母乳。

- **服用複合式維生素 C**　在上機前半小時餵寶寶吃複合式維生素 C（維生素 P ＋維生素 C），可溶於水中用滴管餵，或放到奶中餵。維生素 C 不要放進過熱的食物中以免破壞營養。這個配方平時會跟著紫錐花一起服用，但寶寶一歲前最好不要服用無法確定來源的草藥。維生素 C 可以短暫提升免疫力，所以上機前也不要忘記每四小時餵寶寶一次維生素 C，一直重複到下機，離開有密閉空間空氣循環的地方之後才停。

- **起飛降落都喝東西**　起飛降落時親餵、瓶餵，餵奶、餵水都可以。只要寶寶是醒著，喝東西可以讓寶寶比較不會因為耳朵不舒服而哭鬧。

- **減少變化因素**　如果一定要長途旅行，盡量減少需要寶寶身體重新平衡的因素。比如，不去要換時差的地方，不去季節不同的地方（從南半球到北半球），不去氣溫不同的地方（緯度差太多），或溼度差太多的地方（菌種會完全不同）。這樣寶寶要耗損的體內資源就不會那麼多。

- **補充益生菌**　寶寶到新環境後，每天最好都服用益生菌。還在親餵的寶寶可將膠囊打開，塗在乳頭上餵食。或可放進奶中，或拌入食物中餵食，每日一次，按品牌劑量服用。

- **增加日曬時間**　調時差最快的方法就是增加日曬時間。太陽掌握人體的生理時鐘，去了新地方，就要讓當地太陽告訴寶寶的身體，時鐘要變了。同時，日曬可以增加寶寶的維生素 D，維素生 D 會影響鈣質運作，鈣與白血球並肩作戰，也就是說，維生素 D 可以提升免疫力。

- **吃的更好**　如果寶寶還沒有斷奶，那麼媽媽與寶寶在長途旅行時一定要吃得更好。如果寶寶已經開始吃原形食物，那麼在旅行時一定要吃得比平時更營養、均衡。

　　媽媽和寶寶最好的旅行策略是以家為中心點，再將行動範圍慢慢向家以外擴大，愈走愈遠。這樣寶寶的身體可以在小範圍的變動內學習適應，菌種也才能因為環境變化小，有機會成長繁殖與豐富。

4 − 32

小嬰兒能和媽媽一起睡嗎？

初生時期是嬰兒跟媽媽一起睡最好的時期，主要是因為嬰兒靠近母體，對母奶產量有最直接的影響。所以美國小兒科協會（American Academy of Pediatrics）才會建議母親與嬰兒應靠近對方睡覺。但是，小嬰兒那麼小，跟媽媽睡不會發生危險嗎？美國嬰兒睡眠與嬰兒猝死症研究小組（Task Force on Infant Sleep and SIDS）認為嬰兒與母親分享一張床是危險的，但他們也認為初生嬰兒與父母睡在同一個房間裡最好。因此，嬰兒睡覺地方的最佳折中安排，就是把小床併在父母的床邊（co-sleeping），這樣的安排，尤其利於親餵時期的母子睡眠。

只要嬰兒的小床能將一邊拉下，與父母親的床以同樣高度併在一起，將小床與大床鎖緊，中間不造成空隙，嬰兒便能在與母親靠近睡的同時享有獨立空間（見圖1）。

圖1　把小床和大床無空隙地鎖緊，這樣母嬰可以很靠近，又沒有危險的顧慮。

如此一來，嬰兒與母親都可以有相互依靠睡覺的好處，卻沒有危險的顧慮。我的經驗是嬰兒與母親睡覺靠近的程度，與母親休息和睡眠品質有很大的關係。因為不管是親餵或瓶餵，初生嬰兒的哺乳次數都很頻繁，如果是親餵，夜間群集哺乳的次數尤其多。所以，如果母親與嬰兒愈靠近，餵奶就愈方便。

　　等嬰兒再大一點，親餵的母親只要側躺，把嬰兒從小床上抱來拉近，孩子就能自動找到乳頭含乳，我稱這個形式為親餵自助餐（buffet style）。這樣母親在餵奶時還是能繼續睡覺，如果孩子吃完一邊母奶仍覺不足，他將乳頭放開後會跟媽媽溝通他還餓，這時母親只需一手抱著他轉身側睡另一邊，孩子也能自動含乳繼續吃，媽媽可以繼續睡。孩子吃飽了想睡，自然而然就能睡在母親身旁。如果母親嫌擠，也可以輕易地將他推入小床中，兩人都能繼續睡。這樣的安排方便靈活，正確與嬰兒併床睡的母親反而睡得比與嬰兒分房的母親要好得多（見圖2）。

　　雙胞胎也很適合併床睡，雙胞胎一起睡在母親的身旁稱 co-bedding。雙胞胎睡在一起有利他們的體溫調節、心跳平穩與生長。

　　人類學家、母親／嬰兒睡眠行為專家詹姆斯‧麥肯納教授（Professor James McKenna）認為動物分兩類：一類是棲育（nested species），另一類是攜育（carrying species）。棲育的典型是鹿，母鹿覓食時，會將新生兒藏在樹叢中，這類動物的新生兒在媽媽離開時不會哭，因為只要出聲就會被其他動物吃掉。人類是屬攜育，剛出生時還沒完全長成，離獨立時間還有一段距離，所以母親會將嬰兒帶著走，例如母猿。

　　肌膚貼近除了能確保哺乳順

圖2　雙胞胎併床睡，對彼此的體溫調節、心跳平穩與生長都有幫助。

利，還能讓不能以發抖來增加體溫的嬰兒保持體溫，體溫穩定可以保障生化運作順暢。這就是為什麼靈長類動物的母親都會將嬰兒帶在身上六至十二個月。

但是，並不是所有的人都適合跟嬰兒併床睡，若有以下情況則不適合與嬰兒併床睡：

- 父母中有人吸菸
- 床太軟
- 被太厚重
- 父母中有人使用酒精或有安眠作用的藥物或草藥
- 嬰兒的長兄姊能自由爬上床
- 嬰兒會卡在縫隙間
- 父母中有人覺得與嬰兒併床睡會負面影響他的睡眠，或不贊同與嬰兒併床睡

雖然我建議初生嬰兒與母親併床睡，但我卻認為在嬰兒漸漸長大後，就應該搬出父母的房間，有一個屬於自己獨立的空間。一則是因為獨立的空間，可以讓父母與已經長大的孩子都睡得更好；二則是父母親相處需要獨立的空間。現代人都很忙碌，父母親整日波奔，大致都只有晚上睡前能講講體己話。沒有這個私下相處的時間交換做父母的心得，與討論對孩子成長狀況的觀察，兩方很難達成管教與其他事項的相關共識與決定。父母兩人的齊心與共識，對孩子的成長來說，是最大的優勢。因此，保護夫妻兩人的獨處時間與空間，是孩子順利成長的最大保障。

至於何時可將孩子移出父母的房間睡覺，則可視個別狀況判斷。如果父母親有職業，與孩子同房夜裡無法好好入睡，夜奶也已經斷了，那麼就是可以訓練孩子睡自己房間的時候了。或者，在父母都同意的情況下，斷母奶時也是一個很好的分界點。

但是，不管是什麼時候開始與孩子分房，孩子的獨立是來自於學習得來的安全感。所以，孩子能順利學習自己睡一個房間，有勇氣排解對黑暗空間的恐懼，夜裡醒來能獨立再度將自己哄入睡，這些基礎多建立在初生

時有機會能與父母肌膚親近，由頻繁接觸中讓神經系統順利創建。也讓嬰兒在這個過程中了解，當他有需要時，他不會被遺棄和忽略。這就是為什麼最勇於冒險的孩子，都是那些成長過程中有充足時間與父母能靠近的孩子。所以，對於睡眠的安排，我的建議是採中庸之道，前段嬰兒時期與其靠近，就近照顧、建立信任感與安全感；但當孩子大了以後，就要把自己的與孩子的空間，都還給對方。

4－33

寶寶需不需要規律的生活作息？

母體內寶寶的生理時鐘是受母親荷爾蒙的起落支配，臍帶一剪，寶寶便失去了生理時鐘。因此，寶寶之所以需要規律的生活作息，是因為剛出生時他們沒有自己的生理時鐘，規律的作息能幫助他們建立自己的生理時鐘。但是，就像任何的軌道建設一樣，在把點連成線前，都需要時間。因此，初生嬰兒生活作息紊亂是可預期的，但隨著他身體器官、神經系統的成長，嬰兒會漸漸學會家庭的規律與作息，形成自己的生理時鐘。

做父母的常為了要讓嬰兒有規律的作息，所以按表操課，何時吃奶、何時睡覺，一刻也不能有偏差。但人不是機器，生理時鐘會受各種因素影響，每日都有些許不同，因此寶寶每日的睡眠、食量也都會有些許的不同。再加上主導力量強大的成長因素，所以才剛架好的作息，很容易就因為寶寶的迅速成長出現變動。如果父母將規律視為規矩，那生活就會痛苦不堪。其實，我們日常生活的規律，就和大自然的韻律一樣，四季會有變化，一年有春夏秋冬四季是必然的，就像孩子吃奶時間會漸漸拉遠是必然

的一樣。可是今年春季的長度，很可能跟去年不同，夏季來臨的時刻，也可能跟明年不同。這也好像孩子今天會睡過頭，但明天不見得會睡過頭，孩子今天起床的時刻，也不見得會跟昨天起床的時間一樣。

如果父母把孩子規律的作息視作一種自然的韻律而非規矩，就可以減少許多不必要的壓力，避免許多痛苦，也不會因此錯過做父母的樂趣和享受。

4 - 34

為什麼嬰兒的作息與規律常常改變？

父母觀察嬰兒作息的時候，常常會發現，才剛形成固定規律，又突然被不知名的原因打亂了。父母會覺得是不是自己做錯了什麼？其實，嬰兒作息規律常被打亂，是因為嬰兒的成長並不是以直線前進，孩子的成長常是往前走一步，再往後退兩步。就因為嬰兒的成長是以這樣的腳步在前進，因此父母觀察到的規律，也會因這樣的步伐而有變動。可以說，嬰兒成長中唯一不變的元素，就是變動。

如果父母有嬰兒成長就是「往前走一步、往後退兩步」的概念，那麼對所觀察到的嬰兒規律，就能有隨時都會變動的心理準備。只要有這個心理準備，就不會在變動時失望，且知道雖然嬰兒成長是往前走一步、往後退兩步，但依舊是往成長的方向前進，所以不會在每次嬰兒往後退兩步時，就過度緊張，讓壓力先拖垮家庭元氣。

有時，父母躺在嬰兒身旁，可以幫助嬰兒迅速睡著。但是，如果父母一起身嬰兒就不停哭鬧，再哄睡又要重複循環個把小時，父母便應換一種方式讓嬰兒入睡。

如果要讓上述的四種哄睡方式成功有效，不會衍變成只要把嬰兒放下，就成了另一個哄睡週期的開始，下列的注意事項非常重要：

1. 前期與父母貼得愈近，後期走得愈遠

很多父母怕前期與寶寶相貼入睡，會把寶寶寵壞，往後寶寶無法自行入睡或搬出自己的房間。因此會想早早訓練寶寶自己入睡，能獨立睡一間房。其實，寶寶在各個階段都有不同的需求。如果在還小時寶寶能有機會經常與父母親肌膚相貼，近距離相處，這些寶寶都能順利地學習到安全感。因此，嬰兒時期前段如果父母能讓寶寶與他們盡量親近，睡眠安排也與寶寶盡量貼近，時間到了，這些嬰兒反而容易接納與父母離得遠些。畢竟，寶寶與父母親貼近成長，是為了要獲得成長所需的能量與保護，但這麼做的主要的目標其實還是為了自立，早期與父母親近，是為了將來能離開父母走得更遠。

2. 設立睡前儀式

不管嬰孩多大，他們都應該要學習家庭作息，也就是，家人是何時起床、何時吃飯、何時睡覺。家庭韻律的訊息有助於原本沒有生理時鐘的嬰兒，漸漸開始鋪設自己的生理時鐘軌道。因此，不管寶寶多大，家中都應設有睡前儀式，讓寶寶知道睡覺的時間到了。例如，把電視、電腦關機、熄燈、唱搖籃曲、念故事書、哺乳、擁抱、親親、按摩等。不管每一個家庭選的是何種儀式，寶寶應該一看到這個儀式，就知道接下來是睡覺時間了。

3. 觀察觀察再觀察

嬰兒是不是需要大人哄入睡，或是可以自行入睡，嬰兒適合何種入睡方式，要看父母是不是能觀察入微找出最適合的方式。例如，父母可以觀察孩子夜間睡眠週期的微醒期能否自行再度入睡，如果可以，寶寶就可能有自行入睡的能力；如果寶寶的夜間微醒期還需要大人拍哄才能再度入睡，

瘦孕、順產、讓寶寶吃贏在起跑點

那麼他很可能還沒有自行入睡的能力，就需要找出因應的方法。

4. 漸進漸進再漸進

成長是一個漸進的自然發展過程，如果父母在引導寶寶時，能設立許多緩衝與過渡期，就能製造出與自然最相仿的學習環境。在這樣的環境裡，孩子學習最順其自然、父母遇到的阻力也會最小。如果原本父母都是抱著嬰兒入睡，或嬰兒都是哺乳入睡，或父母陪躺入睡，但卻突然要求寶寶自己入睡，寶寶一定很難接受。因為從 A 到 B，完全沒有緩衝與過渡期，A 與 B 轉換之間，沒有寶寶熟悉的元素，這時寶寶很容易覺得自己被遺棄。但是，如果父母懂得將寶寶從抱哄入睡，換成寶寶自己躺著再拍哄入睡，最後才讓寶寶自行入睡，這樣設立多重緩衝階段，在每一個階段，都有寶寶原本熟悉的元素，就會有助轉型，聰明的寶寶也才不會有諸多反抗，父母遇到的阻力也就不會那麼大。

4－36

新生兒作息如何調整？

新生兒的作息跟他的生理成長有很大的關聯。他的睡眠時間、夜奶與否、是否能快速入睡，與他器官的容量大小、能量運用，以及神經系統的成長有直接關係。調整新生兒作息的原則就是觀察寶寶的生理進程，再對照各個階段去擬定及調整策略。調整新生兒作息最大的忌諱，就是拿自己的寶寶跟其他寶寶比。

新生兒的成長非常快速，因此能量使用極大，但因為剛出生時他們的消化器官很小，一餐都吃不多，只能少量多餐，所以他們都睡得很短，這

樣才能取得足夠的成長營養與能量。隨著他的器官長大、成長趨緩，寶寶的睡眠時間便會自動拉長。

除了器官大小、能量需求外，人體的睡眠其實是受神經系統指揮，所以才會所有的安眠藥都是在操控神經傳導素。嬰兒除了器官是迅速成長外，他的神經系統也是以飛快的速度在成長。嬰兒的成長能從他與大人的互動、手部靈活度，以及用笑容吸引大人注意的能力等看得出來。當嬰兒的神經系統開始成熟後，他就能偵測周遭環境，如爸爸媽媽都何時熄燈？如家裡什麼時間就沒有人跟我玩了？他的身體也同時能偵測到太陽的週期，他的神經傳導素分泌，最後會開始跟著太陽光走。天然抗憂鬱的血清素會在日正當中、太陽高照時達到最高點，需求被滿足的嬰兒這時多會是開心愉快、平靜的。隨著太陽下山，白天的血清素便會轉換成晚上的褪黑激素，到太陽下山後三小時，褪黑激素就會達到最高點，這褪黑激素就是哄我們入睡的荷爾蒙。

所以，調整作息的先決條件就是以上器官與神經系統都已能支援嬰兒將睡眠時間拉長，將兩次哺乳之間的時間拉長。因為每一個人的成長速度都不盡相同，因此做父母的如果拿自己的孩子與他人比較，只會一直在不對的時間點做不對的嘗試，挫敗累累。就因為每一個人的成長速度不同，因此成長所需要的時間也會有所不同，做父母的只要能專心觀察自己寶寶的反應，就一定會找到可以成功運用的策略。

寶寶出生後，慢慢會開始白天活動較多、夜裡活動較少，隨著理解家庭的作息習慣，他也會開始在夜裡睡得較久。這時，他的夜奶會從剛出生時的群集哺乳，慢慢一餐一餐減少。最後當能量可以支援他夜裡的生理運作後，就會完全將夜奶移除。畢竟，寶寶夜裡要醒來吃奶也是需要力氣的。這時，他白天兩次哺乳之間的時間也會開始拉長。做父母就可以將寶寶的入睡時間往前、往後移，這樣白天起床的時間也可以往前、往後移，好配合家庭作息。以下是父母可以嘗試的方法：

1. 增加白天日曬時間
日照的長短，會決定夜裡褪黑激素的轉換量與時間。因此，寶寶白天

出外日曬的時間，會影響他夜裡入睡的時間與品質。多數日曬充足的寶寶都是早睡早起的寶寶。

2. 增加白天的活動量

以前寶寶的世界是跟著大人走的，媽媽會把寶寶揹在背上出門工作。但是現代寶寶常常一整日都不出門，不但日曬不足，且活動量也不足，影響夜間睡眠時間與品質。

3. 時間到了就熄燈

寶寶愈大就愈好奇。他們很快就知道要把自己當做家庭成員之一，家裡發生的事他都會想參與，因此如果媽媽到了睡覺時間還在講電話，寶寶也不會想睡，他會想知道大人都在做什麼？媽媽是在對誰講話？所以，當寶寶生理成長的狀況已到能開始調整作息時，就表示寶寶漸漸成熟的神經系統能支撐他醒著參與活動，結果原本在嘈雜的環境下也能入睡的寶寶，現在卻可以硬撐著不睡。

因此，在寶寶的睡覺時間到了的時候，父母最好能短暫熄燈。在寶寶睡覺的房間，只留昏暗的燈光、沒有聲響、沒有閃爍的螢光幕。往後，他就知道熄燈後就沒有好玩的事了，不值得硬撐著不睡，因為睡覺也是很香甜的事。這個習慣不養成，愈大睡眠習慣就只會愈糟，等到青少年時期，父母就束手無策了。

4. 不把睡眠時間當公式硬套

父母常會在寶寶不需要夜間餵奶後，想將睡眠時間整段往前、往後移動。例如，如果寶寶晚上十二點喝完奶後，也不需要吃早上四點那餐，可以一直睡到隔日的十點。這表示他的生理能力可能可以支援他十小時不吃奶了，這時，做父母的就可以把孩子的睡眠時間調整為晚上十點一直睡到次日八點，畢竟這兩種作息方式加起來都是十小時（見表1）。

表1

	PM10	11	AM12	1	2	3	4	5	6	7	8	9	10
原本作息			吃奶										
新作息	吃奶												

■ 睡眠時間

　　要做這種調整是有方法的，但需要循序漸進，因為母親與嬰兒雙方的生理運作並不是跟著表格行動，而是跟著習慣行動的。因為新作息中會跨越原本十二點的吃奶時間，所以即使寶寶十點睡了，十二點還是會起來吃奶。這種時候就要有方法才能慢慢去除十二點那一餐。一開始先增加十點那一餐的分量，那一餐因為是突然開始增加的，媽媽的奶量會比較少，之後才會慢慢增多。當十點奶量慢慢增多時，嬰兒十二點那餐就會愈吃愈少。慢慢地，到十二點時媽媽不再脹奶，寶寶也會愈睡愈深沉，由於十點那餐他吃的夠多了，十二點要再起來太費力了，所以就繼續睡。這樣，十二點那餐就能成功去除了。寶寶的睡眠時間也就能成功往前調整了（見表2）。

表2

	PM10	11	AM12	1	2	3	4	5	6	7	8	9	10
原本作息			吃奶										
新作息	吃奶		吃奶										
奶量修正新作息	吃奶												

■ 睡眠時間

5. 要了解同樣的行為今天出現不表示明天還會出現

　　當父母觀察孩子的成長進程時，常會假設如果曾出現一次，之後一定

會次次出現。例如，若寶寶有一天睡超過十小時，那一定可以天天睡超過十小時。但可預測是機器的特徵，不是活著的人的特徵。寶寶的成長速度每天都不同，所需能量也因此每天都有修正，所以睡眠長短也可能天天修正。但是，雖然成長速度每日不一，成長卻是朝同一個方向前進的。因此，寶寶可能會這星期有一天睡超過十小時，下星期出現兩次睡超過十小時，以此類推，之後會慢慢變得穩定，也是可以預期的。

6. 如果雙方壓力都過高那就是還沒準備好

父母想調整嬰兒作息的壓力來源不同，有些是來自於工作、有些是來自於跟他人比較、有些是來自於家庭自身作息的需要。但不管父母想調整嬰兒作息的初衷為何，如果在進行期間，讓原本平靜安詳的嬰兒不停哭鬧、媽媽緊張、爸爸徬徨，互信被破壞怠盡，那就有可能是因為嬰兒還沒有準備好。成長到可調整作息階段的嬰兒，已做好改變與適應的準備，調整不應充滿了淚水和痛苦。應該感覺像是跨越而不像是翻越般費力。如果父母與嬰兒在調整時間時都好像在翻山越嶺般地痛苦，那也許時間還不到，就算過一陣子再試也不遲。

當寶寶還沒準備好父母卻強行施壓，嬰兒的行為反而常常會出現倒退的現象（regression）。也就是說，本來可以好幾小時不吃、安靜地自己玩耍很久，變成一刻都不能離開爸媽，或一下子就要吃。

7. 了解改變需要的是時間

嬰兒還小，各種器官與生化系統都還在成長，並沒有完全成熟。還沒有完全成熟的生化系統與已成熟的生化系統，最大的不同便在於適應力。大人一餐不吃跳過去不會怎樣，但小嬰兒一餐吃不到，卻好似天崩地裂。大人熬夜一晚，第二日依舊能上班。小嬰兒一覺睡不好，就整日都不停哭鬧。因此，任何寶寶生活裡的改變，適應所需的時間都比大人要長。大人每一次改變嬰兒的生活，都必須考慮到寶寶調整所需的時間。因此，不管是調整作息、出國旅行、搬家，都應該要了解，這些改變對一個生理系統還沒成熟的嬰兒來說，會需要比較長的適應時間。

新生兒加入家庭和一般社交程序是相反的。因為嬰兒不能講話聊天，沒有能力自己打入新團體，所以生產時，母體與嬰兒體內都會產生大量的催產素，一旦母親與嬰兒肌膚相親、四目相交，催產素就會直接影響神經系統，影響人類的腦部，啟動母親的反射本能。若父親這時有機會接觸嬰兒，與他四目相交，那麼父親也會同時生產大量的催產素，啟動父親的反射本能。可以說，催產素是初生兒這個新成員加入這個家庭的黏著劑。這樣的關係連結，為往後家庭成員相處奠定了良好的基礎。就是因為四目相交能有效刺激家庭成員體內的催產素，因此現在很多醫院都是等到各個家庭成員有機會與嬰兒擁抱，與他四目相交後，或母親餵完初乳後，才對嬰兒進行體檢與點硝酸銀（silver nitrite）眼藥水。

每次擁抱都是一次關係連結的機會

如果父母親因為種種原因無法在生產時順利取得關係連結的機會，不用擔心，接下來的日子還是有很多機會。起先可以是母親親餵與肌膚相貼，嬰兒與母體的催產素就會持續分泌。此外，父親每一次擁抱初生嬰兒，溫柔地與他互動及皮膚相觸，雙方體內的催產素也會升高。而在嬰兒腦部成長成熟一些，能夠開始看臉色後，嬰兒便會開始用笑容與父母互動。這時，關係連結就雷同我們社交時的感情連結程序：孩子先對著父母笑，笑容能融化人心，那麼在場的人也都會跟著在體內釋出這個素有「愛的荷爾蒙」之稱的催產素。

嬰兒小小年紀就懂得看臉色，懂得用笑容與父母互動，就是因為催產素能影響父母親的腦部，讓他們與嬰兒的連結更緊密，他才不會被遺棄。所以，能成功建立關係連結的家庭，父母都會不離不棄地為自己的孩子付出與犧牲，也因為這樣緊密的關係連結，讓父母願意沒有止境地信守沉重的承諾。

不過有趣的是，因為母親親餵會與嬰兒頻繁接觸，所以他們之間的連結機會較多。就因為如此，大自然為父親內建了另外一個稱抗利尿激素（vasopressin）的荷爾蒙，這個素有「單配偶荷爾蒙」之稱的荷爾蒙，只要母親與父親有肌膚接觸，都會刺激父親分泌。父親會對母親的需求更加注

意，夫妻之間的連結會更形緊密，他會激發出保護家庭的反射行為，更願意參與家庭行動，以及與新生兒連結。且母親哺乳時，催乳激素會高升，住在同一屋簷下的父親催乳激素也會同時升高，催乳激素升高會抑制父親的性慾，但不會影響父親的性功能。這是大自然安排讓初生嬰兒一兩個月內，有足夠的時間，能夠順利成為家庭中的一分子，更能夠順利發展緊密的家庭關係，確保嬰兒往後生存與安全的方法。

就因為人體會發生這樣的生理與神經系統變化，我建議母親在產後一定要騰出一點時間，與先生親密接觸。親密接觸並不一定要發生性行為，它可以是摸摸對方的臉頰、深深的擁抱，它可以是親吻。非觸碰式的接觸也很重要，比如真心詢問對方的感受、全然接納對方的感受、誠心感謝對方的幫忙與支持，以及不忘記在一團混亂中告訴他，為何你在茫茫人海中，選擇了他做為你孩子的父親。這個每天一點點的時間，能換取未來長遠的家庭穩定。

也是基於以上生理與神經系統的變化，我不建議父親在嬰兒剛出生的時候長期遠行，離開家庭。雖然錯過了初期的關係連結後，還有許多機會能夠彌補，但它就會像一個新轉學的學生在學期中要打入一個新班級那樣的困難。在我處理家庭關係的諮商中，就常見到初期沒處理好關係連結，往後回頭困擾親子與夫妻關係的案例。

這些因關係連結所產生的腦部變化，並沒有辦法修復感情，它只能增進感情，因此不建議父母親利用懷孕生子來挽救原本就已生病的婚姻關係。

什麼時候可以把寶寶
搬出大人房間？

　　由於初生嬰兒是否與母親肌膚相貼，會大大影響母乳生成與下奶，因此建議嬰兒初生時最好採併床睡的方式。在這段時間母親與嬰兒最好不要分離過久，一是為了幫助製造母乳，二是因為嬰兒消化器官還未長成只能少量多餐，需要頻繁哺乳。但是，當嬰兒漸漸長大，夜裡已經能睡超過五小時，作息調整也已經完成，也有自己需求的父母——或許是房間、床鋪大小、或工作上的需求——什麼時候能將嬰兒搬出大人的房間呢？

　　嬰兒是否能搬出大人的房間，完全要看他的生理運作是否準備好了。跟嬰兒能否單獨睡最有關聯的，一是寶寶在夜間跨越兩個不同睡眠週期（sleep cycle）微醒時，能否自行再度入睡？二是寶寶的睡眠週期轉型期是否已經過了？

1. 微醒後能否自行入睡？

　　我們入睡後會依序進入不同的睡眠階段（sleep stage），最後進入快速動眼期（rapid eye movement, REM），夢境可能在這時出現，當快速動眼期結束，一個完整的睡眠週期便完成了。這個時候人可能會醒過來，或再進入下一個睡眠週期。大人的一個睡眠週期大約持續九十至一百分鐘。嬰兒入睡眠分兩個階段，活動睡眠期（active sleep）和安靜睡眠期（quiet sleep），也就是大人的快速動眼期與非快速動眼期。初生嬰兒的這兩個階段輪替方式並不一定，但可以肯定的是，跟大人一樣，在他們睡眠週期結束後，也會醒過來或再進入下一個睡眠週期。嬰孩的睡眠週期比大人短，大約持續五十分鐘左右。但不管是大人還是嬰孩，睡眠週期在轉換時，我們都會微微甦醒，這時可能會出聲、變換姿勢，但如果沒有任何驚擾，一般都不會

完全醒來，會再自行入睡，進入下一個睡眠週期。如果逐漸成長的嬰孩每次都在這個微微醒過來的時候被大人抱起或拍哄，他便無法學習如何再自行入睡。結果每一次微醒時，都可能需要再次哺乳或拍哄入睡，這樣獨自睡一房反而會造成父母的困擾。

2. **寶寶睡眠週期轉型期是否已經過了？**

寶寶剛出生前三、四個月，睡眠週期並不一定，可能一入睡就進入安靜睡眠期，能夠熟睡不被驚醒。但是，在寶寶腦部成長愈趨成熟，大致是出生三至五個月後，他的睡眠週期就會開始愈來愈像大人，也就是剛開始入睡時並不是熟睡。這時，爸媽會覺得怎麼寶寶以前餵完奶睡著後放下來，就能睡得很穩，但現在卻一放下就大哭，這就是睡眠週期在轉型的象徵。要到這個時期過後，寶寶的睡眠週期才會趨於定型，要更換寶寶的睡眠地點，成功機率也才比較高。

建議方案

● **採漸進方式** 嬰兒必須學會如何在兩次睡眠週期之間的微醒階段自行入睡，才可能獨立睡覺。只要有學習，設計多個緩衝與過渡期都會對學習有很大的幫助。因此，父母計畫將嬰兒搬出房間時，可以考慮採漸進方式。也就是，如果嬰兒本來哺乳時都睡在媽媽身旁，在他兩次哺乳期間能開始睡得久之後，就可以先將他從媽媽床上移到身邊的小床上，如此一來媽媽便能觀察嬰兒睡眠週期的轉換。

剛開始嬰兒微醒時可能還需媽媽伸手拍哄，漸漸若媽媽還來不及拍哄嬰兒就可以自行入睡，這時，媽媽就可以將小床床緣拉起，每隔幾日就慢慢地將小床往外推一點，把小床與大床的距離漸漸拉遠。一直到將小床推到房間的另一端後，若嬰兒還能持續平穩地獨立睡過夜，就可以考慮將小床搬到另一個房間。

● **注意氣味的差別** 嬰兒剛出生時就本能地能以嗅覺找到母親的乳頭，因此在開始將小床與大床的距離拉遠時，不要忘記把媽媽哺乳過的睡衣脫下來給嬰兒抱、或放在嬰兒旁，在嬰兒還沒有成功建立在另一個房間獨立睡覺的習慣前，不要隨意將這件睡衣上的味道洗掉。

● **趴睡或用襁褓裹住嬰兒減少驚醒**　用包巾（swaddle）將嬰兒的手腳包住以減少驚醒的方式，在各民族的傳統文化中都能找到（見圖1）。

使用包巾時要注意，大部分嬰兒的新陳代謝速度都極快，這表示他們的體溫較高，比較怕熱。所以冬季時包巾可能還適用，但夏季時卻有可能因為四肢都被包起無法散熱，反而睡得更不安穩。這時，可以只包住嬰兒的手和手臂，將腳部露出散熱。也可以考慮讓大一點的嬰兒試著趴睡。

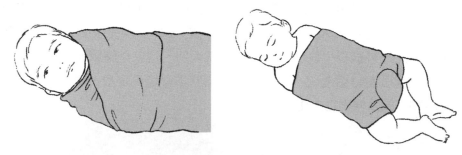

圖1　用包巾將初生嬰兒的手腳包住，可以減少嬰兒驚醒的可能。

● **注意溫度差異**　嬰兒貼著母親睡，小床併在大床旁睡，和在小床上獨立睡，嬰兒四周的溫度會有很大的差別。父母如果能細心考慮這個溫度差異，能有效減少入睡時的不適，或避免兩次睡眠週期間微醒時被熱醒或冷醒。冬季時母親哺乳後將寶寶放入小床前，可以用小電熱毯先為嬰兒暖床，以免母親身體的溫度與小床溫差太大將寶寶驚醒。

4 - 40

寶寶獨立是可以訓練的嗎？

　　父母如何教養小孩，可以形容為有兩端的一條線，在線的這一端是完全依賴，在線的那一邊是完全獨立（見圖1）。

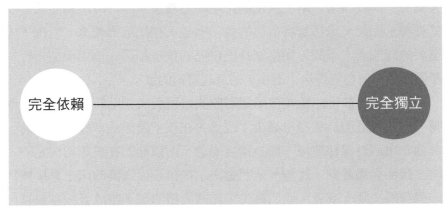

圖1　父母教養小孩，要在完全依賴與完全獨立的兩端之間，找到平衡點。

　　不同的教養哲學，決定我們與孩子如何互動。如果我們覺得寶寶太小，吃飯、睡覺都應依靠大人，那麼，孩子就可能到很大都還睡在父母的床上，或一直到很大吃飯還要大人餵。如果我們覺得孩子應該要獨立，那麼孩子還很小我們可能就希望讓他自己睡，或要求他自己吃。

　　其實，父母有教養的哲學是件很好的事，但是父母的教養哲學如果不能隨著孩子成長需求的改變而有所變動，自然就會產生問題。

　　孩子還小的時候，生理與心理都需要與父母靠近，他們與母親肌膚相貼可以幫助母乳製造與下奶，也能確保嬰兒的心跳、血壓與溫度平穩。但孩子漸漸長大，行動力開始變強，所需的自我空間就愈來愈大。他會開始

要求自己走路、自己吃東西、自己上廁所。在他們生理與心理都準備好時，讓他們自己睡，就不會是難事。所以，孩子吃飯與睡覺其實不需要訓練，他們自己獨立完成這些事情都只是成長的里程碑而已，做父母的只需要在對的時刻，給與機會，做些許協助與鼓勵即可。

通常嬰孩吃飯和睡覺會變成家中痛苦的大事，都是因為以下兩種情況造成的：

1. 操之過急

操之過急的父母教養哲學通常是「完全獨立」，他們希望讓孩子早一點學習獨立，因此常常忽略了孩子的生理與心理需求。何時該獨立其實沒有制式標準，因此父母都是將自己的孩子與他人相比取得標準。但孩子成長所需要的時間人人不同，如果家長把自己的孩子和第一個出現某一行為的孩子做比較，就會覺得自己落後，有急起直追的欲望。

結果，父母很可能會在孩子還需要與母親肌膚相貼時，就決定讓他自己睡，導致母乳製造量過早減少；或者，在孩子還無法準確拿餐具時，就要求他吃東西時保持乾淨。因為操之過急，所以他們在要求與決定時，從不設立緩衝與過渡期。比如，他們會決定把孩子從媽媽的床上直接搬到另外一個房間去睡；或者，他們會決定總被人餵的孩子應該直接拿餐具自己吃。因為操之過急，所以孩子反而會出現倒退行為，像是本來可以在自己的小床裡睡，現在卻執意要在媽媽床上睡。其實操之過急的父母通常只會在一開始訓練孩子時分享成果，卻在孩子出現倒退行為時選擇不透露，所以很多家長拿孩子相互比較的數據並不真實。

總而言之，這類父母對孩子成長所需的「時間」給的很小氣。

2. 一直拖延

另一類家長則完全相反，他們的教養哲學多半是「完全依賴」，即使孩子已經展現能力，顯得可以勝任轉變，但父母卻忽視這些重要的里程碑，執意幫他們完成任務。這類家長的教養行為之所以如此，多半是覺得孩子的能力還不足。比如，家長會覺得「因為他自己睡會害怕，所以不能離開

大床」，或「因為他自己吃會吃得亂七八糟，所以還是大人餵省得麻煩。」問題是，孩子的成長即使生理與心理都已經準備好了，但是技能要純熟，還是需要練習。如果練習的機會總是被剝奪，那麼就會空有能力，卻沒有技能。沒有技能的孩子做什麼都容易錯，最後孩子對自己沒信心，也希望他人能代替完成，養成了依賴的習慣。這就更加深大人對孩子能力不足的信念，形成了一直到大都斬不斷的惡性循環。這樣的孩子會到很大還是要人餵，到很大還是要跟父母擠張床，或是不搬出父母房間。這種依賴行為，也會影響未來的學習行為。

說到底，這類父母對孩子成長所需的「練習」給的很小氣。

其實，寶寶身體與心理的成長本就是在為他們奠定獨立的基礎。如果父母訓練寶寶獨立的時間抓得對，那麼成長就是順其自然，不需要用力推、不需要用力拉。如果父母的時間抓得不對，那麼成長就是困難重重，孩子和大人都辛苦。寶寶其實比任何人都想早點自己吃飯、自己走路、自己睡覺，因為能自己獨立完成，就代表擁有自由，隨之所取得的自信，誰也拿不走。但是，在孩子獨立之前，他必須先取得生理上的支持，才可能精進技能，以至於純熟，這個精進的過程，充滿了失敗。做父母的何時該鼓勵孩子嘗試使用新能力、什麼時候該拉一把、什麼時候該咬牙讓他從挫敗中站起來，這都不只是教養哲學，這些都屬於教養藝術。而藝術要愈來愈進步，就需要各人靜心、誠實的觀察和體會，並且對這個過程，充滿了欣賞。

寶寶或父母有分離焦慮正常嗎？

　　寶寶與照顧者分離時，會出現焦慮的情緒，這就是分離焦慮（separation anxiety）。焦慮的情緒可能導致寶寶的一些生理反應，如心跳加速、呼吸短促、冒汗發抖、吞嚥困難。如果嚴重可能會出現肚子疼痛、嘔吐、腹瀉等症狀。寶寶還無法溝通，無法說出他的感受，可能就以哭來表達他的傷心，或不與他人有眼神上的接觸。所以，初生嬰兒如果與母親過早分離，不管是心跳、血壓、呼吸、體溫等各項生命徵象（vital sign）都常會出現混亂。同樣的情況也可能出現在寶寶的主要照顧者身上，通常都會是寶寶的父母。分離焦慮不但正常，而且它是大自然特別安排要在父母與寶寶分離時，所出現的情緒和生理症狀。

　　嬰兒出生時，在場的父親會與母親和嬰兒一同分泌催產素，家庭關係的緊密連結由此產生，可以說催產素是家庭成員連結的黏著劑。就跟世界上的任何連結一樣，要分離連結需要花點力氣，就像分開兩張黏在一起的紙張一樣不簡單。同理，要嬰兒和黏在一起的父母分離，並不是一件簡單的事，因為分離時大家或多或少都會出現焦慮情緒。

分離焦慮是大自然為保護嬰兒而精心設計的

　　情感的密切連結與分離時出現的焦慮情緒，都是大自然為了避免父母遺棄嬰兒、保護嬰兒生存，而精心設計的。這就是為什麼父母一看到嬰兒哭泣的小臉，腳步就會開始沉重。要違背這個大自然為生存所設立的機制，各方都一定會付出生理上的代價。因此，月子中不建議嬰兒與母親分房睡，也不建議母子分離過久，因為這個機制的影響力在嬰兒初生時最大，然後開始慢慢遞減。

　　漸漸等嬰兒長大些後，他會發現，媽媽現在把我放下來，但等下就會

來找我。只要嬰兒能預測媽媽會回來，他不會覺得被遺棄，互信關係就能建立。父母可以在寶寶滿月或兩個月後開始以漸進的方式，慢慢增加分離的時間。不管寶寶是否聽得懂，都在父母離開寶寶時跟他說一聲，回來後再跟他說一聲。一開始可能五分鐘，接下來延長到十分鐘、十五分鐘，以此類推。最重要的原則是父母的行為必須一致，不要第一次離開就是幾小時才回來，回來後又黏在一起，或寶寶睡著後醒過來，老是找不到父母。父母行為一致寶寶才可能預測，他能預測才可能感到安全，也才能將焦慮降到最低。這個以分離建立互信關係的訓練過程，最好安排在寶寶兩個月後到八個月前。

寶寶八個月後對自己的主要照顧者會開始有很清楚的指認，他會開始認生，所以寶寶不願意再被大家輪流抱來抱去。常常祖父母會在這段時間開始抱怨，寶寶本來很隨和的，爸媽不在他們本來帶得好好的，怎麼現在突然變得那麼黏父母。這並不是父母有計畫的圖謀，寶寶認生的情緒反應，其實也是大自然設計好的生存機制。寶寶八個月後開始出現行動力，所以，大自然現在怕的不是父母遺棄寶寶，而是寶寶因為好奇而離開父母太遠，結果出現危險。例如，一家人住在森林裡，寶寶如果不懂得黏父母而愈爬愈遠，最後很可能就被猛獸叼走了。所以，如果父母要寶寶學習漸進式分離，最好安排在寶寶認生前開始。

如果正常的分離焦慮已經影響到家庭運作，好比父母無法去上班，或下班後無法做家務或花點時間處理公務，或寶寶無法去上學，那這就已演變成分離焦慮「症」了，這就不正常了。因為大自然的本意是防止父母遺棄寶寶、防止寶寶跑太遠出現危險，但它卻無意無限期地將寶寶與父母綁在一起，弄得父母、寶寶都沒有自由，無法探索世界。這樣的寶寶無法增進自己的技能，擴大自己的世界，這樣的父母也無法配合孩子的進步，得到自由，最終賠上的是父母與寶寶的生活品質、社交機會，與寶寶的自信。一個連父母都不相信有獨立探索能力的孩子，是不可能建立自信的。

採取漸近式分離可以減輕分離焦慮

如果一個家庭已經出現分離焦慮症，那最好的辦法就是重新開始進行

漸進式分離法。不管孩子聽不聽得懂，在分離前和孩子溝通，且父母離開時要相信孩子已經夠大了，能夠處理這樣的短暫分離，所以當孩子哭鬧時要不予理會，等回來時再跟孩子溝通，提醒他父母並沒有永久與他分離，而且他也將這個分離處理的很好。如果這樣反覆進行，漸漸將時間拉長，孩子慢慢會明白父母並不會遺棄他；在他與父母分離時，他會發現自己能獨立應付很多事情，因此增加自信。常常，寶寶有嚴重的分離焦慮症是因為父母當中也有人有分離焦慮症，因此這個辦法也能用在父母身上，在分離結束後，做父母的應問自己：「在分離時寶寶出現生存的問題了嗎？」「在分離時父母感覺像快要死掉一樣，但自己真的死了嗎？」

這樣的分離訓練如果時間掌握得對，並不會影響父母與寶寶的連結，它只會使得寶寶與父母再度相聚時更珍惜對方。寶寶終究要與父母分離，因為這樣他才有機會與他人產生連結，重複他與父母建立的互信關係，開始與他人建立互信關係。就是因為這些多元的情感連結，我們的孩子才可能為自己創造出豐富精彩的人生。

4－42

出去上班還是回歸家庭，
對寶寶比較好？

媽媽生產後常常必須面對是否要回到工作崗位的困擾，視各家庭的需求，有時這個問題也會在爸爸身上發生。到底是做職業婦女還是家庭主婦對寶寶比較好呢？其實，這個問題應該改成，到底是做職業婦女還是家庭

主婦對媽媽比較好呢？因為，只有父母快樂，寶寶才有快樂可言。

　　就像任何職業一樣，我們的文化常常支配我們的職業決定，如果文化中醫生、律師、工程師的地位較高，大家就都不顧興趣地往這幾個行業擠。同樣的，如果文化中鼓勵母親就業時，多數人就會選擇做職業婦女；但當文化鼓勵母親留在家裡帶小孩時，多數的人就會選擇做家庭主婦。好像這與個人的志趣、能力無關，只與社會環境有關。其實，家庭主婦也是一項職業，它也要有必備的技能才能勝任。在家裡帶小孩的母親必須要很有紀律，對時間很敏感，因為幾乎所有的時間都是靠自己切割與分配的。她們要懂得安排優先順序才能把孩子照顧好，同時又可以做菜、清潔和整理。因為這些事情都必須在短時間內完成，所以在家帶孩子的母親必須要有基本的做菜技能、組織能力，清潔也要有方法。又因為在家帶孩子的母親必須保留時間做帶孩子以外的事，因此她一定要很懂得管理孩子的行為，這樣孩子才能配合母親的其他家務，而孩子的配合也才可能讓母親為自己與孩子創造其他社交時間。

　　如果家庭主婦和職業婦女都是職業選擇，母親就必須要問自己，自己對哪一項職業較有興趣？自己能勝任哪一項職業？如果母親不誠實面對自己的需求和技能，那就好像選了一個自己沒有熱情的行業一樣，每天上班前都不想起床，因為不想面對自己不喜歡的工作。這樣的母親如果選擇當家庭主婦，就會因為沒有組織或管理技能，教出沒有生活規律的孩子。沒有生活規律的孩子，吃和睡的時間都很亂，也因此很難有健康的身體。孩子不健康，家庭主婦就更累，這個本來就辛苦的工作，就會更像個苦差事。常常這樣的母親會變得很怕面對孩子，完全沒有享受到做母親的樂趣。

　　相反地，有些媽媽其實很想在家陪著寶寶走過每一步的成長，但是因為經濟考量所以被迫回到職場。這樣的母親每一次錯過寶寶的成長階段，都會怪罪自己的職業。還有常見的是，下班回到家後往往沒有人幫忙做家事，因此回到家的媽媽也沒有辦法好好享受孩子的陪伴，還是要忙著做煮婦、做家務。這樣日日月月在一個自己不想去的地方上班，回到家也跟寶寶沒有高品質的相處時間，最後媽媽損傷的還是自己的健康與工作崗位的

效率，完全沒有享受到工作的樂趣。

　　但無論是做職業婦女還是家庭主婦，這些困擾都不會是永久的，因為孩子的成長是時間巨輪輾壓的證據，孩子如果家庭教育的好，他們成長後就一定會去創造自己的世界，需要父母陪伴的時間只會愈來愈短。這個時候家庭主婦這個職業便出現了盡頭，因為如果在家帶孩子的母親在孩子大了以後不能銜接上自己原本的職業興趣，那麼這些父母在家就會變成孩子的絆腳石。

　　就因為孩子並不是永久需要父母，因此如果職業婦女想在孩子成長的期間回歸家庭，那家庭的經濟犧牲也只是暫時的，如果能達成夫妻共識，少出點國、少買點東西、少給孩子報名才藝班、住遠點，節省一點，其實大部分的夫婦都能完成有一人在家帶孩子的夢想。並且現代工作型態很多元，如果員工懂得溝通，公司能夠體諒，職業也不必然是二分法，一定只能是職業婦女或只能是家庭主婦，它可以是混合的。上班時間和在家時間交替搭配，或是在家上班，找出在家中工作與帶孩子的時間。

　　無論父母如何安排自己的職業選擇，只要寶寶一誕生，父母的優先順序很快就必須重組。因為孩子愈小，他的需求就愈沒有商量的餘地。雖然社會上家庭與孩子的主要照顧者大部分是女性，但父親也可能擔任主要照顧者的角色。在寶寶尚未成長到可以獨立的期間內，無論父親或是母親選擇的是哪一種職業，是出外工作或在家支持家庭，只要頭銜是父母，都沒有薪水可拿、也沒有放假可言，它的辛苦是沒有做過父母的人很難想像的。就因為如此，想領有這個頭銜的人，都該加緊增加新技能。除了清潔打掃煮飯外，也多學習如何求助、與配偶有效溝通，更要知道如何管理自己孩子的行為，讓他早早成為能貢獻家庭的一員。如此一來，不管父母選擇的是哪一項職業，也都才可能真正體會到做父母的樂趣。

女人應該支援女人

　　我在企業上班時，曾被做家庭主婦的朋友歧視過，他們認為上班做事的女人，孩子一定帶不好；而我在家做家庭主婦時，也曾被穿得光鮮亮麗的職業婦女以很貶低的口吻問過：「你們在家的女人一整天都做些什麼呀？」其實無論母親是職業婦女還是家庭主婦，母親這個頭銜所賦予的責任，是沒有任何職業的名片能夠承載的。整個世界轉動的方向是由我們的孩子決定的，而我們孩子走的方向則是母親的手在牽引的。無論我們是職業婦女還是家庭主婦，我們的孩子都可能會在未來手牽手合作。我們都是這麼重要的人，我們最了解對方的感受。所以，女人真的應該支援女人，我們給予對方的，都應該是最有力量的鼓勵。

瘦孕、順產、讓寶寶吃贏在起跑點

一歳左右

5-1

寶寶根治飲食原則

　　嬰兒食品是現代的產物，在過去沒有加工食品的時代，寶寶吃的食物，就是大人吃的食物。諷刺的是，現代市售的寶寶餐、副食品反而都是加工再加工的食品，如米精、早餐穀片（cereal）等。其實原形食物才有最完整的營養，如果是一個全家都吃根治飲食的家庭，在寶寶可以吃一些真正的食物之後，可以和大人吃得一樣，不需要再為寶寶準備特別的食品。寶寶根治飲食的原則，基本上和一般的根治飲食餐是一樣的。但根治飲食寶寶餐還是有一些需要特別注意的原則。

1. 營養密度高

　　寶寶成長需要大量的營養元素，才能幫助組織建構與運作。因此，每一口食物中的營養密度，就是寶寶的成長關鍵。所以寶寶最好只吃原形食物，不吃加工食品。食物養殖與種植方式不同，食物中的營養就不同，所以寶寶的食材來源最好都盡量選購最優良的。還有，因為肉類中的許多營養元素不能靠蔬菜提供，所以成長中的寶寶每餐都一定要有肉。

● 吃原形食物

　　還保有食材原本模樣的食物稱為原形食物（whole food），但若食材經過劇烈加工手續，原本模樣已看不出來的時候，就是加工食品了。例如，牛排是原形的食物，熱狗是加工食品；橘子是原形食物，橘子汁是加工食品；五穀是原形食物、五穀粉是加工食品；麥子是原形食物、麵粉做的全麥麵包、麵是加工食品；玉米是原形食物、玉米片是加工食品；糙米是原形食物、米精是加工食品。寶寶應該只吃原形食物，因為未經劇烈加工手續的食物營養才能完整保存，營養密度才可能高。

● 確保食材來源優良

營養豐富的食材顏色通常較鮮豔，例如用吃草牛隻的牛奶做成的奶油顏色較黃，吃玉米牛隻的牛奶做的奶油顏色較淡，而吃海藻的遠洋鮭魚魚肉的顏色較深，吃玉米長大的養殖鮭魚魚肉顏色較淡。地球上只要是吃綠色植物的動物，都能夠製造 Omega 3，食材鮮豔的顏色，代表的就是食物的營養。養殖鮭魚因為營養不足，所以魚肉顏色較淡（見圖1），因此業者會在飼料中添加紅蘿蔔色素好讓食材顏色看起來較深，較有賣相。

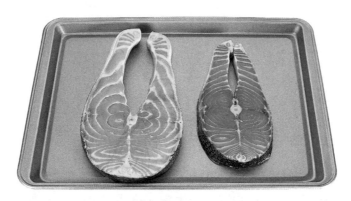

圖 1　食材鮮豔的顏色代表食物的營養。養殖的鮭魚因營養不足，所以魚肉顏色較淡。

可以說，即使是同樣卡路里的食材，它們的品質也是不平等的，同樣是魚、同樣是油、同樣是菜，但營養密度不同，食材的顏色就會不同，營養所形成的風味也會有所不同。有營養的水果不會只有甜味，它也會有水果應有的香味。營養豐富的奶油和豬油，吃起來味道複雜鮮美，所以無論哪種食物用這些油來料理，吃起來都會很香。用營養豐富的大骨熬出來的湯香氣瀰漫。營養豐富的蔬菜吃起來有它獨特的風味，齒頰留香。而這些營養豐富的食材，是成長中寶寶食物的首選。

選購高品質的食材很簡單，只要舌頭不經常被糖迷惑，每個人的舌頭都能嘗得出營養元素，也都能靠它找到高品質的食材[1]。

● **餐餐有肉**

---

1. 更多關於如何選擇高品質食材的建議可參考賴宇凡著，《要瘦就瘦，要健康就健康，把飲食金字塔倒過來吃就對了！》第 105-114 頁。

動物和植物可以提供的營養元素，對成長中的寶寶是完全不一樣的。表1代表兩種不同蔬菜與肉類重要營養元素的比較。

表1 兩種不同蔬菜與肉類重要營養元素比較

	地瓜	黃豆	牛肉	豬肝	
維生素 B6	0.165	0.234	0.514	163	← 腦部化學
葉酸	6	54	7	18.67	← 腦部成長
維生素 B12	0	0	2.37	5405	← 造血功能
維生素 A	787	0	1	17997	← 視力、皮膚健康
維生素 E	0.94	0.35	0.12	1.41	← 神經與肌肉協調
維生素 D	0	0	4	1.05	← 吸收鈣質
維生素 K	2.1	19.2	1.6	355	← 血管健康

資料來源：美國農業部農業研究服務處（United States Department of Agriculture Agricultural Research Service）

我們可以看到，這些對人體至關重要的營養元素常常是肉類高於蔬菜，尤其是維生素 B12 和脂溶性維生素。維生素 B12 只存在於肉類之中，這就是為什麼不吃奶蛋的全素者，都必須額外補充維生素 B12，否則造血功能都會不足。脂溶性維生素 A、D、E、K 在肉類裡的含量會比蔬菜豐富最主要的原因是，肉類都有油脂，有油的地方脂溶性維生素才比較高，且它與植物性的脂溶性維生素有根本上的形態差異。比如，地瓜裡的維生素 A 是 β- 胡蘿蔔素（beta-carotene），它需要再經一道手續才能轉成視黃醇（retinol），也就是人類眼睛所需的物質。但是動物性的維生素 A 本來就是視黃醇，不需要經過轉換就能直接被人體利用。可以說，脂溶性維生素在人體內的利用率，動物性的要高於植物性的。再加上植物性蛋白質擁有的蛋白質並不全面，它無法提供人體所需的全部胺基酸（蛋白質最小單位），但是，我們所吃的動物性蛋白質都能提供人體所有的必需胺基酸，所以從前的健教課本才會教我們，動物性蛋白質優於植物性蛋白質。胺基酸是寶寶各項組織合成的所需原料，它也是腦部化學運作所需的原料來源，所以，如果蛋白質不足，寶寶會不愛笑，容易傷心，個性孤僻不好相處。

因此，正以驚人速度成長的寶寶，在開始吃東西後應該餐餐都有肉，才能確保組織合成有足夠原料，寶寶也才可能天天好情緒，笑口常開。

2. 何時吃、吃什麼由寶寶主導

一個採親餵的寶寶，開始喝奶之後，吃多少？何時吃？都一直是由寶寶主導。而開始吃原形食物之後的寶寶，吃什麼也有能力自己決定。

● 何時可以開始吃母奶之外的食物？

原本世界衛生組織的建議是，嬰兒四至六個月大時可以開始吃母奶之外的食物，但最新修訂的建議是嬰兒在六個月大以前最好不要碰母奶以外的食物[2]。這項修訂背後最主要的原因是，研究發現過早讓嬰兒接觸食物，較容易出現食物過敏並導致成年肥胖。

六個月大後的寶寶如果開始對大人吃的食物感興趣，且能不靠大人幫忙就自己坐正，湯匙放進嘴裡能自行把嘴閉起來，那就是在告訴爸媽我已準備好要吃母奶以外的原形食物了。所以說，寶寶到底該何時開始吃母奶以外的食物，其實是由他自己主導的。從寶寶可以在湯匙放入嘴裡後自己閉起嘴巴，到寶寶長牙，都可以開始吃一點柔軟的食物，但主食仍舊應該是母奶。能坐在高椅上的寶寶，如果願意並且能跟著家人一起吃正餐，大人可以在這時餵寶寶一些磨碎或咬碎的柔軟食物。一個準備好想吃東西的寶寶，與一個還沒準備好的寶寶，兩者表達的意願都會很清楚。準備好的寶寶，對新的食物充滿急切和興奮，湯匙還沒入口前，他就會自動扶著湯匙將湯匙往嘴裡送。還沒有準備好的寶寶，就可能對食物興趣缺缺、可有可無的樣子。當寶寶對食物興趣缺缺時，吃東西時常常會出現消化症狀，這時父母就應延後嘗試餵食物的時間，再等一會兒。

大部分的寶寶在八至十二個月時，第一顆乳齒就會開始冒出頭，這就是寶寶身體與心理都全面準備好要迎接原形食物的象徵。

● 吃什麼？吃多少？

1939 年時，因為於美國制式飲食建議日漸成形，芝加哥一名小兒科醫

---

2. 資料來源：世界衛生組織網頁，http://www.who.int/features/qa/21/en/。

師克拉拉・戴維斯（Dr. Clara Davis）進行了一項實驗。這個實驗中的寶寶可以自由選擇自己要吃的食物，實驗中所提供的食物都是營養密度極高的原形食物。實驗中的寶寶可以決定自己（可選擇的都是營養密度極高的原形食物）要吃多少，且大人不能暗示或指示寶寶要選擇哪些食物。實驗發現，寶寶選擇的都是自己所需要的食物，因為在寶寶的各項成長檢測——如骨骼密度檢測中發現，寶寶其實都有內建的飲食智慧，他們知道自己的身體需求，何時該多吃點肉、何時該多吃點油、何時該多點菜。只要寶寶的舌頭不被加工食品轟炸，他們都能自行調配出均衡的飲食[3]。

所以，寶寶上桌用餐後，父母餵食時，寶寶不想吃就不餵，想吃就多餵點。寶寶長牙後，餐桌上都只放營養密度高的原形食物，父母可以將食物切小塊，每種放一點在盤子上，放在寶寶的前面，讓他自由選擇他想吃什麼，要吃多少。

3. 讓寶寶練習咀嚼和肢體技能

讓寶寶主導自己要吃什麼，把小塊食物放在盤上讓他自己抓，除了可以讓寶寶藉由體內智慧來引導自己該吃什麼，對咀嚼、吞嚥與肢體動作發展的影響也很關鍵。抓食物再送進嘴裡可以訓練手眼協調能力。食物不打太細，小塊有形的食物可以讓寶寶練習用舌頭把食物往上顎搗碎，這個動作和吸母乳的好處一樣，能幫助上顎發展健全，尤其對已經錯過親餵機會的寶寶來說，這種咀嚼食物的練習更是珍貴。這可以讓寶寶熟悉咀嚼時咀嚼肌與舌頭肌肉的協調運作，以及訓練舌頭這塊體內最強健的肌肉之一。其實，咀嚼、用手指拿東西、吞嚥等，都是寶寶天生的能力，不必學習寶寶自然就會。就像時間到了，自然就會站，時間到了，自然就會走，但在會站會走之前，腿部骨骼和肌肉得先發育完全。咀嚼也是一樣，長牙前咀嚼肌得先發達，這樣牙齒長出來自然就會咀嚼。所以，把練習的機會給寶寶，是讓他們順利成長的必要元素。如果咀嚼未經練習，孩子不會因為年

---

3. Davis CM, "Results of the self-selection of diets by young children", *Can Med Assoc J* 1939;41:257-61 & Strauss, Stephen, "Clara M. Davis and the wisdom of letting children choose their own diets." *CMAJ* 2006 175: 1199.

齡增長就自然純熟。一個準備好該吃東西的寶寶，從流質改成有形食物時，他們不會用吞的，他們會很自然地用舌頭頂上顎搗食物、吸吮食物，也可能會看到寶寶直接用牙齦咀嚼食物，因為這都是他們天生的本能。

特別要提醒，使用奶瓶的寶寶，一開始吃東西時會比較容易噎到，因為他們對正確吞嚥的練習沒有親餵寶寶來得多。所以在餵食時，要隨時注意，寶寶噎到時如果能咳嗽就還能呼吸，如果噎到時不能咳，就一定要協助拍拍，或幫忙把食物從嘴裡拿出來。

這些吃東西的安排，一開始對大人來說是件辛苦的事。因為各項技能都還不純熟的寶寶吃起東西來，一定會弄得滿臉、滿身、滿地都髒，每餐後都要花時間清理。但是，願意讓寶寶練習的父母會發現，在寶寶的技能漸漸純熟後，就會吃得愈來愈乾淨，手眼協調進步後，食物就能精準地送進嘴裡。最後在寶寶能開始拿湯匙等器具自己吃後，原本辛苦的父母就能開始輕鬆了。所以，願意給孩子機會練習的父母，是倒吃甘蔗，愈吃愈甜，做父母的愈來愈輕鬆。

相反地，不習慣給孩子練習機會的父母，卻有不同的命運。有些父母在寶寶長牙後，還是把食物打得像爛泥一樣，又怕寶寶弄髒，堅持用餵的。這樣的孩子，在長大後很容易因為咀嚼吞嚥練習不足而噎到。又因為手眼協調總是沒有機會訓練，所以大了之後還是會吃東西掉得到處都是，弄得全身髒。再往後還可能因為手眼協調練習不足，產生寫字不端正等學習問題。這樣的父母雖然節省了前面清理的時間，卻讓往後無法放手，做父母愈做愈累。

寶寶一開始吃東西時，有段時期會喜歡扔東西，或把食物從手裡放掉讓它掉到地上。這時如果父母一直不停把食物從地上撿起來，寶寶會以為這是一個我丟你撿的遊戲，玩得不亦樂乎。所以，在寶寶扔食物時，父母最好不要理會。吃飯前先將寶寶椅下鋪滿報紙或塑膠布，等寶寶吃完離開飯廳後，再來收拾殘局。寶寶丟一陣子後，發現沒有趣，就不會再丟了。

4. 放鬆吃飯

寶寶跟著大家上桌吃飯，不只是學習該吃什麼，該怎麼吃，他還會學

到家中吃的文化。如果一家人在餐桌上總是很緊張，緊張孩子沒吃這個、沒吃那個；或是吃飯時趕著結束，好去做別的事；要不就是吃飯時總是開批判大會，數落這個的不是、那個的不是。這種緊張的情緒會直接影響寶寶對吃飯的記憶，如果吃飯時總是痛苦緊張，寶寶就會想逃避吃飯時間，一上桌就哭鬧掙扎，想盡辦法下桌。這種情況會讓寶寶一上桌就沒胃口，這不是他裝的，沒胃口是因為緊張的情緒記憶，會關閉寶寶的消化系統。

如果，寶寶上桌時看到的是家人對食物上桌充滿期待，再看到家人輕鬆愉快地享受食物，開心聊天。這樣的氣氛就會帶給寶寶美好的吃飯情緒記憶，他只要一想到吃，就覺得快樂。這樣的寶寶會和家人一起期待下一餐的到來，進餐時懂得放鬆，消化系統因此能順暢，消化液分泌足夠，寶寶就會總是有好胃口。如果飯桌上是一個開心的地方，寶寶就沒有道理想下桌去別的地方玩，他會想加入大家，享受餐桌上吃的樂趣，為他與食物之間奠定永久的良好關係。吃飯時沒有人趕，寶寶就能學會花時間慢慢咬，奠定他往後的消化健康。懂得慢慢咬的寶寶有足夠的時間讓身體可以偵測到何時已飽，知道要在飽後拒絕食物，這樣就不易在往後因食量不均導致體重問題。

5. 不以糖做獎勵

人天生就愛吃甜食，因為植物只要是有甜味的，多半無毒。且吃糖時的腦部化學路徑，和會讓人上癮的毒品沒有兩樣，這種路徑我們稱之為獎勵路徑。也就是說，吃糖時身體會受到鼓勵，會讓人想再回頭繼續吃它。所以，我們才會說糖是世界上最容易上癮的物質。在工業革命興起，製造白糖的技術開始發展時，歐洲人是把糖稱為 crack[4]，鎖在櫃子裡的。

但是，現在人們卻拿著這個毒品，一而再、再而三地用它獎勵孩子。我們的舌頭生來就愛甜，現在，又不停把這個毒品和美好的記憶連結在一起，用它來慶祝各項成就、出現在各種活動。這樣還不夠，我們還用它來表達愛意。生理與心理的雙重獎勵路徑一旦形成，要孩子拒絕糖，真是難

---

4. Crack 就是英文的毒品。

上加難。一個糖上癮的孩子，各種生理與心理（精神）疾病會一直出現，讓父母覺得養孩子毫無樂趣。

而且在孩子長大不吃糖以後，他們就可能開始使用能刺激同樣獎勵路徑的物品，如咖啡因、尼古丁、酒精等，濫用這些刺激品，希望能得到相同的滿足。所以，小時候糖上癮的孩子，長大後也容易出現上癮個性。

孩子會對糖上癮，最主要是因為他們也和大人一樣，吃多了糖或是吃得不均衡，就會震盪血糖。糖一往上衝，獎勵路徑就開啟，孩子吃糖身體得到了獎勵，下次就還想再多吃糖。但是，若是血糖升高太快，血糖線衝上去會傷害胰臟、跌下來時則會傷腎上腺（參見 193 頁），如果每次吃東西都這麼大力震盪血糖，不管胰臟和腎上腺原本是多麼健康，有一天都會弄壞。這就是為什麼現在醫界預估在 2001 年出生的孩子，50% 在三十歲時會出現糖尿病的原因。如果父母希望自己的孩子不致於落進這樣的統計數字中，就一定要均衡飲食，不要用糖做為獎勵。

所以，父母最好盡力讓寶寶至少在一歲以後才接觸加工甜點，不要讓寶寶覺得甜點是個不能沒有的東西。最好先讓寶寶學會享受如水果、楓糖等這種天然的甜味，每天只在一餐的飯後與寶寶分享一點點。這樣寶寶在進入學校這個用糖做獎勵氾濫的地方，才會懂得自制與拒絕。

不用糖做獎勵，還有許多其他的獎勵方法可以替換，例如真誠的讚美、真誠的感謝、緊緊的擁抱。有些父母還會提供抓背服務、講故事服務，做一道孩子最愛的菜，帶他們去他們想玩的地方等等。父母只要有創意，就不會被糖與物質牽制，獎勵的方法可以海闊天空，任憑想像。

5-2

寶寶根治飲食餵食原則

在剛開始給寶寶吃真正的食物時，要先確保他們吃得到，並藉此訓練寶寶的咀嚼和肢體，同時也要照顧到飲食的均衡。所以，食物大小、吃的順序，以及吃的比例，都是重要的餵食原則。此外，因為現在父母本身有食物過敏的人很多，所以，寶寶開始吃原形食物時，最好一次只加入一樣，以了解寶寶對食物的反應。

1. 食物的比例

食物比例對寶寶的血糖與消化有最重大的影響。我們都以為身體的運作是以日為單位，所以常常被教育一天要吃多少蛋白質、多少蔬菜。但事實上，身體的運作是以分秒為單位的，先進來的先分解。所以，如果我們早餐吃燕麥、中午吃沙拉、晚上吃牛排，它不會在夜裡被身體叫出來晚點名，再送去各個部位被利用。既然先進來的食物會立刻被分解利用，那麼餐餐比例均衡，才能確保營養元素的吸收、利用，以及血糖平衡。因此，每一餐都必須要有肉、有菜，如果有糖或澱粉類的食物，不超過 20%。水果必須跟在均衡的一餐後立即吃，不能單獨在兩餐間把水果當零食。即使身體每天的食量需求不同，也要按照同等比例放大或縮小。也就是說，無論寶寶吃多或吃少，比例仍然要維持不變。

所以，寶寶吃飯時，只要將寶寶盤子上的食物種類按比例放好。如果不夠，先加肉和菜，最後才加澱粉。如果寶寶沒有吃完，也不用緊張比例失衡，因為他第一口已經吃肉了，盤子上的又都是好的原形食物，澱粉也都是最後一個加，每次又都是最少量，所以再怎麼吃也沒有震盪血糖的顧慮（見圖1）。

圖1　寶寶可以自己用手抓食物後，吃飯時先放肉和菜，不夠時再少量加澱粉，這樣再怎麼吃也沒有震盪血糖的顧慮。

2. 食物的大小

　　寶寶吃的食物在長牙前與長牙後，大小要有所不同。大小不同才能確保長牙前的寶寶能順利吞嚥食物，也能在寶寶長牙後，訓練他的咀嚼與眼手協調。

● 長牙前

　　寶寶還沒長牙前，餵寶寶時可以將食物按比例磨碎咬碎。

　　a. 磨碎（mash）：用嬰兒食物磨碎器（baby mouli）（見圖2）或石磨磨碎食物，比用果汁機好。果汁機強力的馬達會讓食物過度變小，過小的食物無法引發寶寶正確的吞嚥反射。用食物磨碎器、手動壓碎，或石磨切碎食物則較為溫和，不會把食物打得太碎。

如果使用果汁機，要注意稍稍打一下就要停下來檢查大小，不要把食物打得太碎，只要孩子能順利吞嚥且不會噎到即可。

　　b. 咬碎：在從前沒有果汁機的時代，大人會將食物咬碎餵給孩子。這個在現代看來很不衛生的舉動，其實可以大大地支援孩子的消化。寶寶的胰澱粉

圖2　寶寶的食物用手動磨碎比電動磨碎好。電動磨碎會讓食物過度變小，無法引發寶寶正確的吞嚥反射。

酵素要到一歲左右才會生產足量[5]，也就是說，在一歲之前吃過量含高量澱粉的食物，如燕麥（澱粉占 68.7%）、糙米（澱粉占 72%）、麵和麵包（澱粉幾乎 100%）、豆類（黑豆就有 47% 的澱粉量）等，寶寶其實很難消化。沒有消化完全的澱粉，會引起寶寶脹氣打嗝等消化不良的症狀，讓寶寶餐餐受苦。不只如此，沒有消化完全的澱粉，還會損傷消化道並打亂腸菌平衡，讓寶寶將來出現食物過敏的機率大大升高。我們幾千年以來都以米麵為主食，餵了寶寶幾千年都沒出現過敏情況，但現在乳糜瀉（celiac disease，又稱麩質不耐症）這種無法消化麥類的食物過敏疾病與其他食物過敏卻年年高升，這與我們餵食方法改變、濫用抗生素，以及嬰兒食品中肉類較澱粉類所占比例大大減少，有很大的關係。

其實，大人唾液中不只有澱粉酵素，大人唾液中還有微生物，能增加寶寶腸道中微生物菌種的種類。我們開始了解這件事，是因為全世界都在致力於菌種研究。在「人類微生物研究計畫」（human microbiome project）中，一篇在美國《小兒科期刊》（PEDIATRICS）上刊登的瑞典研究表示，吸吮父母用嘴清理掉到地上奶嘴的寶寶，比較不容易得異位性皮膚炎、氣喘等疾病。這兩種疾病現在在「人類微生物研究計畫」的研究中被認為，可能是由於腸菌與呼吸道菌種失衡所引起的[6]。

這些新研究認為菌種（就是微生物）容易失衡最大的因素，並不是因為我們「得到了壞菌」。菌種失衡最主要的原因，是由於菌種的種類過於單調。一個微生物種類豐富的環境，各類微生物不只能互相合作、分享資源，且由於每一種微生物都想擴展版圖，因此也會互相制衡。傳統的社會嬰孩一出生就能立刻接觸到大自然，在多元社群大家庭下長大的孩子與大家共同分享食物，被大人親來摟去，常有機會與動物接觸。他們體表和體內的微生物種類，比現在在無菌環境的醫院中出生和在核心家庭長大的孩子，要多出太多了。

5. Hadorn, B. et al. "Quantitative assessment of exocrine pancreatic function in infants and children", *J. Pediatr. Res.* 73, 39–50 (1968).；Zoppi, G., Andreotti, G., Pajno-Ferrara, F., Njai, D. M. & Gaburro, D. "Exocrine Pancreas Function in Premature and Full Term Neonates", *Pediatr. Res.* 6, 880–886 (1972).

6. Hesselmar. B "Pacifier Cleaning Practices and Risk of Allergy Development." *PEDIATRICS* Volume 131, Number 6, June 2013.

菌到底是壞還是好，其實是人所下的標籤。如果菌種數量不失衡，大家都能和平相處，就能避免因為單一菌種數量失控，而對其他菌種造成霸凌、壟斷資源，最後產生疾病。這些因為微生物失衡所引起的疾病包括了：蛀牙、食物過敏、過敏、異位性皮膚炎、氣喘、消化疾病等。所以，如果大人不是因為感冒或有其他口沫傳染疾病，就不要害怕自己會把「壞菌」傳染給寶寶。因為，即使大人由於微生物失衡有蛀牙、食物過敏、鼻子過敏、異位性皮膚炎、氣喘、消化疾病等問題，他們還是能貢獻不同的微生物給寶寶，豐富寶寶的微生物群落，讓寶寶能因為微生物群落的種類多元豐富而確保微生物平衡，遠離疾病。

用咬碎的方式餵食寶寶時，大人可以先將食物按比例在湯匙裡配好，一點肉、一點菜，如果有米麵等澱粉類，再配一點澱粉，放進嘴裡稍稍咀嚼，再將咀嚼好的食物放回湯匙上餵寶寶。咬碎的原則與磨碎相同，只要孩子能順利吞嚥且不會噎到即可，食物保留一點口感，才能讓孩子練習用舌頭搗碎咀嚼與吞嚥的反射動作。

＊母奶中含有高量的澱粉酵素，因此將食物與母乳混合攪拌對寶寶的消化有很大的幫助。

＊亦可將市售含有澱粉酵素（amalyse）的消化酵素均勻撒在含有澱粉食材的磨碎食物中，以代替咬碎。方式是要餵之前，才放一點酵素在餐中攪拌均勻，攪拌後立刻餵。有食物過敏的寶寶或媽媽，無論食物中是否有澱粉類，都可以在餐前先服用消化酵素（通常會同時包含有消化澱粉、蛋白質、油脂等的酵素），以幫助消化，減輕過敏症狀。

＊雖然嬰兒的胰酵素分泌量還不足，但已能自行生產口水澱粉酵素，且一個月大寶寶的腸壁也已經能生產澱粉葡萄糖化酵素（glucoamylase），因此一歲以前的寶寶是可以消化少量澱粉的。澱粉類食物建議從天然的開始加起，天然澱粉有米、玉米、豆類及根莖類如地瓜等食物。先從少量開始試，如果沒有脹氣、吃完飯後哭鬧、大便放屁很臭、便秘、拉肚子等消化不良的情況，才漸漸增加至一餐的 20%。精緻加工澱粉類食物最好在一歲以後才接觸，精緻加工澱粉類食物包括麵條、米粉、冬粉、粿

粉、麵包、蛋糕等。精緻加工澱粉類食物也是先從少量開始試，如果沒有消化不良的情況才增加至一餐的 20%。

＊切記大人感冒時，或有其他口沫傳染疾病時，應避免使用咬碎法餵食。

＊祖父母或其他親戚餵寶寶時，應該先詢問寶寶父母的意願，不應越界自行決定咬碎餵食。雖然這個做法不傷身，但卻傷心。強行將自己意願加諸於寶寶父母身上的祖父母，會讓寶寶以為只要夠大，就可以壓小的，如果將來寶寶把這樣的價值觀帶進學校與工作上，不管他是那個大的還是小的，都一定會損傷他的人際關係和前途。

＊如果寶寶嘴裡有鵝口瘡（thrush）（見圖3），那麼餵食精緻澱粉類食物最好延後至一歲半，且一定要用咬碎法或酵素粉幫助寶寶消化澱粉。鵝口瘡是因為體內很常見的念珠菌（candida, yeast）繁殖過量造成的，如果念珠菌過量繁殖造成鵝口瘡，表示唾液酸鹼（pH）必定失衡。唾液澱粉酵素必須在固定的酸鹼度中才能發揮作用，如果唾液酸鹼失衡，寶寶唯一能消化澱粉的酵素不能發揮作用，沒有消化的澱粉進到腸道就很可能引起腸內菌種失衡，引起各類過敏反應，嚴重的還可能導致乳糜瀉等疾病，父母一定要特別注意。

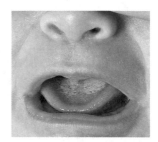

圖3　如果寶寶有鵝口瘡，餵食精緻加工澱粉食物的時間最好延後到一歲半。

● 長牙後

　　長牙後，孩子能坐正自己抓食物時，食物就只要切到大小適中即可。這時食物到底要切多大，最好的判斷方式就是觀察寶寶食指與拇指合作時，可以拿起多大的食物？放進嘴裡後，能不能成功咀嚼？能不能順利吞嚥？會不會噎到？大便中有沒有殘餘的食物？（見圖4）如果寶寶還不能精準地用食指與拇指抓食物，可以將食物煮成容易壓爛卻還保有原形的樣子，切成長條狀，讓寶

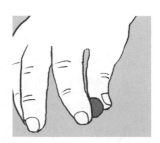

圖4　給寶寶自己抓的食物該切得多大，要觀察寶寶食指與拇指合併時能拿起多大的食物。

寶用手掌抓著自己去咬。如煮好的青豆和紅蘿蔔，寶寶可以用手掌抓著，將青豆中的肉用牙齦咬出來，或將紅蘿蔔用牙齦咬下來用牙齦壓碎或用舌頭搗碎。

當寶寶能用手指把食物精準地抓起來後，通常一開始食物還是要切小一點，再慢慢加大，一直到孩子能完全自行咀嚼，並自行用牙咬斷、撕裂食物（見圖5）。寶寶的咀嚼情況與食物大小是否能配合的上，從寶寶糞便中能看得出來。如果食物太大塊，寶寶咀嚼還不完全，那食物就會出現在糞便中，這時就應該修正餵食的食物大小。

圖5　切小餵給寶寶的食物可參考的實際大小。

3. 進食的順序

我們的胃不是一個空箱子，食物掉進去馬上就混在一起。胃其實是四面相貼的一塊肌肉，先進什麼食物就先分解什麼食物。所以，如果寶寶先吃一塊地瓜，再吃一塊肉，和先吃一塊肉再吃一塊地瓜，對血糖和消化會

有完全兩樣的影響。先吃地瓜，沒有油脂和蛋白質減緩地瓜裡糖分分解的速度，糖就會很快進入血液，震盪血糖。此外，胃酸是專門分解蛋白質用的，要有蛋白質才會分泌。所以，如果我們先吃地瓜，地瓜內的蛋白質不足，胃酸就不會釋出。胃酸是掌控消化道中每一道門的鑰匙，如果胃酸不足，則食道到胃部的賁門就不關、胃到小腸的幽門就不開。如果先多吃了地瓜這類糖分高的食物，糖遇酸發酵，就會脹氣、打嗝，食物下不去只能往上跑，結果就是胃食道逆流。且因為胃酸不足，通往食道的賁門不關，寶寶的食道就容易在胃食道逆流時被灼傷，被灼傷很難過，這樣的寶寶會在每次吃完飯後不停地哭鬧。

所以，在寶寶開始自己能抓食物時，大人就可以開始教育他第一口要先吃肉。先在寶寶的盤子上擺肉。

在寶寶吃了一、二口肉後，再把其他的食物擺上去。這樣，就能確保他養成每餐第一口都先吃肉的習慣。

4. 剛開始每次只加一種食物

寶寶剛開始吃東西時，最好每次只增加一種食物，這樣可以了解寶寶是不是有過敏反應。過敏反應可能有：呼吸道、食道腫起來，起疹子、皮膚癢，流鼻涕、鼻塞等感冒症狀，或脹氣、打嗝等消化症狀。如果沒有過敏反應，在寶寶各類食物都試過之後，就能隨意跟著家人的飲食一起吃了。食物種類加入的順序可以參考消化道痊癒飲食（參見 68 頁）。

5-3

一歲前的根治寶寶餐食譜

在寶寶開始正常進餐後，爸媽為寶寶安排的每一餐只要是一份肉、一份菜，澱粉不超過 20%，就不會比例失衡。骨頭湯對寶寶的成長很重要，可以拿來當湯喝，也可以用來攪拌食物，它是寶寶最好的第一份食物。

1. 蛋黃

蛋是所有食材中營養最豐富全面、最好吸收，又好取得的。所以寶寶的第一個食物，除了骨頭湯外，就是蛋黃了，這也是傳統社會的嬰兒食物中它會占首位的主要原因。從前，只要有寶寶的家庭就一定會有蛋黃沙，蛋黃中的油脂和蛋白質對寶寶的腦部成長極為重要。生蛋黃和母奶的成分很類似，幾乎完全不需要消化便可以吸收，所以，除了熟蛋黃外，也可以吃半生不熟的蛋黃。吃生蛋黃要很注意蛋的品質。此外，所屬區域內發生禽流感時最好不要吃生蛋黃。最上等的蛋是土雞蛋、土鴨蛋、土鵝蛋。要判斷蛋的品質好壞，可以觀察外殼是否堅硬？蛋打出來有沒有明顯的三層？中間層和蛋黃是否堅挺？蛋黃顏色鮮豔嗎（這個標準常常會被飼料或牠們的食物左右）？吃起來味道香濃嗎？（見圖1）蛋白比較不好消化，腸菌

圖 1　打開蛋殼，蛋體有明顯的三層，蛋黃堅實，嘗起來味道香濃，就是好蛋。

失衡的寶寶很容易引起過敏反應，所以根治寶寶飲食建議蛋白最好等一歲後才加入。

〔熟蛋黃食譜〕

a. 水煮：蛋連殼放入水中煮十至十二分鐘。

b. 蒸：蛋連殼放入碗中放進電鍋，外鍋放半杯水，等電鍋跳起即可。

c. 煎：冷鍋放入好油，開小火，在鍋和油都熱了後打入一個蛋，蓋鍋，在整個蛋黃看起來都變成淡黃色後，即可起鍋。

調味 1 取出蛋黃，加好鹽，或用兩滴以傳統發酵法做出的醬油調味。用湯匙刮或壓碎，就可以用來餵寶寶。

調味 2 加一點已調味的高湯，將蛋黃壓碎拌在一起，即可食用。

〔半生不熟蛋黃食譜〕

a. 電鍋蒸：將廚房紙巾整個浸溼、對折後放入電鍋外層，把蛋放在紙巾上。電鍋跳起來後，馬上拿出來，這時的蛋黃完全是液狀，最裡層的蛋白也未完全凝固。如果放在鍋裡多燜二至三分鐘，蛋白就會完全凝固，蛋黃外層也會有點凝固，燜愈久凝固愈多，可依自己電鍋的狀況適度調整。如果要蒸兩個蛋，就以同樣的方法用兩張紙，以此類推。

b. 水煮 1：蛋連殼放進水裡煮五至六分鐘（煮熟蛋黃的一半時間），取出後馬上浸入冷水。蛋不燙後就可以把蛋尾放在小茶杯上，餵寶寶時用麵包刀橫向切開蛋頭上層即可（見圖 2）。

c. 水煮 2：蛋打入碗中，等待水滾。在滾水裡放入一小匙醋後轉成中小火，待水沸得不那麼厲害後，將碗裡的蛋滑入水中，蛋白一凝結就馬上用細篩網取出。這就是水波蛋的料理法（見圖 3）。

d. 煎：冷鍋中加入好油，開小火，等鍋和油都熱後打入一個蛋，蓋鍋，在蛋

圖 2 半生不熟的蛋切去蛋頭，就可以把裡面的蛋黃舀出來，餵給寶寶吃。

瘦孕、順產、讓寶寶吃贏在起跑點

圖 3　水波蛋的蛋黃，也很適合給寶寶食用。

白全部變白凝固，蛋黃依舊鮮黃時，便可起鍋。

調味 將蛋白打破讓蛋黃流出，用少許鹽和醬油調味，生蛋黃不調味就很
美味，可以直接吃。

2. 肝

肝所含的營養比許多食材都豐富，所以它也是傳統
嬰兒食品與月子餐的首選，著名嬰兒食品公司嘉寶
（Gerber）在二次世界大戰期間的嬰兒食品宣傳廣告上，
就有罐裝肝臟湯（見圖4）。

和所有的動物一樣，肝臟也是人體過濾和排毒的重
要器官，大部分的人不敢吃肝臟，是因為大家怕裡面的
毒多。事實上，健康的肝臟並不儲存毒物，它只是一個
分解與合成的地方。健康的肝臟是鮮紅色的，因為血液
能順利的在它的血管內流動，所以會呈充血狀，沒有舊
膽汁倒流堵塞，也沒有肝臟肥大的現象。所以，如果我
們吃的豬肉、牛肉、雞肉、羊肉、鵝肉、鴨肉飼養方法
正確，牠們的肝臟也會是充血的好肝臟，肝臟豐富的營

圖 4　著名嬰兒食品
公司嘉寶，二次世界
大戰期間的嬰兒食品
宣傳廣告上，有罐裝
肝臟湯。

養對健康的幫助非常大（見圖5）。

健康的肝臟

肥肝

有膽汁倒流的肝

圖5 健康的肝臟是鮮紅色的，沒有舊膽汁倒流的綠色，也沒有肝臟肥大的現象。

〔窮人鵝肝醬〕

1. 中火熱鍋，鍋熱後先下奶油，再下切絲或塊的洋蔥、大蒜碎、少許洋香菜（如果買不到也可以改用香菜）。加入好鹽與五香粉調味。炒到洋蔥呈現黃褐色，就是洋蔥已焦糖化了，此時再放入一湯匙便宜的白葡萄酒（或黃酒），再下一點葡萄乾（或任何水果乾或棗類），蓋鍋。在葡萄乾膨脹後，即可取出置於碗內備用。

2. 鍋內重新再下一次奶油（用奶油不要小氣，它是讓肝醬可以保存的大功臣），用大火先將雞肝煎炒到外面焦黃，用好鹽和五香粉調味，再加入做法1中已炒香的料，稍稍攪拌，再下一湯匙酒，蓋鍋，轉中火。

3. 在酒水快收乾時掀開鍋蓋，加水蓋過料的一半，一邊讓水蒸發一邊在水中將肝反覆翻面，確保肝的各部分都能吸收到這個料水。

4. 收到鍋裡的水已開始濃稠，且用夾子將肝按下去是硬的，那肝就已熟透了，可以熄火取出放涼，記得所有剩下的料水都要一併取出。

5. 將已涼的肝和洋蔥、葡萄乾、作料等倒入果汁機（或食物調理機）打到呈細泥狀，愈細愈好使用與食用。如果想添加一點西洋風味，可以加入

一點黃芥茉（最好是第戎芥茉），如果甜味不夠也可以加一點蜂蜜進機器裡打勻。做好後可立即食用或冷藏後食用。

＊肝醬可以直接吃，冷熱皆宜，一歲後的寶寶也可以拌在食物中、飯麵中，在寶寶長牙能咀嚼和消化更多食物後，可以用肝醬代替花生醬、美奶滋抹在三明治，或沾煮熟的蔬菜食用。例如煮熟的芹菜棒、胡蘿蔔棒、青椒小船等，可說是寶寶一歲前最好的花生醬。

＊其他適合長牙前寶寶食用的柔軟內臟還有腰子和血。例如，用高湯煮熟豬血或腰子，再磨碎或咬碎餵寶寶。

3. 骨髓

　　柔軟的骨髓是很合適的嬰兒食品。骨髓的磷含量高，可以幫助嬰兒牙齒與骨骼健康成長；且豐富的油脂可幫助嬰兒腦部與神經發展；豐富的鐵含量，對造血系統的健康也有好處。

〔烤骨髓〕

　　從市場買來的橫切大骨上面撒些好鹽，放進小烤箱大火烤約十五分鐘。烤好後放稍涼用小湯匙挖著餵。等孩子大到會使用吸管後，可以讓孩子用吸管吸骨髓，好吃、營養又好玩（見圖6）。

圖6　烤好的骨髓可以用湯匙挖給寶寶吃，是很好的寶寶食物。

〔清蒸或烤骨髓〕

a. 蒸：買已取出的骨髓，或將骨髓蒸好後挖出，用薑片、少許米酒、鹽、醬油、枸杞子、紅棗拌入，放入大同電鍋內蒸，外鍋放一杯水，電鍋跳起後磨碎即可食用。

b. 烤：將取出的骨髓與少許紅酒、鹽、胡椒、葡萄乾攪拌均勻，放入小烤箱烤十五分鐘，確定酒精味已全數去除，磨碎即可享用。

＊小口餵，骨髓很容易膩，少量即可。

4. 高湯

礦物質對嬰兒骨架的成長有決定性的影響，但各種礦物質之間有複雜的愛恨情仇關係，常常不是你多我少，就是你多我才能多。例如，若鈣質過多，鎂就流失；同時，若鈣過多，鋅也會跟著過多。所以，我們取得礦物質最全面且安全的方法，就是喝高湯，或是喝礦物質沒被濾掉的白開水。

各種骨頭都可以用來熬燉高湯，雞、豬、魚、牛的骨頭都可以。熬之前放些酸性物質如酒或醋，酸性物質可以幫助礦物質在熬燉時從骨頭中釋出（參見 78 頁）。切記湯裡的油脂絕不能隨便撈出，高湯裡的油脂，是幫助脂溶性維生素 D 吸收礦物質的輔助物質，沒有它，高湯裡的礦物質喝了等於白喝。

這種用傳統方式熬的高湯，可以當湯喝，也可以攪拌進嬰兒的食物中，提高食物的柔軟度與營養。若想縮短熬燉高湯的時間，可以使用壓力鍋，也可以一次做多一點存放。有油覆蓋的高湯可以在冰箱中存放五至七日，也可以分裝冷凍保存，每次要用時再拿出來做其他湯的湯底。將高湯放進冰塊盒中冷凍也是個不錯的方法，每次取一小塊加熱來攪拌嬰兒食物。

高湯中的肉可以磨碎或咬碎，和高湯拌在一起餵寶寶。

〔燉雞湯〕

a. **中式雞湯**：好雞整隻放入滾水中，加入少許酒、薑片、葱段、紅棗、香菇、桂圓，待水再次滾開後，蓋鍋調小火，燉煮一小時即成。

若是以喝湯為主，可選用專門燉湯的老雞，燉三小時以上，但肉就會乾、沒味道。或是可以先拆雞骨熬成高湯，起鍋二十分鐘前再下雞肉，最後再加鹽最後調味，這樣煮法的雞肉就會鮮嫩好吃。

b. **西式雞湯**：雞切塊備用。先在鍋中用好油炒香大蒜，再下西洋芹、紅蘿蔔、馬鈴薯略微翻炒。放入雞肉，加水，再加少量的醋或白葡萄酒，蓋鍋轉小火燉一小時，起鍋前加鹽調味。

寶寶可以直接喝湯，或可以將料磨碎後和湯一起餵寶寶。

5. 蔬菜

從簡單思考如何配菜的角度，蔬菜基本上可分為兩類。長在地表上的大葉蔬菜，纖維含量高，糖分少。長在地表下的根莖類蔬菜，纖維含量較少，糖分含量高，是寶寶最好的天然澱粉類食物（見圖7）。

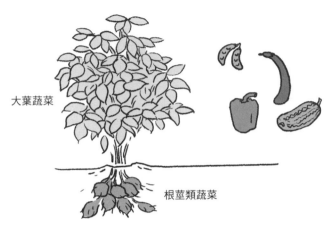

圖7　從思考配菜的角度，蔬菜基本上可分成兩類，一種是長在地表上的大葉蔬菜，一種是長在地表下的根莖類蔬菜。其他椒類、瓜類、豆類再視狀況與這兩種蔬菜搭配。

人體其實不能分解纖維，分解纖維的是我們腸道內的細菌。纖維是我們腸道好菌的主食，腸益菌（益生菌）吃纖維代謝出維生素 B 和 K 供人體利用，和我們人體之間建立起一種美好的共生關係。但是，腸菌的數量是有限的，嬰兒尤其如此。他們在母體內時消化道可能只帶極少的菌，腸菌要到出生後才會開始繁殖，到兩歲時才繁殖完全。就因為嬰兒體內的菌量與菌種都還沒有長成，所以嬰兒剛開始接觸食物時攝取纖維一定不能過量。過量或過硬的纖維會使得腸菌還沒完整繁殖的嬰兒，出現脹氣、不停放屁的症狀。小小嬰兒的腸道中只要有任何氣體出不來，都是件非常不舒服的事，所以纖維過量的孩子，常會不明原因地不停哭鬧。因此，無論是大葉蔬菜或是根莖類蔬菜，寶寶一歲前最好都不要生食，並且要煮久一點。除了纖維軟硬外，也要注意蔬菜不過量，一份肉一份菜，蔬菜量不要超過肉量。

烹調大葉蔬菜時一定要將纖維煮到柔軟才餵。熱不會破壞纖維，但能軟化纖維，煮得愈久纖維愈柔軟，所以煮熟的蘿蔔才會比生的蘿蔔要軟。同時，蔬菜煮久了，維生素會流失進湯汁裡，所以最好連湯汁一起吃。

根莖類蔬菜和大葉蔬菜煮軟後，都可以磨碎餵寶寶。這兩種蔬菜都最好放在骨頭湯內慢慢煮軟，餵的時候也和少許骨頭湯一起餵。骨頭湯內的油脂與礦物質和蔬菜中的維生素是絕配，它們會互相幫助吸收與利用。

＊紫色蔬菜如茄子、芋頭等都帶些許毒性，最好等寶寶一歲以後才加入食物中，且切記要煮透，毒性才能解除。

6. 藻類

小時候我們都很喜歡用海苔醬拌飯，但市售的海苔醬通常會放味精之類的添加物，要算是加工食品。其實，天然美味的海苔醬自己在家就可以做。因為天然海鹽的碘含量並不高，所以在精鹽未添加碘之前，從前的人會吃海藻類的食物避免大脖子。甲狀腺位在脖子兩側，碘不足以碘為原料的甲狀腺激素就不足，結果就是甲狀腺腫大。寶寶定期攝取海藻更為重要，因為甲狀腺會直接影響生長因子，影響孩子的發育。

〔海帶泥〕

用高湯燉海帶（或是在燉骨頭湯、滷紅燒肉時加入海帶一起煮）。在海帶軟透後用嬰兒食品磨碎器或果汁機打碎，或用石磨磨碎。這道料理是愈細口感愈好，磨海帶時如果不夠溼可以加一點高湯調整。待海帶打成泥狀後調味裝罐即成。

海帶泥可以跟寶寶的餐一起攪拌以提味，或跟著蛋和骨髓一起吃，也可以直接吃。海帶泥鮮美的味道，很容易就成為寶寶的最愛。

＊這道料理應使用原形的海藻，不用片狀海苔做，因為片狀海苔屬加工食品。

＊寶寶如果能以海藻泥拌在食物中，一星期食用兩至三次便能確保碘攝取量足夠。

7. 發酵蔬菜

　　蔬菜上的天然益生菌經過發酵，可以軟化纖維並代謝出大量維生素。發酵過的蔬菜不但風味極佳，且營養價值高。這類蔬菜對消化道還未完全長成的寶寶來說，是一大福音。發酵蔬菜中的益生菌繁殖力旺盛，多吃發酵蔬菜對寶寶的腸菌繁殖很有幫助。給寶寶吃的發酵蔬菜最好自製，自製發酵蔬菜比較不會太鹹，且汁可以喝，寶寶腸胃不舒服時它就是一劑天然良藥。但因為發酵蔬菜和新鮮蔬菜中的營養元素不同，所以兩者應輪著吃。

　　發酵蔬菜的酸搭配肥肉風味絕佳，酸可以讓肥肉中的油脂不顯得油膩，又讓油容易分解。因此，給寶寶吃發酵蔬菜時，最好搭配著肉或肥肉一起吃。在寶寶還沒長牙前，可以把發酵蔬菜磨碎、咬碎再餵，寶寶長牙後，可將發酵蔬菜切成小塊讓寶寶自己拿。

〔 德國酸菜 〕

1. 高麗菜切成細絲，撒上好鹽。一般鹽和蔬菜的比例是 1：50，給寶寶吃的可以再酌量減少，否則發酵好的汁會太鹹。加入葛縷籽（caraway seeds），攪拌均勻，放過夜讓高麗菜出水。

2. 將已出水的菜放入乾淨玻璃瓶中，用湯匙或研磨棒等器具把菜用力往下壓，等高麗菜流出的水已足夠淹過菜（如果水量不足，可以再等一會兒，或加入放涼的鹽水淹過菜），就可以在瓶口包上保鮮膜，蓋上瓶蓋。瓶蓋不要太緊，才能讓發酵過程中產生的氣體釋放。

3. 在室溫中靜置一、兩日，待泡泡出來，菜已成黃色，就可以放入冰箱，只要酸味足夠即可食用。

　＊如果找不到葛縷籽，可以用小茴香葉（fennel），或蒔蘿葉（dill）代替。如果想做成中式的，可以拌一點八角或花椒。

〔 韓國白泡菜 〕

1. 山東大白菜不去根部，切成四半，每半的根部都要留著，白菜葉才不會散掉。每葉白菜上都平均撒或抹上粗鹽，在可瀝水的容器裡放置三小時。三小時後白菜會出水，出水後把鹽洗淨。

2. 把薑、梨、白蘿蔔、洋葱、好鹽，加水打成汁泥狀，鹽的份量可按自己喜愛的鹹度調味，記得不用太鹹，因為汁是要給寶寶喝的，水也不要一次加太多，打好的分量只要夠抹滿每片大白菜葉即可。

3. 將打好的汁泥塗抹在每葉白菜之間和外部。抹好的白菜彎起來裝進玻璃瓶裡，瓶口封上保鮮膜，蓋上瓶蓋。蓋子不要太緊，以利釋放發酵過程中產生的氣體。

4. 靜置於室溫中兩日，待白菜再度出水之後，即移進冰箱。只要酸味出來就可以吃了。同個瓶子內也可以將白蘿蔔切片或塊一起發酵，發酵好的白蘿蔔，也可以給寶寶吃。

〔東北酸菜〕

1. 山東大白菜不去根部切成四半，每半下面都要連著根，菜葉才不會散掉。

2. 將菜放入大瓶或大缸中，壓上石頭，加入放涼的鹽水淹蓋過菜（鹽水只要比平常喝的湯稍鹹即可，不需太鹹），瓶口包上保鮮膜封緊。在 10-20℃天氣下置放二十天，或等酸味出來就可以吃了。吃不完的可放入冰箱保存。

〔酸黃瓜〕

　　黃瓜的水分多纖維少，因此很適合一歲前的寶寶食用。酸黃瓜我們最常在漢堡內看到，但一般市售的大部分是用醋醃漬的，這種不算是天然發酵蔬菜。真正用發酵法做出來的酸黃瓜其實很容易自製。酸黃瓜要脆才好吃，要製作出口感香脆的發酵蔬菜，祕訣就是選最新鮮的食材來發酵。

1. 將天然海鹽 6 茶匙加入 4000c.c. 的水中，煮沸。大蒜三瓣剝皮切半、月桂葉二片、黑胡椒粒、丁香（clove）、芥菜籽（mustard seed）、芫荽籽各少許，加入滾水中，沸騰三分鐘，關火放至涼，這個香料鹽水就是用來發酵黃瓜的滷水（brine）。製作滷水分量可視所需製作酸黃瓜的量調整。

2. 在乾淨玻璃瓶中放入新鮮的小黃瓜、適量小茴香籽與葉，如果能放入五六粒葡萄更能確保黃瓜的脆度。再將滷水與滷水中的香料全部倒入瓶中，瓶口封上保鮮膜蓋上瓶蓋。靜置於室溫中，待酸味足夠後即可移入冰箱冷藏。同樣的方法也可以用來發酵蘆筍。

＊在寶寶一歲長牙後，也可以用同樣的方法發酵四季豆、紅蘿蔔、白蘿蔔
 等比較硬的蔬菜，這些脆脆的蔬菜切成長條狀很適合寶寶用手抓來當零
 食。

8. 水果

　　水果是寶寶最好的天然甜點，但因為它的糖分含量極高，所以每天只
要吃一點點就可以了。水果不用吃多就能補充到足量的營養元素。水果可
以少量生吃，或用來入菜。較硬寶寶咬不動的水果，可以先燉煮，如燉
梨、蒸梨。水果也可以磨碎和無糖優格一起攪拌，做為幫助消化的最佳甜
點。但是，因為維生素 C 只要輕輕烹煮就會被破壞，因此如果寶寶完全沒
有機會吃到生食，那麼每天都有一點點沒有經烹煮的水果是很重要的。

　　水果糖分高，所以一定要在有油有肉的餐後立即吃，不能單獨當零
食。一根香蕉就有七至八顆方糖的糖量，一顆蘋果就有五至七顆方糖的糖
量，因此即使只是少量水果，只要單獨食用一定震盪血糖。所以，吃水果
的最佳時機是餐後立即吃，每天可選一餐在餐後給寶寶一點水果。

9. 發酵乳製品

　　寶寶一歲前的食物除了母奶外，其他如牛奶、羊奶等乳製品，最好都
要先發酵。因為牛奶、羊奶都不是為人體設計的奶，
是為小羊、小牛設計的，牛奶、羊奶的奶糖與奶蛋白
分子較大，嬰兒喝了很難消化。因此，一歲以前給寶
寶的乳製品除母奶外最好先發酵。如果有配方奶公司
能用發酵奶做成配方奶，那麼配方奶對嬰兒消化道的
影響就不會那麼糟。

圖 8　母乳優格發酵後的
乳清與乳蛋白位置常與
牛奶優格的相反，牛奶
優格多是奶蛋白在下、
乳清在上。

〔母奶優格〕

　　母奶中有豐富的益生菌，所以只要將母奶放在
常溫下就會自行發酸變成優格（見圖8）。製作時可將母
奶擠出放入玻璃杯中，杯口封上保鮮膜。等母奶結

塊就是發酵完成了。結塊的母奶上面會浮著一層凝結的油脂和蛋白質，它下面的水就是母乳的乳清（whey）。乳清和優格可以立即食用或移入冰箱中。如果發酵後有臭味或是上面出現一絲一絲，就是蛋白質腐敗，壞掉了。

〔牛奶、羊奶優格〕

　　要為寶寶製作優格，一定要選用高品質的全脂牛、羊奶。低脂奶已加工將奶中的脂肪取出，因此屬於一種加工食品。沒有油脂的奶，已失去奶中重要的脂溶性維生素，因此吃低脂奶製品的寶寶，無法吸收到奶中豐富的鈣質。

　　牛、羊奶優格的作法是將全脂奶慢慢加熱至82℃，離火，待其慢慢冷卻至43℃左右後，加入半杯母乳的乳清（母奶優格中瀝出的水即是乳清）、母乳優格，或加入一匙外面買的高品質優格，或前次自製的優格。攪拌均勻，再置入玻璃瓶中，放溫暖處，待開始結塊或發酸後移入冰箱[7]。

　　用母乳乳清製作的優格，可以保留母乳中的益生菌，用母乳優格為種再用其他奶類製作新的優格，也可以確保母乳中的益生菌持續繁殖。如果母親已停奶沒有母乳，可以借用朋友的母乳乳清或母乳優格來製作牛奶或羊奶優格，這樣的優格對消化健康的幫助比一般市售的要高上許多。

＊市售低脂優格不適合寶寶食用，因為低脂奶做成的低脂優格也是一種加工食品。

＊優格不能代替肉，它的蛋白質含量不夠高，但無糖優格是很好的零食。

＊不管是自製或市售的優格，只要有添加水果和蜂蜜等有糖分的食物，就是甜點，只能在均衡的一餐後少量食用。

＊買市售優格時一定要注意原料成分，如果產品是用澱粉提升產品的濃稠度，表示加工程序過多，不要購買。優質的優格應該只有兩種原料，就是全脂奶和菌。買優格的標準就和買市售乳品一樣，最重要的是注意這些乳牛的成長方式。

＊優格是發酵食品，很多人吃它是因為想藉由優格中豐富的益生菌幫助消

7.優格的製作方法也可參見賴宇凡著，《要瘦就瘦，要健康就健康：把飲食金字塔倒過來吃就對了！》第120頁。

化和讓腸菌平衡。但是，因為腸壞菌的主食是糖，所以如果任何優格產品裡有糖，例如優格飲料、水果優格中的糖分過高，其實會抵銷益生菌的作用，有點像吃藥不能用茶吞的道理一樣。此外，如果市售發酵乳食品中的菌是用糖培養的，難保這些菌進了腸道不會向寶寶再要糖，讓寶寶有糖癮。這些，都是父母購買與使用發酵乳品時要注意的地方。

＊有過敏或異位性皮膚炎的寶寶最好不要吃除母乳之外的任何乳製品。

〔起司〕

　　起司也是發酵乳製品，一歲前的嬰兒可以嘗試食用，但如果吃起司會引起寶寶消化不適的症狀，如脹氣、吃完哭鬧、大便放屁出現臭味，就應立即停止食用。市售起司的品質高低不一，記得購買時避免一片片分開包裝在塑膠膜中的加工起司。此外，若包裝上的成分原料很長、很多，那必定經過過度加工，沒有營養價值。

　　沒有加工天然發酵的起司，應是全脂的，原料成分中應該也只有簡單的全脂奶、鹽、菌種，即使是深橘色的切達起司（cheddar）也頂多只是再加胭脂樹紅（annato）這類的天然色素。天然發酵的起司大部分是成塊，或由塊狀切片的。切記，如果切片販售的起司每片之間沒有用紙分離，就不要購買。因為起司易沾黏，不用紙隔開的起司片，都必須經過化學處理。愈硬的起司發酵時間愈久、愈軟的起司發酵時間愈短。剛開始接觸起司的寶寶，應該盡量從發酵較久的起司試起，因為發酵愈久奶糖與奶蛋白質的分解便愈完全。發酵時間久的起司很硬，可以將它放入料理中加熱變軟後再給寶寶吃。

10. 肉類

　　寶寶一開始能吃東西，就幾乎所有肉類都可以吃。無論雞鴨魚鵝牛羊肉，在寶寶長牙前只要有適度的磨碎或咬碎，都可以跟著全家人一起享用。

　　除了肥瘦肉之外，動物的皮充滿了豐富的膠原蛋白，膠原蛋白不只是美容聖品，其實身體最大宗的蛋白質就是膠原蛋白，我們的韌帶與肌腱主要的原料都是膠原蛋白。韌帶與肌腱是連結我們骨頭和骨頭、骨頭和肌肉

之間的組織，對骨骼成長飛速的兒童來說，極為重要。

〔水晶肉皮凍〕

　　豬皮清理乾淨放入鍋中加水長時間燉煮至湯變濃稠，變成濁白色，可凝結成凍後，加鹽調味，或可以放入其他煮熟切碎的肉類或蔬菜，趁熱放進便當盒或保鮮盒內放入冰箱冷藏。待凝結成肉皮凍後，可以取出切塊食用。如果肉皮凍內的肉與蔬菜都夠細小，可以直接餵寶寶，或讓寶寶自己抓著吃。寶寶吃時肉皮凍遇到嘴裡的溫度，就會自動溶化（見圖8）。

圖8　肉皮凍有豐富的膠原蛋白和油脂，且進到寶寶
的嘴裡就會自動溶化，是很適合寶寶吃的食物。

11. 海鮮

　　一歲前的寶寶不適合吃貝類，因為煮熟的貝類不好消化，貝類生食雖然很柔軟也很營養，但因為寶寶到兩歲前腸菌都還沒完全長成，所以生食海鮮時對所夾帶的菌反應不一，建議寶寶兩歲後才開始生食肉類及海鮮。

　　至於魚類，魚愈小，愈沒有重金屬的顧慮，不只如此，愈小的魚，骨頭愈容易煮酥。煮到酥軟的魚可以讓寶寶整隻魚——包含魚頭與魚骨，一起吃下去。魚從眼睛、魚皮到骨頭的營養都很豐富，對寶寶的眼睛、皮膚、骨骼都很有幫助。小魚也可以用小蝦代替。小蝦的殼有豐富的碳酸鈣，可以幫助增長寶寶骨骼。坊間流傳吃珍珠粉可以幫寶寶護膚、補鈣，其實珍

珠粉的主要成分就是碳酸鈣，所以可說小蝦就是寶寶最天然的護膚聖品。

〔煮湯〕

　　小魚小蝦可以放入高湯內和其他骨頭一起燉煮，煮軟後可以磨碎、咬碎，或讓寶寶自己抓著吃。

＊豆腐是加工食品，要一歲後才接觸比較好。

5－4

一歲後的根治寶寶餐食譜

1. 蛋

　　一歲以後的寶寶蛋白和蛋黃可以一起吃，適合的蛋食譜可以海闊天空，任憑想像。

〔烘蛋（frittata）〕

1. 把蛋打散成蛋液，加入起司，或其他碎肉與切碎的蔬菜。
2. 取一個小平底鍋倒入好油，待鍋熱後，即可倒入蛋液，調成小火，蓋上鍋蓋。
3. 等蛋液全都凝結，便可倒在盤上，將蛋切成塊，讓寶寶自己抓著吃。

〔蒸蛋〕

1. 蒸蛋的最佳比例是蛋 1：高湯 2。一個簡便的測量法是用打過蛋的蛋殼舀高湯，一顆蛋，用半個蛋殼舀四次高湯即可。
2. 打好的蛋汁調味後即可放入電鍋蒸，蒸出來的蛋口感應該很像港式燉

奶。如果蛋蒸出來不夠嫩或太嫩，下次就再調整高湯的量。不夠嫩再加多點高湯，不夠老就少加一點高湯。

3. 蒸蛋內可以加入碎海鮮，如干貝、蚵仔，或可以加入碎肉、切成小塊的蔬菜、菇類等。

＊蒸好稍涼後即可直接用小湯匙餵寶寶，或讓寶寶自己拿湯匙吃。柔軟的蒸蛋不需再磨碎寶寶即可食用。

2. 肝

〔電鍋滷豬肝〕

1. 將蔥段、薑片、滷包、醬油（濃醬油、淡醬油各些許）、料酒、少量糖，也可視喜好加入少量豆瓣醬，一起放入鍋中，加入適量水，在鍋上沸幾分鐘後置涼。這就是滷豬肝用的滷汁。

2. 將豬肝洗淨以後放入滷汁裡醃一、二十分鐘，再將肝與滷汁一同放入電鍋裡。蒸時外鍋先放一杯水，待跳起後，將豬肝翻面把沒浸在滷汁裡的另外一半豬肝浸在滷汁內，外鍋再加半杯水，再蒸一次。

3. 電鍋跳起後可將豬肝取出放置到完全變涼變硬，再切薄片或小丁讓寶寶用手拿著吃，也可以滴些麻油把肝磨碎餵寶寶吃。

切成小片或小丁的豬肝，吃起來口感像豆乾，但它美味與營養的程度比加工過的豆乾高出許多。

＊同樣的方法也可以滷豬心與豬舌等內臟，都可以切成小塊讓寶寶自己抓著吃。

＊這種加香料的滷汁也可以只用醬油加水取代，醬油和水的比例可按各人喜好的鹹度調整，這種滷汁可以不需加熱，肝可以直接放在醬油水中醃泡，然後進電鍋蒸。

〔肝肉丸〕

做肝肉丸的最佳比例是二份絞肉一份肝，做出來的肉丸才不會太硬。

a. 西式肉丸：用百里香（thyme）、奧勒岡（oregano）、迷迭香（rosemary）等香料調味。再加入一點打碎的無花果乾或葡萄乾、鹽，最後加入少許麵包粉讓肉不那麼硬。全部材料攪拌均勻後滾成寶寶可抓的小球狀，放入預熱過的小烤箱，視肉丸的大小烤二十至三十分鐘。

b. 中式肉丸：按個人喜歡的口味加入白胡椒粉、醬油，蔥、薑、蒜末，及少許泡開切碎的龍眼乾，再放些麵包粉或太白粉讓肉丸不會太硬。全部材料攪拌均勻後，滾成寶寶可抓的小球狀。中式肝肉丸可以用來煮湯，或拿來燉菜。

＊兩種寶寶都可以自己抓來吃。在抓肝肉丸大小的比例時，要記得烹煮後肉丸會縮小。

3. 骨髓

〔骨髓奶蛋凍（marrow custard）〕

1. 將骨髓從煮熟的大骨中取出。
2. 將骨髓與高品質的鮮奶油（cream，或牛奶）和蛋黃調味後一起打勻，蛋和奶的比例為一個蛋黃配一杯牛奶（240c.c.）。
3. 將打勻後的奶蛋液倒入容器中，置於加了水的烤盤上放入烤箱，隔水蒸烤，一直烤到奶蛋液凝結。也可以將打好的奶蛋液放入電鍋中蒸熟。烤好的奶蛋凍稍涼後，即可讓寶寶用小湯匙挖來吃。鮮奶油或奶的含量愈高，奶蛋凍愈滑嫩。

＊此道料理若將骨髓用水果替換，或不放水果，放少許天然糖，如楓糖、蜂蜜、龍舌蘭蜜（agave）等，就成為一道美味又營養的寶寶甜點了。

4. 穀類

寶寶的胰澱粉酵素快滿一歲時會生產足量，這時食物中便可以開始加入高澱粉含量的食材。

〔粥〕

　　穀類並不好消化，尤其是全穀類，像糙米、沒壓扁的燕麥、高粱等。所以，要給寶寶吃的全穀類最好煮成粥可以幫助消化。但是，粥在人體內消化分解的速度極快，因此穀物內所含的澱粉也很容易就能轉成糖，一碗粥震盪血糖的能力幾乎和一塊巧克力蛋糕沒有什麼兩樣。所以，煮粥時一定要注意澱粉與肉類、油脂的比例。如果比例太懸殊，澱粉量遠大過於肉類，那麼寶寶的血糖一定會被震盪。煮粥時最好肉類與澱粉的分量是 1:1（見圖 1）。

一般鹹粥的肉飯比是飯多肉少

根治飲食寶寶餐鹹粥的肉飯比應為 1:1

圖 1

　　煮好的粥最好打個蛋花進去，也可以加些能搭配粥的好油，如豬油、奶油、橄欖油、雞油、鵝油、椰油、苦茶油等（參見 45 頁）。煮粥的水最好用高湯，或用骨頭直接熬粥，才能確保食物的營養密度夠高。

〔西式燉飯（risotto）〕

　　西式的燉飯也很像粥。做燉飯時要先用好油翻炒穀類，這樣做出來的燉飯比中式的粥濃稠，沒有湯水，方便好攜帶，口感也不相同。

　　燉飯的做法是：

1. 先熱鍋，將奶油（或與食譜相配的好油）放入鍋中。待奶油顏色轉為黃褐後，直接放入生穀類翻炒，用中火炒到穀物最外圈顯現一圈透明，就

可以加入高湯蓋過穀類。切記不要將穀類炒黃。

2. 轉大火，繼續攪動，一直到高湯被穀物吸收。

3. 用同樣的方法重複再加高湯兩次，待燉飯在燈光下呈現透明狀即可起鍋。

* 燉飯可以配上各種肉類和蔬菜，視各種食材煮熟所需的時間，在不同的
   時候加入燉飯中。肉類與燉飯的比例應為 1:1。

* 燉飯可以一次大量做好分裝冷凍，要吃時解凍，加入那餐家人要吃的肉
   類與蔬菜在鍋中攪拌好，即可供寶寶食用，簡便又快速。粥和燉飯都適
   合寶寶練習自己拿湯匙吃。

〔小米粥〕

　　小米的營養價值不輸大米。小米有 10% 左右的蛋白質，還含有一般穀
類沒有的紅蘿蔔素。此外，它的維生素 B1 居於所有穀類之首。小米也和米
一樣，有 70% 的澱粉（糖）含量，但它是一個可代替大米煮粥的好食材，
值得特別介紹。

　　煮小米粥最好選用新鮮的小米，陳米不好煮且風味不足。小米加入沸
水後要隨時攪拌，避免高量的澱粉沾鍋糊底，水滾後可將火轉小慢慢熬。
煮新鮮小米只需半小時，待米開成花狀時更好吃。小米可以像大米一樣用
骨頭湯熬煮，再配上肉、菜一起餵寶寶。

〔玉米粥〕

　　玉米粥（grits）是美國印地安人和美國南方的傳統食物。將乾燥的玉米
打成碎粒就是用來煮玉米粥的材料。在墨西哥，玉米的地位就和中國的大
米一樣，在傳統的料理法中，都會加萊姆汁或檸檬汁浸泡以釋放維生素
B3。現在市售的玉米粒皆已經萊姆汁浸泡，用玉米煮粥也是很好代替大米
的食材。

1. 水沸滾後倒入玉米粒，隨時攪拌以免沾鍋。

2. 水再度滾開後轉成小火，蓋上鍋蓋再熬約三十分鐘。玉米粥煮得夠久會
   呈糊狀，若煮得時間較短則還能保有部分玉米粒的形狀。

　　煮好的玉米粥中可加鹽、奶油、奶或優格，上面再撒些脆培根或起司

絲，配肉和菜一起吃。

〔酒釀蛋〕

　　酒釀是發酵過的穀類，對寶寶比較好消化。各種穀類都可以製作酒釀，可以買市售，也可以自己做。

1. 將泡過一夜的糯米均勻平放在已鋪好紗布的蒸籠上，用滾水將糯米蒸熟。過程中可以嘗嘗看以確定蒸熟的程度，若飯粒偏硬可在米上灑點水拌勻繼續蒸。

2. 蒸好後，蒸籠離火，放涼到不燙手的溫度（約 30℃），即可將酒麴均勻撒在米上，接著拌在米粒中，另留一點酒麴備用。蒸泡前圓糯米三斤配一粒酒餅。

3. 將拌好的米放置於玻璃瓶中，輕輕壓實，中間壓出一處淺凹陷，將預留的酒麴撒進凹陷裡，倒入一點已燒開的涼開水，不要太多，讓酒麴跟著水慢慢向外滲透，有利於均勻發酵。

4. 瓶口封上保鮮膜並蓋上瓶蓋，不要蓋太緊，以利發酵過程中產生的氣體釋放，放在室溫或家中溫暖處等待發酵。發酵時瓶中會出現泡泡。大約發酵一至兩天後開蓋聞到酒香就已完成，可以移入冰箱存放。放在室溫發酵過久的酒釀酒味過重，不適合寶寶，發酵不足則甜味不足，米也不夠軟。

＊給寶寶吃酒釀前，一定要先把酒精煮到完全揮發，酒釀和任何穀類一樣容易震盪血糖，因此在為寶寶準備酒釀蛋時，切記酒釀和蛋的比例一定要是 1:1。少量酒釀蛋如果再加上一點紅糖，是很適合寶寶的甜點。

＊蒸籠也可以用電鍋代替，但風味口感會有些許差別。

5. 貝類

　　貝類含豐富的碘和鋅，不只如此，它們還有高量的膽固醇。膽固醇是寶寶腦部成長最需要的營養元素，所以蚵仔對寶寶是很好的成長食物。一般貝類煮熟後比較難咀嚼，因此在寶寶牙不多的時候，最好先稍稍磨碎。但蚵仔卻沒有這個顧慮，不管用什麼烹調方式都柔軟好吞嚥。

貝類煎煮炒炸都可以，要讓貝類保有食材原有的柔軟，烹調時就不要過度加熱。

〔干貝〕

1. 新鮮干貝均勻撒些許鹽和胡椒，鍋內放好油燒到高溫，干貝下鍋，一面煎至金黃時翻面，再調味。

2. 用夾子或筷子從干貝一邊往下拍，當干貝開始有一點像籃球那樣反彈時，立即起鍋。這時的干貝軟度很適合寶寶。蒸、烤蛤蜊時也是殼一剛開口就立即移離熱源，這樣的軟度也最適合寶寶。

〔蚵仔〕

　　蚵仔除了可入湯、入粥、入菜外，也很適合煎炸。若是在家料理，煎炸可以提升好油的攝取量，因為家裡用的油與外面用的不同。

1. 蚵仔滾過蛋液，再在麵包粉中滾一遍。

2. 開中火，鍋中倒入不怕熱的好油，待鍋熱後下鍋煎或炸。小小的蚵仔待煎炸完稍涼後，很適合寶寶用手指自己捏著吃。

6. 堅果類

　　堅果很硬，因此不適合沒有牙的寶寶食用。再加上腸菌失衡的孩子最容易過敏的食物常常就是堅果。所以，堅果最好在寶寶一歲後才加入食物中。

〔堅果醬〕

　　堅果醬很好做，只要將低溫烤好的堅果用研磨機一直打，待出油變成像花生醬般的樣子，就完成了。

　　自家做的堅果醬有天然的甜味，無須再加糖或鹽。堅果醬可以夾入三明治，沾香蕉、蘋果等水果一起吃，或沾芹菜棒、青椒船、胡蘿蔔棒一起吃。也可以做成沙拉醬[8]。堅果有豐富的蛋白質與油脂，或多或少有平衡血糖的作用，但切記它平衡血糖的能力是不能與肉類相比的。堅果通常可以減

8.關於用各式堅果做沙拉醬的方法，可參見賴宇凡著，《吃出天生燒油好體質》第 247 頁。

緩少量水果分解成糖的速度，但卻萬萬不能用於減緩高澱粉類食物消化成糖的速度。

〔杏仁海鮮煎餅〕

用堅果粉代替麵粉做料理，可以減少攝取的糖量。許多料理使用麵粉的部分，都可以換成堅果粉。但堅果中蛋白質與油脂是植物性的，植物性蛋白質與油脂平衡血糖的能力，遠不及動物性的。所以，堅果跟著水果一起吃，還能平衡血糖。但如果跟著麵包這類加工再加工的澱粉一起，就無法減緩糖分進入血液的速度了[9]。

1. 黃瓜和紅蘿蔔各一根，切碎用豬油炒二至三分鐘後加入四支蔥切成的蔥花再拌炒一至二分鐘，稍放涼。

2. 蛋打散後，加入 1/3 杯烘焙用杏仁粉，調味料（大蒜粉、洋蔥粉和白胡椒粉各少許），一小匙醬油、鮭魚和蔬菜，攪拌均勻。

3. 平底鍋加熱，倒入豬油或椰子油，用湯匙舀入麵糊，每個直徑約八至十公分，用中火兩面煎至金黃色，每面約煎二至三分鐘，即成。

＊這些食材如果以藍莓、草莓、小紅莓、香蕉等水果代替，加一點楓糖攪拌，就可成為一道寶寶甜點。如果要做甜點，則豬油可以改成奶油。

7. 豆類

豆類營養成分很高，所以動物很愛吃，豆類為了保護自己，於是設計了植酸這個機制。植酸會讓消化道脹氣與不適，讓動物下次不敢再吃。此外，植酸和人體內礦物質的結合度很高，很容易造成礦物質流失。豆類只要催芽，就可以去除植酸。所以，烹調豆類時，一定要先催芽或浸泡，不然吃了不但可能引起消化不適，還會讓正在快速成長的寶寶流失重要的礦物質，影響骨質與骨架成長。

只要將豆類在過濾水裡浸泡一晚。水倒掉，把豆類沖洗乾淨，瀝乾後平放。之後一天至少沖洗兩次，一到四天內就會發芽，端看豆類的種類和

---

9. 不同食物平衡血糖的能力不同，詳細請參見賴宇凡著，《吃出天生燒油好體質》第 111-113 頁。

大小。發芽後的豆類可以冷藏。這樣處理過的豆類能入湯、蒸熟後入菜，或磨成泥當寶寶那餐的澱粉。

〔豆腐乳〕

豆腐是加工食品，一般並不建議寶寶吃加工食品。但是，如果是以天然鹽滷做的豆腐[10]，再經發酵，不但風味十足，而且營養豐富。柔軟的豆腐乳，是很適合寶寶的食物。豆腐乳能做成醬料搭配料理[11]，也可以單獨食用，少少一點就能達到幫助消化與平衡腸菌的功能。由於豆腐本身經過發酵，因此就算豆腐不是用催芽後的豆子製作的，也無大礙。

1. 把用天然鹽滷做的豆腐切成長寬高＝ 2.5×2.5×5 公分的小塊，一塊塊分開置於蒸籠上，在常溫下放到豆腐發出酸味。到發出酸味所需的時間依氣溫高低可能不同，通常需要一至二日。待豆腐發出酸味後，在每一塊的每一面上均勻撒上好鹽，鹽量不可小氣。如果喜歡辣味，亦可撒上辣椒粉。

2. 用一個乾燥的玻璃瓶，一塊塊像堆積木一樣排好。排好後，大方放入好的中國白酒，如高粱、米酒等，酒蓋過豆腐即可，再放一些麻油封口。

3. 最後把瓶蓋封緊，放在溫暖處，一至二天後就能看見瓶內起泡，這時就可以放進冰箱冷藏。一星期後就可以食用。

4. 裝罐時也可以加從生豆炒熟的黃豆或芝麻，風味更佳。

8. 寶寶飲料

在我們家，孩子平時唯一的飲料就是水，出門是水、回家還是水；早餐是水、晚餐還是水。孩子養成習慣喝沒有味道的水，才有可能遠離疾病。喝慣了水的寶寶，會覺得好水是甜的。但是，因為幾乎所有的慶祝活動都有各種飲料助興，如果這時還要求孩子只可以喝水，任何年齡的孩子看了都會覺得參與感不足。所以，可自製幾種對孩子無害的飲料，在特殊節慶時享用。

---

10. 更多關於天然鹽滷豆腐的好處，參見賴宇凡著，《吃出天生燒油好體質》第 229 頁。

11. 豆腐乳製成醬料搭配料理的方法，可參見賴宇凡著，《吃出天生燒油好體質》第 244 頁。

2. 把薑水倒進乾淨玻璃瓶中，用手指尖捏一點點烘焙用天然酵母放入瓶中，擠入適量檸檬汁或萊姆汁，蓋上瓶口搖晃。注意瓶子不要灌太滿，留給氣體一點空間。在室溫下放兩天左右，待起泡後即可移入冰箱。開蓋時注意泡泡溢出。如果不放天然的糖，就放入一整個切片的檸檬，檸檬或萊姆中的糖分能幫助發酵，但使用整片水果所等待時間會比較久一點。

＊這種飲料也可以幫助經期血液循環，但切記不可單獨喝，含糖飲料一定要在均衡的一餐後喝。

〔角豆奶〕

巧克力含咖啡因，不適合寶寶食用，所以寶寶接觸巧克力的時間愈晚愈好。沒有咖啡因和高糖，寶寶的情緒不受刺激物驅使，會平靜得多。但童年缺乏巧克力對寶寶又好像少了什麼，所以角豆粉（carob powder）就顯得非常吸引人。角豆是一種生長於地中海的樹，它有天然的甜味，含纖維和鈣，最重要的是沒有咖啡因。角豆粉可以以 1:1 的方式代替巧克力粉。將角豆粉放進加熱鮮奶中，就是角豆奶，是熱可可最好的代替品。

8. 白糖的天然代替品

寶寶接觸加工糖的時間愈晚愈好，但和天然氣泡水的道理一樣，節慶的日子要寶寶完全不碰甜食很難，這時就可以考慮在料理或做甜食時使用天然、比較不容易震盪血糖的代糖。

〔甜菊〕

甜菊（stevia）原產於北美洲西部和南美洲的亞熱帶和熱帶地區，俗稱甜葉菊。甜菊的葉子可以提煉出甜度是蔗糖三百倍的甜菊糖，因為用量只要一點點，就可以很甜，所以熱量低，也不太震盪血糖。但我們的腦子習慣了有甜度就有卡路里跟著，大量吃甜菊糖，甜度高、熱量低，反而可能讓身體更想吃糖。市面上有售粉狀的甜菊糖，可用於烘焙，使用方便。

〔木糖醇〕

木糖醇（xylitol），這是一種可以做為蔗糖替代物的五碳糖醇，是木糖

代謝的產物，木糖廣泛存在於各種植物中，可從白樺、覆盆子、玉米等植物中提取。木糖醇的甜度與蔗糖相當，但熱量只有蔗糖的 60％。雖然這種糖類影響血糖的速度很緩慢，但是它依舊會影響血糖，不宜大量食用。這種糖的英文名字通常是以 –ol 結尾，有些人對這種糖過敏，吃了會拉肚子。

〔羅漢果苷〕

羅漢果苷（mogroside）取自桂林名產的羅漢果，甜度比蔗糖高三百倍。和甜菊糖一樣，羅漢果苷甜度高卻熱量低，即使不震盪血糖，依舊不適宜大量攝取，慎防食用過量。

〔肉桂〕

肉桂也是一種天然的代糖，它能讓食物裡天然的糖分突顯出來。研究顯示，肉桂不但不會震盪血糖，它還有幫助體內糖轉換的功能。肉桂可以磨成粉方便於使用。

還有一種天然糖稱為龍舌蘭蜜（agave）常被誤用為代糖，其實它含 70% 到 85% 的果糖，一克熱量有 60 卡，跟蜂蜜和楓糖一樣，都能快速地大力震盪血糖，不適合當做代糖。

9. 市售醬料的天然代替品

市售醬料大部分都會添加人工甘味劑，不適合寶寶食用。使用各類天然糖分與發酵食品，常能做出方便、美味又可口的醬料，不但可以增加攝取益生菌的機會，也不會破壞寶寶尚未被加工食物影響的味覺。所有醬料的搭配比例都可以按個人口味自由調配。

〔優格醬〕

全脂優格包含了好菌代謝出來的營養，也包含了重要的油脂，可以幫助維生素 A、D、E、K 吸收。優格醬可以用來配煎炸的干貝，蔬菜棒，西式口味的燉飯上面加一匙合適的優格醬也相當搭配。

各式優格醬做法：優格＋蜂蜜、優格＋楓糖、優格＋黃瓜片、優格＋薄荷、優格＋檸檬皮、優格＋橘子汁、優格＋各類果醬、優格＋碎乾風番茄、優格＋碎乾風番茄＋九層塔絲、優格＋各類香草。

- 碳烤雞屁股
- **雞翅、鴨翅、雞爪**　這類零食寶寶咬不動也會吸吮，是長牙時期的良伴。
- **豬耳朵**
- **滷豬舌**
- **雞軟骨**
- **堅果**
- **花生**
- **各類種子**　瓜子、葵花籽等。寶寶一歲長牙後可以經咀嚼後吃。
- **小魚乾**
- **青椒＋無糖花生醬或肝醬／芹菜＋無糖花生醬或肝醬**　花生醬寶寶一歲後才能吃。
- **乾椰肉**
- **新鮮椰肉**
- **滷蛋／茶葉蛋**
- **無糖優格**
- **無糖優格＋碎堅果**
- **無糖優格加椰肉**
- **用好油炸的鹹酥雞、魷魚**
- **品質好無添加的魷魚絲、魷魚乾**
- **橄欖**　買橄欖罐頭時要注意原料成分，好的橄欖罐頭應該只有幾個成分，就是橄欖、鹽、水。
- **沙丁魚罐頭**
- **煙燻蚵罐頭**
- **鮪魚罐頭**

圖 1　烏魚子有豐富的營養元素，是寶寶的補腦聖品。

5-6

根治寶寶飲食 FAQ

1. 寶寶和大人一樣會血糖震盪嗎？

寶寶的器官比大人小，但小並不表示運作方式有所不同，只是有些器官組織還在成長發育當中。例如，腺體的酵素分泌可能還不足、腦細胞神經元的連結和突觸還在成長，還有腸菌繁殖尚未形成群落等。就因為寶寶的身體運行方式跟大人一樣，且有些組織器官還在繼續成長，所以我們更不可以讓寶寶用胰島素和壓力荷爾蒙調降調升血糖，而要以食物平穩血糖，以免影響寶寶成長。而唯一能平衡血糖的食物，就是蛋白質和油脂，因此寶寶在吃任何會化成糖的食物之前，都必須先吃肉。若是寶寶單獨吃水果、或澱粉量過大、甜點過多，血糖一震盪，還在成長的器官和組織就可能受影響，運作也可能被打亂，後果就是小小年紀胰臟和腎上腺就受傷發炎，身體機能出問題。

2. 寶寶不是也需要糖嗎？為什麼要限制糖分的攝取量？

很多人會問，母奶中除了水外，有 50% 是乳糖，寶寶的成長需要這些糖分供給能量，那為什麼要限制寶寶的澱粉及糖分攝取量呢？因為雖然母奶幾乎一半都是乳糖，但也有近一半的卡路里是油脂，也就是說母乳中的糖有高量的油脂可以平衡，可以說母奶是均衡餐。並且，在寶寶開始吃真正的食物後，身體成長的速度會開始減緩，因此對能量的需求會慢慢下降，而不是上升，之後寶寶對糖分的需求量便沒有在母體中與剛出生時那麼大了。所以，寶寶開始吃東西之後，只要吃得均衡，不震盪血糖，血糖平穩，能量供給就會平穩且充足，不需要另外多攝取糖。

用天然糖也一樣要注意量及是否和能平衡血糖的食物一起均衡攝取。

7. 寶寶不喜歡喝牛奶會不會鈣不足？

牛奶不是大自然為人設計的，是為小牛設計的，所以很多寶寶喝牛奶會脹氣肚子不舒服，因此很自然就會不喜歡喝牛奶。中國有很大一部分人口是從不接觸牛奶的，這麼多年來我們孩子的成長靠的是骨頭湯提供的全面礦物質。骨頭湯中提供的礦物質品質和全面性並不比牛奶低。從吃骨補骨的角度來想，就不難知道它的成效究竟如何。因此，寶寶如果不喜歡喝牛奶，就不用強迫，只要他每星期都至少能喝到三至四次的骨頭湯即可。但切記，寶寶的鈣質吸收跟他是否有曬到太陽有最直接的關係，因為只有陽光才能有效轉換體內活性維生素 D，而此維生素 D 就是鈣質吸收的關鍵。因此，不管寶寶是喝奶還是喝骨頭湯取鈣，都必須要有足夠的日曬才能確保骨質的健康成長。

8. 為什麼除母奶外寶寶吃的乳製品最好先是發酵過的？

牛奶、羊奶不是為人類寶寶設計的食物，它是為小牛小羊設計的。因此這些奶裡面奶糖與奶蛋白的分子對人類寶寶來說都太大了，非常難消化。所以，當寶寶還小時，接觸牛奶或羊奶最好先從發酵乳製品開始接觸起。經過發酵的乳製品，如優格、起司等，奶蛋白與奶糖都已被菌先行分解過了，寶寶比較好消化。

9. 媽媽和寶寶一天可以吃幾顆蛋？

過去錯誤且老舊的研究認為，膽固醇是心血管的殺手，而蛋的膽固醇含量高，所以我們不應該吃太多蛋。但現在的研究證明，膽固醇是人體自己合成製造的，不是吃進去多少就出現在血液裡，人體會製造過多膽固醇，其實是因為吃了太多糖。糖代謝二氧化碳溶於血中呈酸性，飲食不平均，糖上升速度太快，血變酸，身體來不及緩衝，導致酸血腐蝕血管壁，身體不得不製造膽固醇來修補。所以，心血管疾病的元凶不是膽固醇，而

是糖[12]。也就是因為這個原因，美國國家飲食建議小組（Dietary Guidelines Advisory Committee）於 2015 年時解除了飲食中膽固醇的攝取上限。其實，在 2014 年 6 月 23 號出刊的《時代》雜誌封面標題就是〈吃奶油——科學家曾把油脂當敵人，為什麼他們是錯的？〉（*Eat Butter. Scientists Labeled Fat the Enemy. Why They Were Wrong.*）（見圖 3）。膽固醇不但提供人體修補需要的原料，也是人體製造荷爾蒙及建構神經組織所需，可以說，不吃膽固醇，身體反而容易出問題[13]。

圖 3　2014 年 6 月出版的《時代》雜誌封面故事〈吃奶油〉，已為油脂洗去污名，並指出油脂對人體的重要性。

　　蛋的營養元素多元且全面，且好蛋內含的膽固醇品質極高，是嬰兒腦部成長最好的食物來源。因此，一天裡只要食量允許，想吃幾個蛋都可以。

10. 寶寶那麼小就吃蛋和花生不會引起食物過敏嗎？

　　寶寶過小食用任何非母奶的蛋白質，包括配方奶，都有可能引起食物過敏。蛋白質不只肉、奶中找得到，也存在於植物當中，麥子的蛋白質——麩質（gluten）就是一種。花生、蛋、貝類容易引起食物過敏的原因，是它們的蛋白質需要的消化時間比較久。因此，六個月內的寶寶最好的食物應該是全母奶，花生、貝類應該一歲以後才接觸。

　　蛋則比較特別，蛋白對寶寶比較難消化，所以應該一歲後才接觸。但是蛋黃卻不同，蛋黃內的油脂與膽固醇含量高，寶寶也好消化，所以蛋黃應是寶寶最早接觸的食物之一。

　　如果寶寶從出生時開始，飲食都按部就班，沒有過早接觸疫苗中的蛋白質或使用抗生素、消炎藥，就表示寶寶的腸菌成長沒有受到干擾。腸菌

---

12. 關於膽固醇的詳細解說，參見賴宇凡著，《要瘦就瘦，要健康就健康：把飲食金字塔倒過來吃就對了！》第 68-70 頁。

13. 吃油一定要減糖，更多關於吃油減糖的討論見賴宇凡著，《吃出天生燒油好體質》第 115-116 頁。

18. 寶寶吃什麼才能提升免疫力？

母乳最能提高寶寶的免疫力。IgA 是母乳中最大宗的免疫球蛋白（immunoglobulins），它也是保衛腸道避免感染最重要的免疫球蛋白。研究顯示，只有吃母乳的嬰兒糞便中才找得到 IgA，吃配方奶的嬰兒糞便中找不到 IgA。此外，母乳中也有能加強嬰兒抗體反應的物質 [16]。

在寶寶成長到六個月之後，已經在飲食中開始加入真正的食物時，對免疫力最有保障的飲食，就是不震盪血糖、營養密度高的均衡飲食。血糖不震盪，寶寶就不會出現低血糖。人體低血糖時必須靠壓力荷爾蒙緊急提升血糖，所以只要一低血糖，壓力荷爾蒙就會出現。而壓力荷爾蒙抑制免疫力的能力很強，且它的半衰期是所有荷爾蒙中最長的，循環於體內的時間長達七〇至一二〇分鐘。所以，如果寶寶三餐加零食，整日震盪血糖，那壓力荷爾蒙可能整天都大量在體內循環，讓免疫力全日被抑制。免疫力被抑制就像沒有為寶寶抵禦外敵的軍隊，不管什麼小病菌，都能輕易將寶寶扳倒。

所以，要提升寶寶免疫力，最好的辦法就是讓他均衡飲食，確保血糖不因震盪而掉到谷底，這樣就不會引發壓力荷爾蒙過量釋出，讓免疫力低下造成體內空城的狀態。

寶寶被蚊子咬時消腫的情況，可以檢測寶寶吃得是否均衡、免疫力是否夠強。如果寶寶吃得均衡，免疫力良好，被本地的蚊子咬時並不會腫大（若被外地的蚊蟲咬傷時反應會跟平時不同），只會有一個小紅點。因為蚊蟲咬的毒液進入身體後很快就會被警覺性高的免疫力擋下，將它集中在一個很小的範圍，不影響其他組織就地消滅。

但是，如果寶寶被蚊子咬後的反應是腫得很大，就是免疫力不足。血糖震盪會造成維生素 B 群流失，缺乏維生素 B 的結果就是免疫力低下。因為維生素 B 是身體合成及調用備用能量所需的原料，因此血糖震盪，維生素 B 的流失就很快。免疫力弱時蚊蟲毒液不容易在剛進入身體時就被抓

---

16. Philippe Van de Perre, " Transfer of antibody via mother". *Vaccine*, Volume 21, Issue 24, 28 July 2003, P 3374.

到，要到擴散很遠後免疫力才有所警覺，蟲咬處就會腫得很大。免疫力處理得上氣不接下氣，如果抓破還可能被感染，結果造成蜂窩性組織炎。吃得不均衡讓免疫力低下，可能讓一個小小的蚊蟲咬傷變成一個大大的危機（參見 445 頁）。

此外，我們的免疫系統分為兩層，如果最外層的初級免疫防線能將病菌擋掉，第二道次級防線根本就不用啟動。我們的第一道免疫防線包括了：

初級免疫防線	免疫工具
皮膚	含鹽的汗可以殺死、沖刷細菌。皮膚脫屑可以去除細菌。體表微生物代謝的微酸物質，可以保持菌種平衡，同時抵禦外敵。
胃酸	胃酸是強酸，能分解病菌。
胰酵素	胰酵素中有分解蛋白質的酵素，能分解以蛋白質為組織的病菌。
腸菌	豐富的腸菌社群能抑制壞菌的生長和生存。
呼吸道黏膜纖毛活動梯（mucociliary escalator）	呼吸道中的纖毛能將病菌推向鼻咽腔，引導病菌進入胃，用胃酸分解它。
唾液和眼淚中的溶菌酵素（lysozyme）	溶菌酵素能有效破壞細菌的細胞壁，抵禦外敵。

這個龐大的第一道免疫防線要能順利運作必須靠均衡的飲食來支援。例如，寶寶的食物組合中如果蛋白質含量不足，胃酸就不足，就不能有效分解病菌。且如果胃酸不足，胰酵素就沒有足夠的酸能刺激它從胰臟中釋出。又如果寶寶食物組合中澱粉或糖分含量過高，腸壞菌有足夠的主食，腸菌就容易失衡。失衡的腸菌群落不但不能抵制外敵，它還會開始從內作亂，使得寶寶生病。還有，若寶寶的飲食導致他血糖震盪，如果糖上升過速，糖代謝出的二氧化碳溶在血中讓血變酸，身體來不及緩衝這個酸，長期的飲食失衡就可能導致體質變酸，唾液也會從微鹼變酸。唾液酸鹼一失衡，在某個特定酸鹼度下才能作用的酵素，就會開始不靈光。這時，唾液

和眼淚中的溶菌酵素可能癱瘓，病菌就能輕易侵入。所以，想要寶寶免疫系統全面地、高靈敏度地運作，最好的飲食方法就是吃均衡、不震盪血糖、營養密度高的食物。

19. 給寶寶吃的菜裡可以加酒嗎？

只要酒精在做菜時完全揮發，就沒有大礙。

20. 為什麼哺乳的媽媽不能喝咖啡或茶？

咖啡因會進入母乳，影響嬰兒的腎上腺、血糖，以及睡眠。

21. 為什麼要盡量避免基因改造食物？

植物基因改造（Genetically Modified Organism, GMO）最早的目的是為了要培養出不怕農藥的品種，可以方便去除雜草及蟲害[17]。所以基改食物大部分都過度施打農藥。且基改作物生長的土壤大部分都很貧瘠，貧瘠的土壤種出來的食物也沒有營養，不適合寶寶吃。

22. 寶寶需要額外吃營養補充品嗎？

寶寶最好的營養補充品或藥物，就是全面、均衡、營養的食物，和足夠的日曬與飲用白開水。寶寶所需的全部成長元素都能在這些食物與太陽身上找到。所以，如果寶寶吃得好、水喝得夠、太陽曬得夠，就不需要再額外長期補充營養補充品，因為營養補充品依舊是加工食品。

但如果寶寶不常曬太陽，也不常吃肝臟，最好常常補充魚肝油。如果寶寶有過敏症狀則最好常補充益生菌（參見 448 頁）。

23. 魚肝油和魚油有什麼不同？寶寶應該吃嗎？

動物肝臟為維生素 A 和 D 的倉庫，因此用動物肝臟製作的油含有大量的維生素 A 和 D。這種形態的維生素 A 和 D 對寶寶來說很容易吸收。雖然

---

17. 更多關於基改食品的解說，參見賴宇凡著，《身體平衡，就有好情緒！》第 87-89 頁。

魚油跟魚肝油都含有大量的 Omega3，但魚油並不含維生素 A 和 D。魚肝油的作用是幫助消炎，平時不需格外補充，但若寶寶不常接觸肝臟類食物，可以服用魚肝油補充。分量按品牌劑量規定使用。

24. 寶寶吃飯前可不可以使用乾洗手液？

乾洗手液裡含的酒精 99.9% 的細菌都可以殺死，它可以殺壞菌，也可以殺好菌。如果寶寶吃飯前用了乾洗手液然後直接用手抓食物，乾洗手液跟著食物進入腸道殺死腸菌，就會干擾腸菌的平衡。

其實，寶寶吃飯前只需洗手即可。如果寶寶的手沒有接觸到化學物質，就算不洗手也沒有關係。俗語說：不乾不淨吃了沒病，就是因為接觸天然的各類菌種有助腸菌建立群落。腸菌群落愈複雜豐富，我們的免疫力反而愈強。所以，我們會常看到過度使用清潔劑的乾淨家庭，家裡的人反而常出現過敏、發炎不止，或感染各類菌的情況。

25. 寶寶的食物可以用微波爐加熱嗎？

微波是一種利用電磁波震盪，藉由分子摩擦生熱來加熱食物的方式。電磁波震盪會產生輻射，大家一提到輻射就很害怕，其實輻射只是一種熱傳導的方式，只有一次接觸大量的輻射才會影響人體。微波爐的輻射屬低能量的非游離輻射，對人體的影響並不大。此外，由於輻射是以光速前進，因此它的速度極快，用來加熱食物的速度也極快。安全速度又快，所以微波爐可說是忙碌現代社會相當有效率的廚房工具。

但是，為什麼大家對用微波爐料理食物會有疑慮呢？因為微波爐加熱的速度太快，容易讓某些類型的食物營養流失。蔬菜就是一例，若蔬菜中的分子加熱的速度過快，分子被破壞，就會像是被烹煮了好幾次，造成營養流失。奶類也是一例，奶類中有怕熱的油脂，這類油脂很容易在微波加熱時因溫度上升速度太快，讓油脂壞掉，或母奶中豐富的益生菌很可能在這個過程中遭到破壞。但肉類因為有不怕熱的飽和脂肪保護，所以比較適合在微波爐中加熱。因此，蔬菜最好每餐做剛好的量，一次吃完。如果要加熱寶寶冷藏或冷凍的食物，可以用電鍋蒸，除非要加熱的食材只有肉

類，才用微波爐。奶類加熱最好隔水加熱。

微波爐只適合加熱食物，不適合烹煮食物。大部分的食物分子都需要一點時間分離，營養元素才能釋放，但微波的速度太快了，達不到這個目的，就是因為這樣，用微波烹調的食物常常都淡而無味。

父母照顧嬰兒已經精疲力盡，將做好的食物事前冷藏或冷凍，再拿出來使用現代工具加熱以節省時間，並不是壞事。如果微波加熱的食物是肉類，就不會對食物營養有太大的影響，不需要擔心。但節省時間最好的方法，還是在寶寶能自行咀嚼後，盡量讓他和一家人一起吃飯，共同吃一家人所吃的東西，這樣一來就不需要再為寶寶特別準備食物。

26. 可以用不沾鍋的鍋子煎蛋給寶寶吃嗎？

不沾鍋如果是用鐵氟龍做材料就不適合做為烹調工具，因為鐵氟龍高溫加熱會釋出氟，氟會阻礙甲狀腺運作，會影響新陳代謝與生長因子。所以，給寶寶做菜最好用不鏽鋼鍋或生鐵鍋。使用生鐵鍋不怕出現缺鐵問題，且加熱均勻，只要油脂足夠就是天然的不沾鍋。使用不鏽鋼鍋時，如果是鍋熱後才倒油，油熱後肉和蛋才入鍋料理，等蛋白質凝結了才翻動，就不會沾鍋了。

27. 如何觀察寶寶的消化？

寶寶吃得好睡得好就一定健康，這樣的寶寶如果哭鬧多半是因為消化不適。消化是我們是否能吸收營養的關鍵，如果消化不對，吃得再好都無法獲得營養。所以，觀察寶寶的消化很重要。

1. **寶寶大便**：一歲的寶寶應該一天至少有一次大便，正常的大便形狀請參考圖 3。一歲以前的寶寶大便請參考 290 頁。
2. **寶寶小便**：一歲後寶寶的小便顏色應該是無色偏淡黃，如果寶寶的尿液顏色是深黃的，則有輕微脫水，如果尿液是橘色的，那已嚴重脫水。

其他觀察寶寶消化系統是否出問題的檢測症狀為：脹氣打嗝、胃食道逆流、真菌感染、異位性皮膚炎、食物過敏、貧血、情緒陰沉不喜笑等。

當寶寶有消化症狀時，應回頭依照寶寶根治飲食原則檢視（見表1）。

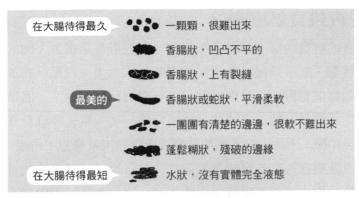

在大腸待得最久　●• •• •　一顆顆，很難出來

香腸狀，凹凸不平的

香腸狀，上有裂縫

最美的　香腸狀或蛇狀，平滑柔軟

一團團有清楚的邊邊，很軟不難出來

蓬鬆糊狀，殘破的邊緣

在大腸待得最短　水狀，沒有實體完全液態

圖 3　不同糞便的形狀代表不同的消化狀況。

表 1　寶寶根治飲食原則檢測清單

寶寶根治飲食原則檢測清單	說明
□寶寶吃的是不是原形食物？	加工食品的處理過程常將食物變成消化道不認得的物質。
□寶寶食物來源為何？	食物來源有問題食物就有問題，食物有問題第一個就會反應在消化道。
□寶寶吃東西的順序對嗎？	如果第一口沒吃肉，反而吃大量的澱粉，很容易引起脹氣打嗝。
□寶寶吃東西的組合對嗎？	肉量過少、澱粉量或蔬菜量過大，都可能引起消化不良，脹氣打嗝、胃食道逆流的情況。
□寶寶吃東西時放鬆嗎？	寶寶一緊張，消化道就關閉。
□寶寶的食物大小對嗎？	大便裡會看到沒有消化完的食物嗎？是哪些食物？蔬菜？肉類？如果是蔬菜，那就表示蔬菜的量太大或煮得不夠軟。如果出現的是沒消化完的肉類，那肉就切得不夠細。
□是不是一次只加一種食物？	一次只加一種食物，比較容易知道寶寶對食物的反應。尤其有過敏歷史的家庭，一定要一次只加一樣，並記錄反應。
□是寶寶主導何時開始吃奶以外的食物嗎？	如果寶寶的消化道還沒準備好，也可能出現消化症狀。如果是大人自行決定開始餵食物就很有可能有這種情形。
□是寶寶主導決定要吃多少量嗎？	如果寶寶已吃飽不想再吃，大人還繼續塞，過量的食物很容易造成消化不良。

28. 寶寶挑食怎麼辦？

挑食的寶寶通常不喜歡菜和肉，他們覺得青菜很苦，肉的口感也不喜歡，只挑麵、飯這類澱粉含量高的食物，或水果、甜點，有加糖的零食。若出現這樣的情況，就是告訴父母，寶寶的菌種失衡了。腸壞菌的主食是澱粉，也就是糖，糖一多壞菌就迅速繁殖，壞菌量一多就會指示寶寶吃更多的澱粉和糖。因此，吃不到糖的寶寶會哭鬧得就像犯了毒癮一樣。

且血糖震盪過度的寶寶神經運作會受影響。神經是我們感覺的來源，觸感失衡時原本應該很愛玩泥巴的寶寶一碰到軟軟的泥巴就會大哭；原本應該喜歡肥肉或肉的口感味道，現在卻覺得這些觸感很噁心。就因為腸菌失衡讓全身菌種受到影響，所以嘴裡的菌種也跟著失衡，青菜吃起來也會沒有甜味而只有苦味。

要重新平衡寶寶的菌種，就要從修正食物組合和與順序開始。餐桌上不放精緻澱粉，如果寶寶找不到，就只能吃肉和青菜填飽肚子。如果寶寶沒看到麵飯就不吃，也不要強迫他，等到他餓了，就會吃桌上的肉和青菜了。澱粉和糖量一減少，腸壞菌會因為沒有主食而大量死亡。壞菌一死好菌就有地盤繁殖，偏食的問題就導正了。

調整飲食的同時，父母還可以購買高品質的益生菌，每晚睡前讓寶寶空腹吃一粒，至少要吃完一罐。同時，睡前將益生菌的膠囊打開，將菌撒在舌上，放在嘴裡含著，五日即可。

＊壞菌大量死去時會釋放它體內和體表的毒素，身體可能會有一些反應（die off reaction），在這期間可能的症狀有：
拉肚子、脹氣、打嗝、胸口緊縮、心悸、疲倦、頭腦不清、肌肉和關節疼痛、記憶力無法集中、喉嚨痛、焦躁、憂鬱、頭痛、不耐煩、全身發癢、便秘、頭暈、感冒症狀、超想吃糖、超想喝酒、感覺像是醉了，或口氣有酒精味。

29. 寶寶只吃零食不吃正餐怎麼辦？

這不是飲食問題，是管教問題。寶寶只吃零食不吃正餐的習慣是這樣

養成的：寶寶在吃正餐時不停哭鬧，不好好吃，時間拖得很長，食物停留在嘴裡不咬。最後大家都吃完下桌了，父母無計可施只好放寶寶走。寶寶因為正餐時沒吃到什麼，很快就又會餓，開始向父母要東西吃。因為正餐都已收掉了，父母這時抓給寶寶吃的食物都是高糖的零食，或是牛奶。但零食吃沒多久，正餐時間又到了，這時寶寶的肚子裡早被零食或牛奶填滿，不會覺得餓，所以就想逃離餐桌。這樣重複幾次，就陷入了寶寶只吃零食不吃正餐的惡性循環。有吃零食習慣的寶寶因為只吃得到垃圾食物，所以常長不大，或有很多情緒或睡眠問題。

很多父母以為這個情況只要孩子大了就會好，其實不然，這樣的孩子會因為吃不好一直出現健康問題，結果愈來愈難帶。並且這個惡性循環不但不會自動好，還會在青少年時期更加惡化。因為我們與食物的關係是從小建立的，如果孩子從小就只跟加工零食有深厚的感情，大了他們也不會自動親近健康的原形食物。

如果要避免寶寶只吃零食的狀況發生，最好家裡的食物都是天然的原形好食物，且不讓寶寶過早接觸加工食品或澱粉類過高的食物，那麼這個問題根本不會出現。但如果這個問題已經存在，最好的辦法就是把零食換成原形食物（參見 352 頁）。但這樣也只是確保寶寶吃到的是好的零食，無法讓寶寶在正餐時進食。所以，最好還是在正餐後不再提供任何零食，寶寶餓時告訴他如果餓等下正餐時就會有好料等著他。即使寶寶鬧，也一定要堅持。只要爸媽行為一致，不用三天，寶寶吃零食的習慣就改過來了。可是，如果在正餐之間有人又把垃圾零食給寶寶，那這個惡性循環就又開始了。

30. 為何不能強迫寶寶把食物吃完？

我們的食量不是自己決定的，我們的食量是瘦體素荷爾蒙偵測體內備用能量（脂肪量）的量來決定的。如果，我們強迫寶寶把食物吃完，或把奶瓶裡的奶喝完，都會干擾瘦體素的運作，也會在無意中吃過量。這個強迫自己把食物吃完的習慣，會在成年後繼續擾亂瘦體素，打亂我們的食量。所以，如果父母不想寶寶出現食量或體重問題，或長大後出現厭食

症、暴食症，就應該讓他養成聆聽自己身體感覺的習慣，方法就是父母應該向寶寶示範父母尊重他已經飽了的這個感覺。

但若寶寶只吃垃圾零食不吃正餐則不符合這個情況。人體是活的，每天的食量都可能因需求不同而有所不同，吃正餐的寶寶血糖平衡，食量也不會被打亂，所以已經吃飽了的寶寶懂得拒絕食物，他們會把嘴閉起來避開湯匙，或用手把湯匙推開，而大人也要懂得尊重他的意願。

31. 大家一直給寶寶有糖的食物怎麼辦？

糖是一個極大的商機，每一年與糖相關的市場成長量，在世界各地都是最高的。且天然的糖類如全穀、全麥、水果、地瓜等食物，也被行銷為安全、營養，傳達愛的食物。在油脂被妖魔化的同時，所有人的選擇都轉向了糖。所以學校用糖做獎勵，家人親戚朋友用糖表達關愛，糖這個最容易上癮的食物已不再被鎖在箱子裡，它們到處氾濫。我們的孩子成長現在最大的阻礙，不再是逃離猛獸的追殺，現在最大的挑戰是逃離糖的魔掌。但糖實在太氾濫，所以做父母的一定要有策略，才能讓寶寶平安地遠離糖。

在寶寶還小的時候父母就應以有效的溝通方式[18]，把自己的意願陳述給寶寶的老師，以及家中的親戚和朋友。如果親戚和朋友不尊重父母的意願，那麼寶寶還小的時候就不應該靠近他們。如果是無法遠離的親人一直餵寶寶糖，那麼獎勵要比爭吵有效。用行為管理的方式，只要親人可以克制自己不濫給寶寶糖，就大肆感激、大肆鼓勵，好讓親人更加願意配合。

只要寶寶大一點，能明白事理後，就及早開始教育寶寶哪些食物中有高糖，糖的可怕，以及要怎麼吃才能均衡。每一餐，都是機會教育，每一次寶寶與糖有近距離的接觸時，也都是機會教育。父母可以告訴寶寶：「你看你吃糖後脾氣變得好壞。」「你看你吃糖後 high 到睡不著，所以早上起不來，都沒辦法跟我們出去玩。」最後，再教育寶寶要如何有效拒絕大人給的糖，教他們有效溝通的方法，再教他們如何感謝他人的配合與諒解。如果寶寶可以開始自己拒絕糖的侵害，那這個糖氾濫的環境就不會影響到他的

---

18. 更多有效溝通與行為管理的方法，參見賴宇凡著，《身體平衡，就有好情緒！》。

成長了。可以說，寶寶對糖有深刻的認識、掌握有效溝通的方法，以及懂得鼓勵他人的行為，都是他成長中最好的護身符。這麼一來，父母不管在不在寶寶身邊，寶寶都懂得如何保護自己。

5－7

寶寶為什麼總是睡得很晚
或夜裡醒來就不再睡？

　　寶寶夜奶時正常的情況應該是起來喝奶，一邊喝一邊睡，然後喝完後就馬上又再入睡，中間頂多起來打嗝、換尿布。但是，很多寶寶在開始吃副食品後，不是很晚還精神很好不想睡，就是睡到半夜醒來就不再睡了，這個情況並不正常。寶寶的生理時鐘在出生後二到四個月間就可以完全建立，一個有規律生理時鐘的寶寶，應會在太陽下山後三小時就很想睡覺，然後晚上不管還有沒有夜奶，都不應該精神好到無法再入睡。如果會出現這樣的情況，多半是飲食造成血糖震盪的後果。

　　現在市售或建議的寶寶副食品，大多是高糖食品，米精、米糊、地瓜、水果。寶寶吃高糖的食物，又沒伴隨有油脂、蛋白質的食物一起吃，食物裡的糖分沒有油脂與蛋白質減緩它分解的速度，會很快衝進血液，造成血糖高升。血糖是人體主要的能量來源，當寶寶血糖高升時，他就會sugar high，精神就會很好，睡不著，所以就出現該睡時不睡的情況。幾小時後高升的血糖被壓進了谷底，腎上腺就必須緊急釋出壓力荷爾蒙皮質醇提升血糖。血糖一被提升，寶寶自然就醒過來了。因為壓力荷爾蒙皮質醇停留在血液裡作用的時間長達七〇至一二〇分鐘（一般荷爾蒙只有三至五

能通過胃酸的試煉進入腸道，而負責為已消化完畢的食物或水開門的腸菌，將病原視為營養元素為病原開了門，門後強大的免疫系統培氏斑塊就會在病原進來時展開攻擊，這時我們的身體就會產生生病反應，如嘔吐、拉肚子、發燒／發冷、流鼻涕、咳嗽、出疹子等。既然腸道守衛如此森嚴，且食物不是病菌，進入血液前應已全都消化成營養元素了，怎麼會引發免疫過敏反應呢？此外，嬰兒吃母乳根本無須消化，又怎麼會有過敏問題呢？

從我門診的經驗來看，嬰幼兒會有過敏問題，主要是因為菌種不平衡／腸菌不足，其次是因為疫苗施打過早。

自然生產的嬰兒在經過母親的產道時，皮膚、口、鼻等會接觸到各類細菌。這些細菌需要時間在嬰兒表皮、呼吸道與消化道繁殖，既然腸壁的門是由腸菌在操控的，那麼在腸道細菌尚未繁殖完成之前，嬰兒的消化道便是尚未完全長成，這時嬰兒的消化道可以說是有漏洞的，因為守門員還沒有召齊。

若嬰兒出生時沒有經過母親的產道，是剖腹生產；或是產前、產間、產後菌種被各類因素干擾而打亂平衡，或是在這些時段接觸到大量抗生素，抗生素殺壞菌也殺好菌，就會大大干擾腸菌的繁殖，出現菌種不平衡或腸菌不足的情況。此外，因為腸菌是從母體傳給嬰兒的，如果母親本身就有食物過敏，這表示母體本身就菌種不平衡，母親本身腸道的守門員就不足，嬰兒接受的菌種當然也不平衡。且父親與母親性交與皮膚接觸時，也會直接影響母親體內與體表的菌種，所以如果父親有食物過敏，嬰兒也常會有與父親相似的過敏原（見圖2）。

當人體菌種不平衡或腸菌不足時，封閉小帶的開關與運

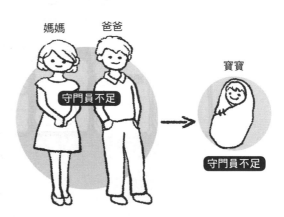

圖2　腸菌是腸壁的守門員。爸爸媽媽腸道細菌不平衡，爸媽的守門員不足，寶寶的守門員就不足，容易出現過敏反應。

瘦孕、順產、讓寶寶吃贏在起跑點

作都可能因為守門員不足而受到影響，結果造成沒消化完的食物可以直接通過腸壁進入血液。腸壁內的淋巴系統只認得消化過後的營養元素，不認得沒有消化完畢的食物，因此把它們當成病原攻擊，此時人就會出現生病反應，如嘔吐、拉肚子、發燒／發冷、流鼻涕、咳嗽、出疹子、異位性皮膚炎（見圖3）。這些都是食物過敏的症狀。

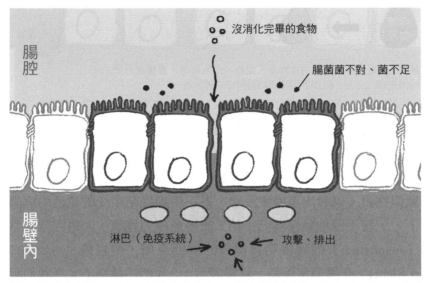

圖3　腸菌不平衡，腸壁的門運作就會受響，沒消化完畢的食物進入血液，會讓免疫系統發動攻擊，引起過敏反應。

　　若母親有食物過敏，就表示有尚未消化完畢的食物進入她的血液。母乳俗稱白血，因為母乳要用母親的血液製造。若母親有未消化完畢的食物進入血液，就表示這些未消化完畢的食物也會透過母乳進入嬰兒的腸道，在嬰兒從母體來的腸道菌種也不平衡的情況下，嬰兒腸壁的門（封閉小帶）就將這些過敏原放行進血液了。就因為嬰兒的過敏原常從母體而來，所以我們才會常看到嬰兒食物過敏的種類與母親或父親的過敏原不謀而合的例子（見418頁圖4）。

　　若在嬰兒菌種不平衡的情況下，又為寶寶施打疫苗，因為現在製造疫苗會大量使用外來動植物組織來培養，如雞蛋的各個部位、猴腎、牛乳酪

流、胃痛、脹氣、便秘、拉肚子、放屁排便奇臭等問題的人。除此之外，消化道痙瘉飲食對有過敏症狀、異位性皮膚炎、精神疾病等問題的人來說，最有幫助（進行消化道痙瘉飲食的方法參見 68 頁）。

1. **寶寶在全乳時期出現過敏的消化道痙瘉飲食策略**

   親餵的寶寶在全母乳時期出現過敏、異位性皮膚炎症狀時，母親與父親可同時於消化道痙瘉飲食的「第三步」做起。哺乳期間母親不能夠從消化道痙瘉飲食第一步做起，因為只喝湯營養與能量都不足，無法製造母乳，會影響母乳產量。如果寶寶是這段時期發現過敏、異位性皮膚炎情況，建議寶寶一定要六個月大後才開始吃母奶外的其他食物，且一定要是原形食物。如果寶寶並不是餵母乳，而是使用配方奶，那麼就必須等到寶寶一歲完全斷配方奶後，才能進行消化道痙瘉飲食修正過敏與異位性皮膚炎問題。

2. **寶寶在母奶、原形食物混合階段發現過敏的消化道痙瘉飲食策略**

   親餵的寶寶如果是在母奶、原形食物混合階段出現過敏、異位皮膚炎狀況，母親與父親可同時於消化道痙瘉飲食「第三步」做起。同時寶寶可配合寶寶根治飲食原則與食譜，從消化道痙瘉飲食「第二步」開始做起，且在寶寶進行消化道痙瘉飲食期間，盡量哺乳。

3. **寶寶一歲後發現過敏的消化道痙瘉飲食策略**

   如果寶寶是在一歲以後才出現過敏、異位性皮膚炎，有幾種不同的消化道痙瘉飲食進行方式。

   親餵的寶寶如果還在吃母奶，那麼母親與父親可同時從消化道痙瘉飲食「第三步」做起。這時寶寶可配合寶寶根治飲食原則與食譜從消化道痙瘉飲食「第二步」開始做起。

   配方奶的寶寶如果還在吃配方奶，只要寶寶願意，可以在消化道痙瘉飲食期間用椰子奶替換配方奶。如果寶寶不願意用椰子奶替換配方奶，則必須等寶寶完全斷配方奶後才進行消化道痙瘉飲食。

   如果寶寶一歲後已完全斷奶，那麼就可以配合寶寶根治飲食原則與食譜從消化道痙瘉飲食「第二步」做起，由於父母常常與寶寶親密接觸，為了確保效果，建議父母同步與寶寶一起進行消化道痙瘉飲食，

從「第二步」做起。

- **孕前父母都進行消化道痊癒飲食** 如果父母有一方有過敏、異位性皮膚炎、嚴重消化症狀,父母兩人都應該在孕前一起進行消化道痊癒飲食(參見 68 頁),以確保寶寶未來不過敏。

- **黃連或大蒜丸抑制壞菌** 黃連或大蒜丸可以幫助抑制壞菌的活動與生長,協助腸菌群落找回平衡。

- **服用複合式維生素 C** 提升免疫力能幫助身體控制失衡的體表與體內菌種數量。每日服用維生素 C 能有效提升免疫力,劑量按品牌指示加一倍服用。複合式維生素 C 中的維生素 P 能有效提升維生素 C 被身體吸收與利用,因此合用效果較好。

- **服用維生素 B6** 身體需要維生素 B6 才能吸收維生素 B12,維生素 B12的功用在製造紅血球與免疫細胞,所以維生素 B6 對免疫系統有重要的影響。提升免疫力對體表菌種平衡有很正面的幫助。事實上,維生素 B6匱乏最常見的一個症狀,就是脂漏性皮膚炎(seborrheic dermatitis)。按品牌指示劑量服用。

  想攝取足量的維生素 B6,也可以服用啤酒酵母。雖然啤酒酵母中的維生素 B6 劑量沒有一般 B6 膠囊來得大,但它卻以身體最認得的方式被身體吸收。粉狀的啤酒酵母也可以拌進寶寶的食物中。劑量按品牌指示服用。

- **在體表抑制菌的繁殖與代謝** 脂漏與異位性皮膚炎為避免加油使得嗜油菌更壯大,因此可以改塗抹優格+益生菌、生蜂蜜+益生菌、母奶+益生菌,或發酵食品的汁液。這些本身就挾帶豐富好菌的物質,可以提供患處所需的益生菌。消毒過的蜂蜜已失去它內含的天然菌種,最好選用生蜂蜜(參見 256、399 頁)。一歲以下的寶寶最好不使用蜂蜜,因為它們可能會經由手摸放進嘴裡吃到。

- **不要天天吃一樣的食物** 腸漏還沒痊癒時,一直不停吃同樣的食物,容易形成新的過敏源,肉類、水果、蔬菜、香料、油類、營養補充品等最好不同種類輪著吃(參見 72 頁)。

● **進行咖啡灌腸** 孩子過小時，這個步驟可由哺乳中的母親來進行。孩子大了，能自行蹲著大便時，就能由大人協助，同時服用綠藻加上進行咖啡灌腸。咖啡灌腸可以清肝，是因為腸靜脈直達肝門靜脈。人體的設計會讓腸的血管直達肝臟，是為了要把吸收的營養元素送進肝臟內，以進行合成與分解。就因為腸和肝血脈相連（見圖6），因此有腸漏症、無法全面由腸壁過濾外來物的異位性皮膚炎患者，肝臟都一定過度疲勞且堵塞。

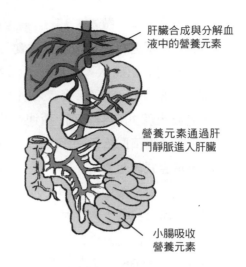

肝臟合成與分解血液中的營養元素

營養元素通過肝門靜脈進入肝臟

小腸吸收營養元素

圖6 腸的血管會直達肝臟，是為了將所吸收的營養送進肝臟內，讓肝臟進行合成與分解。

咖啡的幾項特性可以幫助肝臟排毒。一是咖啡中含的棕櫚酸咖啡醇（cafestol palmitate、kahweol palmitate) 能活絡小腸與肝臟內的重要抗氧化物質穀胱甘肽（glutathione, GSH）與穀胱甘肽 S 轉移酵素（glutathione S-transferase, GST），它們都協助肝排毒。GSH 物質最著名的功能就是與重金屬結合，將重金屬排出體外。多數的異膚患者都有有腸漏狀況時因為疫苗加重病情的狀況，疫苗中的重金屬很可能會透過腸靜脈進入肝臟，被肝臟儲存在肝脂肪中。因此腸靜脈吸收咖啡中的棕櫚酸，有利於加速肝臟內 GSH 與重金屬結合。

咖啡的另一個特性是它的酸，一般咖啡的 pH 值落在 4.7 左右，屬酸性物質。酸性物質能刺激膽囊收縮，讓膽汁流動。膽汁是由肝臟製造的，膽汁能協助肝臟將脂溶性物質透過大便帶出體外，膽汁流通，脂溶性物質就容易排出（見圖7）。而重金屬皆為脂溶性物質。肝臟不被滯留的膽汁堵塞，排毒功能就能提高。除此之外，咖啡的酸也能抑制腸道中真菌類的繁殖，達到腸菌平衡的功效。

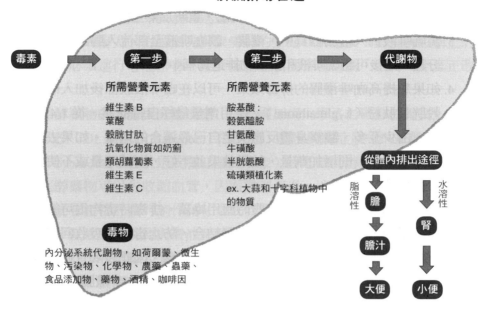

肝臟排毒管道

毒素 → 第一步 → 第二步 → 代謝物

第一步

所需營養元素

維生素 B
葉酸
穀胱甘肽
抗氧化物質如奶薊
類胡蘿蔔素
維生素 E
維生素 C

第二步

所需營養元素

胺基酸：
穀氨醯胺
甘氨酸
牛磺酸
半胱氨酸
硫磺類植化素
ex. 大蒜和十字科植物中的物質

毒物

內分泌系統代謝物，如荷爾蒙、微生物、污染物、化學物、農藥、蟲藥、食品添加物、藥物、酒精、咖啡因

從體內排出途徑

脂溶性 → 膽 → 膽汁 → 大便

水溶性 → 腎 → 小便

圖 7　肝臟排毒管道示意

咖啡灌腸的步驟：

1. 最好使用有機淺焙低咖啡因咖啡，非有機咖啡的農藥殘留很重。且棕櫚酸是綠咖啡豆中所含的物質，因此不宜過度烘焙。也最好選擇使用瑞士水洗法（SWISS WATER PROCESS）去除咖啡因的豆子。這種方法可以去除 99.9% 的咖啡因，且只使用水，不使用化學物質。一般用二氯甲烷（methylene chloride）或乙酸乙酯（ethyl acetate）等溶劑去除咖啡因的豆子，不適合使用。咖啡因需要肝臟分解才能排出，所以它在美國食品管理局中被列為藥物（drug）。因為咖啡因很可能會在腸道中吸收進肝臟，因此為了減輕肝排毒的負擔，最好盡量使用低咖因豆。咖啡豆中的油脂容易腐敗，因此最好冷凍保存。

2. 灌腸咖啡液的做法如下：取 1000c.c. 過濾水，加入 10 克標準咖啡匙的現磨咖啡粉三匙。攪拌均勻後，大火燒至沸騰，不加蓋滾三分鐘，之

我和寶寶的異位性皮膚炎痊癒經驗

讀者 Vanessa Hung

開始工作後，我發現自己對牛奶還有蛋製品會過敏，也有過幾次蕁麻疹引發全身大發癢，必須看醫生吃藥才能舒緩的經驗，之後嘗試過許多養生方法改善。為了怕引發過敏，我平時作息十分正常，飲食都是以原形食物為主，不碰奶蛋、加工製品。但是吃到某些特定食物時，還是會有皮膚癢的過敏反應。

2014 年我生下 Yuti，決定請育嬰假當個全親餵媽媽，Yuti 其實是個配合度很好的雙魚寶寶，但是他出生頭一兩個月，臉上就開始出現小丘疹，頭皮有脂漏性皮膚炎；三、四個月時臉上開始偶爾會有口水疹。我還觀察到，只要有生日節慶我一吃到蛋糕、冰淇淋，Yuti 就一定會長口水疹。還有一兩次他突然大哭個不停，我發現寶寶身上出現塊狀脫皮，應該是他還不會抓癢，不知該如何是好，所以哭了起來。

我那時才知道，寶寶的營養是來自我的飲食，我飲食中的糖分，也會影響到他。於是我十分有決心地戒斷奶蛋糕點，可是還是只要吃到一些高過敏食物，如南瓜、芋頭、蝦子，蚵仔、彩椒……等，都會引發食物過敏反應，這讓我愈來愈自責。

於是我開始找尋過敏的真相，我真的不希望我的孩子這麼小就要一輩子皮膚癢、鼻子過敏，甚至不敢想可能會出現更嚴重的問題……

台灣有些自然醫學的養生老師也曾提出關於疫苗造成過敏、自閉症的案例，我在網路上找到的食食課課網站，宇凡老師也提出了相同的觀點，且同時正巧有幾個姊妹向我建議看宇凡老師的書來調整體質。為了寶寶的一輩子健康，我留言請教老師如何處理寶寶過敏的問題，沒想到忙碌的老師竟積極給我建議。

按照老師的建議，我在寶寶六個月大開始吃真正的食物時，是以蛋白質、蔬菜、好油為主，並搭配益生菌，魚肝油，最重要的是先不給寶寶吃澱粉，水果，一方面是因為寶寶一歲前沒有胰澱粉消化酵素，其次是少吃

糖類可以餓死壞菌。並且同時我自己也開始按著根治飲食的均衡比例吃。

現在寶寶十一個月了，我發現自己吃到之前會過敏的食物，皮膚不癢了，吃到品質好的奶蛋製品也不癢了，而寶寶也沒有因為我的飲食而產生過敏了。我們的過敏反應，一起好了八九成，真的非常神奇，也非常感謝老師的指導，讓寶寶不但健康了，也有機會從小就養成良好的飲食習慣。

Yuti 現在活動力好，EQ 好，是個人人誇獎的好帶寶寶。偶爾長輩要餵他吃水果、饅頭、餅乾，他還不肯吃呢！為了小心起見，Yuti 是到了一歲一個月，我才開始在他的飲食中加入澱粉，多半是非精緻原形食物的澱粉類，如糙米、芋頭、地瓜、馬鈴薯類。若是外出的時間較長，為顧及方便我才給他吃手工肉包，煎餃、水餃，但皮的比例都餵得少一些。至於疫苗，我就比較大膽地沒有再打了，等寶寶長大一點有必要再打嘍。

根治飲食和咖啡灌腸幫我的女兒治癒嚴重的異位性皮膚炎

讀者 球球貓

懷孕五個月時我的陰部開始非常地癢，且有大坨大坨的白色分泌物，醫生說生完就會消失，只開了藥膏給我擦。所以我家女兒出生時經產道吞下的第一口菌，應該都是很不好的念珠菌。其實我從少女時代就常常念珠菌感染，且有香港腳，所以黴菌在我身體裡應該是根深柢固。懷孕時我是很小心飲食的，只要一般說的容易過敏的食物，舉凡芒果、荔枝、龍眼、蝦子、螃蟹、茄子，我一律不吃，但最後還是生出了過敏寶寶。

懷孕時知道懷的是女孩後，婆婆希望小孩皮膚白，天天做豆漿給我喝。小孩生出後，汗毛很長，第一次幫她洗澡時還嚇到，因為汗毛一打溼，就黑黑一大片，後來才知道可能是豆漿的植物性荷爾蒙過量。女兒六

個月前全母乳，六個月後開始斷母奶，那時是用「邊仔骨」熬湯，煮胡蘿蔔粥給她吃，當然也有水果泥。女兒兩歲前都還好，就是臉頰偶爾紅紅的，肚子脹氣，雖然不好照顧，但都還在容許範圍內。只是她的睡眠卻一直是問題，六個月前都睡我身上，因為只要一放到床上，就馬上醒，又很難哄入睡。但兩歲的某一天，我吃起司時她舔了一口，竟然就引發了大過敏，帶去醫院檢查，才發現她對雞蛋、牛奶、塵蟎過敏，之後當然開始戒這些食物。

女兒的異膚症狀從幼稚園時期開始正式蔓延，腳窩、鼠蹊、手窩窩、腋下、脖子、一直到臉上都有。也很容易扭到手或腳，現在才知道，那是腎上腺疲倦造成的。小學四年級時，過敏正式大爆發，不但爛到臉，且手腳窩爛的程度也是史上空前的嚴重。每天早上上學前，因為腳窩傷口的組織液凝固，都要先把腳伸直，才能起床上學。因此，她無法蓋被子，即使是寒流來的冬天，雖然手腳是冰冷的，但由於患處很癢、很熱，所以還是不能蓋被子。也因此，她的睡眠品質極差，所以上課常打瞌睡。

女兒國中時去做慢性食物過敏原檢測，才發現她是腸漏症，但當時飲食方面還是少油、少肉、多蔬果的型態，偶爾會打精力湯，且那時烹調只敢鹽巴調味。女兒因為高一開學時的一次大過敏，開始接觸了咖啡灌腸。那天學校外面在鋪柏油路，她一吸到，馬上皮膚紅掉，只能回家，但後來花十五分鐘做了咖啡灌腸，紅腫馬上消退。她現在還是天天兩次咖啡灌腸，如果遇到恢復反應，有時會多加灌幾次，端看身體的需求而定。

女兒高二時我們開始接觸到根治飲食，也進行了消化道瘉癒飲食。由於女兒沒有潰瘍病史，所以我們從消化道瘉癒飲食的第二步開始做。大概孩子太缺乏修復元素了，剛開始姊弟兩人可以一天吃掉兩鍋六公升的湯。但到了第九天，身體好像已經覺得足夠了，所以那天的湯只吃掉一鍋，之後，他們的食量就愈來愈小了。皮膚的情況也有減輕的跡象，至少已經沒有那麼癢了，且沒有新的狀況出現，對小孩來說真是非常舒服的一段時光。因為對雞蛋的恐懼根深柢固，所以在消化道瘉癒飲食的第二步就待了十九天，在多年來都有雞蛋過敏的情況下，雞蛋那關最後闖關成功，沒有出現不好的反應，小孩對食物的信心後來就開始大增。

進行消化道痊癒飲食時的恢復反應真的和宇凡老師書上寫的一樣多且猛。最神奇的一次，是有次她吃錯東西，臉腫起來，我幫她摸著摸著，竟然摸出一顆一顆結晶狀的東西。另外有一次，馬桶裡出現酷斯拉那次（我沒看到，扼腕），女兒還以為她把大腸拉出來了呢。

　　身體的恢復反應，我們都還承受得了，比較讓我難以忍受的，其實是心理排毒。因為它要把自己一層一層剝開，面對最血淋淋的內在情緒與自己。但是，心理排毒也要有足夠的營養資源，跟穩定的血糖才能做得到。透過有效溝通，我們發現我因為太注重效率與結果，常常犧牲了我女兒表達情緒的權利，只要我一做要求，女兒就覺得有老虎出現，又不懂得拒絕，長期下來，家變成了女兒倍感壓力的地方。女兒打開自己心靈，讓我也對自己的需求更加了解。家中家事分擔的不公，讓我倍感壓力。這個壓力也在我自己進行《身體平衡，就有好情緒》書中的等號練習後，釋放了心裡的那隻老虎。現在我鼓勵女兒跟我說不，雖然很它艱難。經過這次全家的溝通，每個人做事，都變得心甘情願，交代老公做家事，他也不會認為我是在指使他而拖拖拉拉。雖然偶爾還是有小脫序，但我也能夠忍受，不再像以前那樣抓狂了。

　　女兒目前雖然不能說是完全痊癒，但至少已在痊癒的路上了，隨著恢復反應發生頻率的日漸減少，孩子笑容已愈來愈多。除了施行根治飲食，女兒早上飯後一杯洋車前子粉＋啤酒酵母、三十顆 200mg 計六克的綠藻。每天一杯維生素 C，若遇恢復反應，加倍分量。早上上課前離用餐一小時後服用 B6 ＋ L-Tyrosin，這樣上課有精神。晚上餐後再服用魚肝油，睡前則服用離子鎂＋ Prescript Assist（一種益生菌）。

　　這麼多年的努力，現在回頭看來，我真的發現身體不但很有智慧，也很有彈性，有時也許只要做對 60% 以上，就能開啟修復的能量，我們要做的，其實只是不要阻斷修復的過程。

寶寶得了腸病毒該怎麼辦？

　　在美國，一般醫生對得了腸病毒孩子的指示，是不用進診所，只需要在家休息，多補充水分。腸病毒不是一種病毒，它其實是不同病毒侵入腸道後，引起拉肚子、腸絞痛、嘔吐症狀的總稱。美國的醫生不診治此一病症是因為，病毒入侵無藥可殺，只能靠免疫力將病毒殺死。所以，台灣衛福部疾病管制署在宣導腸病毒衛教知識時也表示：腸病毒「目前並沒有特效藥，絕大多數患者會自行痊癒，對於腸病毒重症患者之治療，只能採取支持療法。」[20]

　　一般來說，如果休息與飲食得當，腸病毒的症狀只會持續二十四至七十二小時，免疫力較低的孩子，最多也只會病一個星期。但是，近年來由於幼兒的飲食不均，免疫力過低，腸病毒常併發其他病症，如手足口病（hand-foot-mouth disease）、疱疹性咽峽炎（herpangina），甚至腦炎、心肌炎、肢體麻痺症候群等。所以，即使患腸病毒只能在家休息或補充水分，但如果嬰幼兒出現「嗜睡、意識不清、活力不佳、手腳無力、肌抽躍（無故驚嚇或突然間全身肌肉收縮）」、「持續嘔吐」與「呼吸急促或心跳加快」等症狀，還是應立即送醫。

　　得腸病毒時不需要使用抗生素，抗生素只能殺病菌（bacteria）而不能殺病毒（virus），無謂的服用或注射抗生素反而會干擾腸菌，讓寶寶免疫力下降。

建議方案

● **親餵哺乳的嬰兒頻繁哺乳**　如果嬰兒還在哺乳，得腸病毒時頻繁哺乳是最好的治療。因為母乳中的營養可以支援寶寶的生化運作，母乳中的抗

---

20. 衛福部疾病管制署對腸病毒感染併發重症的說明請見：http://www.cdc.gov.tw/diseaseinfo.aspx?treeid=8d54c504e820735b&nowtreeid=dec84a2f0c6fac5b&tid=900059B505FD76DF。

體也能幫助寶寶的免疫系統對抗外敵。母乳中充滿電解質的水分也能在這個時段內確保寶寶不脫水。

● **已不親餵哺乳的幼兒餵食清雞湯或骨頭湯**　如果幼兒已不親餵哺乳，主食是配方奶及食物，必須停止攝取所有乳製品（不包括母乳），包括配方奶。在腸病毒期間食用乳製品，常使得症狀加重。因為拉肚子與嘔吐很容易會脫水，所以幫寶寶補充水分是第一要務。在每 1000ml 白開水中加入 1/4 茶匙的天然鹽，白開水自然就變成了電解水，是最好補充水分的飲料。如果幼兒在全配方奶時期得腸病毒，無法將配方奶轉成食物，記得要在配方奶中加入複合式維生素 C 粉，提升免疫力。

已能吃食物的寶寶在腸病毒症狀一出現，就應該停止吃所有食物（這時大部分的孩子並不會感到飢餓，寶寶沒有胃口其實是保護機制），以清雞湯或骨頭湯餵食。注意湯裡的油脂不要隨意撈出，並加天然鹽調味以保留體內水分，油脂對脂溶性維生素 A 的運作有決定性的影響，而修復腸壁必須仰賴維生素 A。且雞湯、骨頭湯能退燒、消炎，加速痊癒。

餵食順序為，如果餵骨頭湯孩子會嘔吐，則只餵水。如果寶寶喝湯不會嘔吐，就四小時餵一次骨頭湯。如果寶寶這時會喊餓，就加入一點骨頭上的肉。如果孩子沒有食欲不想吃，就一直餵骨頭湯即可（見圖1）。

圖1　六個月大後有吃食物的寶寶可以按此流程讓寶寶進食。

一歲以後的寶寶在痊癒時，慢慢把食物加回來時，如果寶寶吃肉不會嘔吐了，這時就可以將配方奶加回來了。如果一喝奶就吐，就立即再轉換回骨頭湯。要到最後症狀全部消失後，才能加回蔬菜與纖維，或天然根莖類澱粉食物（參見 373 頁）。注意這段期間孩子不應補充益生菌，益

生菌會使得症狀加重。

五穀類、麵包、粥等精緻澱粉類食物，要到蔬菜加入不會嘔吐後才能加回來，因為它們很容易就會震盪血糖，血糖一掉到谷底，就會刺激壓力荷爾蒙釋出，壓力荷爾蒙一在體內循環，免疫力就會被抑制。免疫力被抑制就像城裡有罪犯，但卻沒有警察巡邏一樣危險。且過量的澱粉會影響胃酸分泌，胃部的酸鹼一失衡，就好像城門沒守衛，入侵的病菌可以順利通過胃部進入腸道，使得原本的腸病毒症狀更加重，拖延與加重病情。所以，腸病毒期間其實最不應該吃的，就是稀飯或粥（參見 453 頁）。

● **補充魚肝油**　魚肝油可以幫助因腸病毒引起的腸炎消炎，且所含的維生素 A 對腸道修復有很大的幫助。

● **複合式生素 C**　複合式維生素 C 能有效增強免疫力。

● **黃連**　黃連能有效止吐、止瀉。

● **增強胃酸**　如果嬰幼兒、孩童經常反覆得到腸病毒，父母就應檢視寶寶的胃酸是否足夠。腸病毒要能到達腸道，必須先躲過口鼻液中的免疫防線，再進入胃部。胃酸是一種強酸，酸度與鹽酸相同，病菌和病毒都是以蛋白質組成的，進到胃裡多半會被馬上分解。但是，如果嬰幼兒飲食組合不正確、飲食中有不適合自己的食物，常脹氣、打嗝、放屁／大便很臭，那麼胃酸就很有可能不足。胃酸不足，我們最強大的第一道免疫防線就形同癱瘓，就很容易反覆得到腸病毒、腸胃炎。

5 − 10

孩子長牙後要不要塗氟？

　　過去的研究，認為氟化物可以讓牙齒外的牙釉質（enamel）更堅硬、更能抗酸，因此可以預防蛀牙。但是，長年來在整合牙科研究甚深的台灣巨樺牙醫診所蔡鎮安院長，從他的臨床經驗認為，會蛀牙的塗了氟還是蛀牙，不會蛀牙的不塗仍舊不蛀牙。他認為，若氟真的有防蛀效果，全是因為它的殺菌功能，氟是很強的毒物，連細菌都害怕。

　　氟既然這麼毒，為什麼會被這麼神化？過程是怎麼發生的？其實這與二次大戰期間研發原子彈需要大量的氟化物有關。當時研發原子彈的曼哈頓計畫需要大量的氟化物做為原料，氟是製造鋁的廢棄物，正好提供使用。但暴露在過量氟毒下的工人，以及工廠附近的居民，產生了很多健康上的問題。當時正值戰爭期間，氟對人民的毒害似乎成了必要之惡，但若真相被揭發，龐大的訴訟及賠償費用是美國政府及大工廠所不願面對的。於是曼哈頓計畫中的毒物學家哈洛德・豪吉斯博士（Dr. Harold Hodge），就被指派向民眾推銷氟化物是安全的，甚至是有益身體的。可是，如何達成這個任務呢？於是「飲水加氟可以降低蛀牙率」的說法便出現了，它不但掩蓋了氟化物的毒性，更將氟化物包裝成健齒聖品，更重要的是，對製鋁業而言，大便瞬間變黃金。

　　近年來的新研究已在在證實了氟的毒性，瑞典試驗了十一年後禁止飲水加氟，事實上，歐洲已沒有任何一個國家在飲水中加氟，台灣也已跟進，美國卻遠遠落後。現在研究指出，飲水加氟 1.2-3ppm 就可能導致骨質疏鬆和甲狀腺腫大。氟對甲狀腺影響極大，因為氟與碘有競爭關係，它們會搶著與甲狀腺激素結合。如果氟搶贏了，就會製造出假的甲狀腺激素，造成第二型甲狀腺機能減退的問題。氟同時也會使酵素無法運作，影響身體機能。它也會減緩白血球的移動能力，降低免疫功能。最諷刺的是，氟

助痊癒過程，讓痊癒加速，並減緩生病症狀。

　　寶寶生病是身體失衡的警訊，比起醫生，父母更是全時間和寶寶相處在一起，所以如果父母能細心觀察，一般寶寶的小問題通常能找到最好、最不給寶寶身體負擔的治療策略。或者，至少能在就診時提供醫生足夠的資訊。如果出現無法判斷的狀況，則建議詢醫，藉用現代檢測儀器或檢驗方式取得更全面的資訊，以做出最好的治療決策。

　　雖然現代醫藥發達，各式各樣的醫療方式充斥，但無論在哪一種醫療體系下，我們都不可能看到有人是愈吃藥愈強健，因為唯一能讓身體愈吃愈強健的，只有營養密度高的原形食物。所以，如果寶寶常常生病，一生病就很難好，父母一定要細心分析寶寶是否吃得對（參見 409 頁）。

　　切記，還在吃母乳的寶寶，在生病時最好的食物和藥物，就是媽媽的母奶。在生病時，最好頻繁哺乳。

1. 發燒處理方式

　　發燒代表體內在發炎，發炎是免疫系統正在運作的象徵，也是痊癒的過程之一。因此，發燒不見得是壞事，發燒到後來產生問題，多半是燒得太高太久。如果寶寶發燒停留在 39 度至 40 度左右，表示免疫系統掌控全局，正在進行痊癒。這時，寶寶的溫度多會隨生理時鐘而有所不同，白天溫度較低，一入夜身體能量一聚集，免疫力就會集中火力殺病毒，這時溫度可能又上升盤旋在 40 度左右。如果寶寶發燒已超過 40 度，或白天起床後燒得反而比夜裡更高，表示免疫力開始失去控制，最好立即就醫。寶寶發燒如果穩定地盤旋在 39-40 度間，以下方式都能幫助寶寶退燒，讓不舒服的症狀減輕。

方法	使用說明
服用離子鈣 （calcium citrate）	發燒除了可以藉體溫上升殺死病菌和病毒，它也可以幫助身體釋出鈣。白血球是我們身體的免疫部隊，鈣會和白血球合作殺死病菌。因此，藉由營養補充品補充離子鈣，可以協助退燒。 ＊按品牌劑量每四小時服用一次。是長途旅行時必備的營養補充品。
喝雞湯、 骨頭湯	沒撈去油脂的雞湯與骨頭湯中有許多離子鈣，且油脂中含豐富的維生素 D。維生素 D 可幫助離子鈣在體內吸收與利用，能有效幫助退燒。除此之外，雞湯和骨頭湯中的油脂提供發炎與消炎所需的原料。痊癒是一個從發炎到消炎的過程，原料足夠，發炎與消炎速度同時加快，可以縮短痊癒所需的時間。 ＊每四小時餵一次湯（如果寶寶想吃湯裡的肉或蔬菜都可以，但不要再另外加澱粉）。
服用魚肝油 或魚油	魚肝油和魚油含有高量的 Omega3，Omega3 是幫助啟動消炎管道的營養元素。發燒就是發炎，因此在發燒時服用魚肝油或魚油，可以加速消炎速度，也就加速了退燒與痊癒。 ＊按品牌劑量每四小時服用一次。也可拌入不過燙的食物或湯中服用。
冷敷	發燒時最難受的地方是腦部，因為腦部溫度升高神經會很敏感地感受到。所以發燒時可以用冷毛巾反覆冷敷頭部降溫，或用冷毛巾擦拭全身降溫。發燒時神經系統受溫度影響會變得遲緩，就像喝醉酒的人一樣，所以不建議將寶寶放入冷水中降溫，因為若寶寶反應遲緩，可能造成危險。
穿醋襪	穿醋襪可以幫助身體降溫，方法參見第 95 頁。

2. 咳嗽處理方式

　　咳嗽多半是一般呼吸急症中最後一個出現的症狀。咳嗽時多半會有痰。痰就是死亡的病菌和免疫細胞，咳嗽和痰是身體要將這些東西往外排所設計的機制。

方法	使用說明
服用川貝枇杷膏	川貝是傳統的中藥材，可以清熱潤肺，化痰止咳。因為川貝的味道稍苦，直接餵寶寶可能被拒絕，所以川貝枇杷膏中多含蜂蜜或糖漿。但若是含蜂蜜就不適用於一歲以下的寶寶。購買市售川貝枇杷膏要注意它的原料成分，如果有過多添加物就不應選購。 ＊睡前、每餐飯後按品牌劑量指示服用。
喝川貝杏仁飲料	一茶匙川貝、一湯匙烤香的杏仁，半碗水，大火滾沸後加入少許黑糖，再用文火燉煮三十分鐘，之後用果汁機打碎即可服用。 也可改用一茶匙川貝、半個梨子、半碗水、少許黑糖的配方。 ＊睡前、每餐飯後服用。
蜂蜜蒸檸檬	有機檸檬洗淨切半，外鍋放一杯水，放入電鍋中蒸。蒸好待稍涼後將檸檬汁擠出，加入適量蜂蜜，以去除檸檬白皮中釋出的苦味。檸檬要連白皮一起蒸才能取得內含的維生素P，維生素P與維生素C有合作關係，對痊癒很有幫助。對止痰有奇效。 ＊此汁可直接服用或對水喝，睡前、每餐飯後服用。一歲內的寶寶不適合服用。

＊青痰代表我們的免疫系統還在奮力搏鬥，要加速痊癒與支援免疫系統，可以使用「發燒」症狀的藥物替代品。黃痰代表免疫系統已大獲全勝，咳嗽已進入尾聲，這時的痰多半較濃稠，適用處理「咳嗽」的方法。

＊遇有糖漿、冰糖，或蜂蜜等食材時，盡量在均衡餐後立即服用以免震盪血糖，讓病況加重。睡前服用以上含糖的藥物替代品時，最好先給寶寶少許肉類或一兩口有油脂的湯，以平衡血糖。許多中西成藥也都含有高

糖和酒精，寶寶服用前最好也採取相同措施，以避免震盪血糖。

＊如果是長期咳嗽或有乾咳，多半是過敏症狀，建議檢測消化道及腸菌健康（參見 68、414 頁）。

3. 流鼻水的處理方式

身體流鼻水與咳嗽的作用相似，鼻水就是鼻子的痰，可以將死亡的病菌和免疫細胞排出。流鼻水一般是免疫戰鬥進入尾聲的象徵。如果有長期流鼻水的現象，多半是過敏症狀，建議檢測消化道及腸菌健康（參見 68、414 頁）。

方法	使用說明
使用沖鼻、吸鼻器 	沖鼻與吸鼻合一的電動沖鼻器可以用鹽水沖洗嬰兒鼻腔，也能將鼻涕抽出。鹽水可以稀釋鼻涕也可以殺菌，稀釋的鼻涕較容易抽出。鹽水的比例為 240c.c. 水加 3 茶匙鹽。 ＊按品牌指示使用。
沖鼻吸鼻器 	如果沒有買到沖鼻與吸鼻合一的電動產品，可使用一般的手動沖鼻吸鼻器。先將天然海鹽溶於溫水中，放在沖鼻吸鼻器內，傾斜嬰兒的臉再輕輕沖入鹽水，換邊再沖。多餘的鹽水噴掉後可用同一吸鼻器將稀釋的鼻涕吸出。鹽水的比例為 240c.c. 水加 3 茶匙鹽。 ＊寶寶呼吸困難時，或哺乳前、睡前都可以按此法通鼻、殺菌。
吸鼻器 	傳統沒有吸鼻器的時代，父母都會用嘴幫孩子吸出鼻涕以通鼻。這個方法最大的好處是父母用嘴吸鼻涕時可以藉由阻力去判斷、調整吸的力量，不會傷到寶寶的耳膜。但壞處就是父母在吸鼻涕的過程中，嘴會與生病的體液接觸，大大增加了自己感染的機率。這類現代產品，因為多出了一個緩衝的空間，可以保留用嘴吸鼻涕的好處，又能避免大人和生病體液接觸的壞處。 ＊寶寶呼吸困難時，或哺乳前、睡前都可以按此法通鼻。

印度鼻壺

印度人有洗鼻子的習慣，尤其是在感冒症狀剛出現前。印度鼻壺也可以用老人茶壺代替。這種壺要等寶寶大一點才適用。

壺中裝入溫水，放入海鹽溶解後，壺嘴頂住一邊鼻孔，臉朝下向另一邊傾斜，這樣水會自然從另一端鼻腔流出。換邊再做一次。之後再擤鼻子排出已稀釋的鼻涕。

鹽水的比例為 240c.c. 水加 3 茶匙鹽。

＊沒有使用次數限制。鼻壺也是很好的保健器具，在流感、傳染病季節時，可以每日早晚使用，以預防傳染病。

4. 嘔吐的處理方式

嘔吐是極劇烈的生理反應，作嘔的感覺和氣味都讓人害怕。嘔吐前寶寶也常會胃痛，這時父母都會希望能讓寶寶馬上免除痛苦。其實，寶寶嘔吐就表示病菌在上消化道（胃部）就被免疫系統抓到了，要排出病菌，最近的出口就是嘴巴。若病菌能被胃酸即時成功分解，症狀就不會產生，但如果胃發現無法及時將病菌分解時，就會想盡辦法要排出體外。這時，胃就會開始產生收縮，收縮的胃會痛，接下來就會出現作嘔、反胃的感覺。

方法	使用說明
補充電解水	嘔吐很容易脫水，所以這時補充含好鹽的溫水很重要。240c.c. 的水加 1/8 茶匙未加工的天然海鹽就足夠了。海鹽中的礦物質溶於水後變成電解質，電解質能確保體內水分調度得當，迅速補充血管內與細胞內所需的水分。 ＊嘔吐之後馬上補充電解水。好鹽是長途旅行時必備的營養補充品。
沒食欲就不進食	因為病菌在上消化道就被抓到，所以不舒服的寶寶通常吐完後就會沒事。如果這時寶寶沒食欲最好不吃，讓胃部休息。

喝雞湯、骨頭湯	可以吃食物後的寶寶，如果寶寶想吃東西，補充骨頭湯是最佳痊癒選擇。骨頭湯中的高礦物質含量可以支援免疫系統運作，而骨頭湯中的油脂內含珍貴的脂溶性維生素，可以協助修復胃部。如果喝完湯後不再嘔吐，才能吃骨頭湯中的肉，吃肉後沒有吐，最後才能吃蔬菜（參見 430 頁關於腸病毒的部分）。 ＊每四小時餵一次高湯，份量按寶寶需求決定。
喝母乳	如果是還只能吃全母奶的寶寶，那最好的痊癒元素就都包含在母奶中。母乳中含有大量的抗體，寶寶想吃就餵，不想吃就不餵。如果寶寶有吃母奶就無需再額外補充鹽水。但必須定期觀察脫水情況（見下方寶寶脫水檢測法）。
服用黃連	黃連止吐止瀉。如果寶寶願意，按品牌劑量每四小時服用一次。如果寶寶吃什麼都吐，就不需要勉強。還在哺乳的寶寶不服用，只需要頻繁哺乳。

＊寶寶脫水檢測法
☐十二小時內尿布只有少量的尿，或是乾的
☐兩眼凹陷
☐口腔乾燥
☐昏睡不醒
☐異常吵鬧
☐皮膚缺乏彈性

5. 腹瀉、拉肚子的處理方式

　　腹瀉與嘔吐對人體來說是一樣的機制，只是嘔吐是病菌入侵上消化道，而腹瀉是病菌入侵下消化道時所產生的生理反應。

　　如果病菌通過了胃酸，進入腸道被免疫系統偵察到，身體就會盡速將病菌排出體外，這時離排出最近的出口，就是肛門。此時消化道內各閘門大開、腸道開始劇烈蠕動將食物迅速向外擠壓，而導致了絞痛。如果這時腸道內還有食物，未消化完全的食物也會一起被排出體外。未消化完全的食物常有腐敗的味道，因此氣味通常不是很好。

方法	使用說明
補充電解水	拉肚子時人體遭受最大的威脅並不是腸道，因為人體有 70% 的免疫系統都在保護它。腹瀉時最大的威脅是脫水。在腸道蠕動的同時，水分會往腸道集中好將病菌沖出體外，因此腹瀉時人很容易脫水。所以，補充含好鹽的溫水很重要。一杯 240c.c. 的水加 1/8 茶匙未加工的天然海鹽。海鹽中的礦物質溶解後變成電解質，電解質能確保體內水分調度得當，迅速補充血管內與細胞內所需的水分。 ＊腹瀉之後馬上補充電解水。好鹽是長途旅行時的必備營養補充品。
喝母乳	如果寶寶依舊是餵全母奶，那最好的痊癒元素就都包含在母奶中。母乳中含有大量的抗體，寶寶如果想吃就餵，不想吃就不餵。如果寶寶有吃母奶就無須再額外補充鹽水，但必須定期觀察脫水情況（寶寶脫水檢測法參見 441 頁）。
喝雞湯、骨頭高湯	我們感染腸病毒時身體會將食欲關閉，因為這時進食只會加重腸道免疫系統的工作，所以通常得了腸病毒的寶寶都不會想吃東西。這時，已開始吃食物的寶寶補充骨頭湯是最舒服也最安全的選擇。骨頭湯中的高礦物質含量能支援免疫系統運作，而所含的油脂能讓維生素 A 發揮修復腸道表皮的作用。持續腹瀉與絞痛時，不吃骨頭湯中的肉或菜。 ＊已經開始吃食物的寶寶，每四小時餵一次骨頭湯，分量按寶寶的需求而定。
不吃蔬菜	蔬菜內的纖維必須經腸菌分解消化，這項工作在腸道發炎時，對腸道的負擔極大，因此當寶寶在腹瀉時，不建議餵食蔬菜。
停用益生菌	腹瀉時益生菌可以幫助殺菌。但是，因為腸道已經發炎，這時再加入生力軍會把原本就已激烈的戰情，推向更高點，也就是說症狀會加重。腹瀉是很不舒服的事，無須讓症狀加重使得寶寶更不舒服。
不吃奶製品與發酵食品	發酵食品內的益生菌豐富，因此腹瀉時不吃發酵食品以免症狀加重。奶製品不管是否已發酵，原本就容易讓腸道黏膜有輕微發炎現象，因此才會有很多人一喝奶就痰多。所以，腹瀉時喝奶常會加重絞痛症狀，延長病程。 ＊母乳不算一般奶製品

瘦孕、順產、讓寶寶吃贏在起跑點

＊腹瀉、拉肚子時可以按照消化道痙癒飲食的方式進食，但記得要去除益生菌或發酵食物。

＊如果寶寶是嘔吐與腹瀉症狀同時出現，表示整個消化道都已受感染，可將嘔吐與腹瀉的方法合併使用。

6. 尿布疹、癬類等皮膚問題處理方式

皮膚表面看起來雖然光滑，但其實布滿了各類菌種，這些都是人體非常重要的免疫成員。尿布疹、癬類，這類外部的表皮問題，多半是菌種失衡引起的。寶寶皮膚表皮的菌種繁殖與腸道繁殖一樣，都需要時間，而且也一樣都會受到殺菌產品的干擾。因此寶寶會起疹，常常是因為先接觸了殺菌產品，才開始出現皮膚問題。譬如，幫寶寶擦屁股時使用了含酒精或化學殺菌劑的擦拭紙，之後屁股部位的菌種就失衡了。但寶寶的屁股被悶在尿布潮溼溫暖的環境中，壞菌很容易滋生，好菌又被殺菌產品一併殺光，沒有好菌制衡壞菌就橫行。此外，若寶寶在家使用浴缸，或在公共池子游泳或泡澡，浴缸或池子是用強力殺菌產品消毒，殘留的殺菌產品就可能影響寶寶皮膚上的菌種平衡。菌種一失衡，在空氣中飄浮的真菌類（fungus）就很容易在鬧空城計的皮膚表層上生根，這時就會出現癬類、真菌類皮膚問題。

方法	使用說明
塗抹魚肝油＋益生菌	魚肝油中含豐富的脂溶性維生素，修復表皮最為有效，因為皮膚組織有極大的一部分是由油脂組建的。如果不是嗜油菌種引起的皮膚問題，將益生菌和魚肝油一起使用在患部可以制衡壞菌生長。 ＊每日洗完澡後混合塗抹患部，一直使用到手指撫摸已沒有感覺，或紅腫完全看不見。

方法	使用說明
塗抹 優格＋益生菌 蜂蜜＋益生菌 母奶＋益生菌 發酵食品的汁液	有些皮膚的壞菌是嗜油的，例如導致寶寶脂漏性皮膚炎的秕糠馬拉癬菌。要判斷是否為嗜油菌種只要檢查皮膚表層是否有脫皮或出現屑屑即可知道。嗜油菌種要避免再擦更多的油，除非油中有抗菌的元素。可以塗抹優格＋益生菌、蜂蜜＋益生菌、母奶＋益生菌，或發酵食品的汁液。這些本身就挾帶著豐富好菌的物質，可以提供患處所需的益生菌，發酵食品汁液中的鹽分也同時能有效殺菌，幫助痊癒。消毒過的蜂蜜已失去它內含的天然菌種，最好選用生蜂蜜。一歲以下的寶寶外用蜂蜜要特別注意，因為他們可能會經由手摸放進嘴裡吃到。
自製痱子粉 	市售痱子粉中常含有滑石粉（talc），自然形態下的滑石常含有石棉（asbestos）成分，石棉是致癌物，因此最安全的痱子粉是自家製的。玉米粉（corn starch）即是最好的天然痱子粉，將它裝進烘焙時撒糖粉用的罐中，或倒掉市售的痱子粉再裝進玉米粉。一歲以下的寶寶最好使用無香味的痱子粉；一歲以上的寶寶，痱子粉中可以滴幾滴上好精油（essential oil），倒入果汁機中打一分鐘，裝罐使用。 ＊寶寶需要保持乾爽時使用。
避免使用殺菌產品	乾洗手液、強力清潔噴劑，連化學飄香劑中所含的物質都會擾亂皮膚表皮菌種和呼吸道的菌種。
補充益生菌	補充益生菌可以平衡體內菌種，也能幫助體表菌種達到平衡。
補充發酵食品	發酵食品中的好菌能豐富寶寶菌種，有助菌種平衡。
減糖	菌種要平衡，最重要的步驟是減含糖的食物和飲料，因為糖只要多一點，菌種就失衡，吃再多益生菌也沒有用。
注意寶寶是不是穿得太多	寶寶不會說話，冷熱無法表達，大部分家長怕寶寶冷到，所以喜歡將寶寶悶得緊緊的。其實滿月後的寶寶，就已經有調節自己體溫的能力，如果他們穿得不夠多，就會自動打噴嚏提醒父母幫他加衣服。寶寶穿太多常造成體溫調適問題。汗水中有鹽，可以殺死皮膚上的菌，但是汗悶在衣服裡不乾，就變成了壞菌喜歡繁殖的潮溼環境，反而讓寶寶起疹子。

* 要特別提醒父母，寶寶滿月後就不適合長期將手腳包纏。寶寶手腳被包
  纏會影響他的反射訓練，導致他的肌肉成長不均衡。
* 尿布疹多是菌種失衡造成的，它可能是因為尿布換得不夠勤造成菌繁殖
  過量，或是長期接觸有酒精的殺菌溼紙巾。殺菌產品是好壞菌都殺，因
  此常造成皮膚表面菌種失衡，使得尿布疹更嚴重。
* 異位性皮膚炎是腸菌失衡引起的，它是系統性的問題，並非局部性的問
  題（參見 414 頁）。

7. 蚊蟲一咬就紅腫的處理方法

　　免疫力健康的寶寶，若被居住地區的蚊子（每一個地區的蚊蟲都不一
樣）叮咬，皮膚應該只會留下一個小紅點。如果寶寶被蚊蟲咬後腫得很
大，就表示免疫力不佳，可能是缺乏維生素 B 所造成的。若這時寶寶因為
癢去抓，皮膚破皮，在免疫力低下的情況下就很容易發炎不止，產生嚴重
的皮膚問題。

方法	使用說明
服用魚肝油或魚油	魚肝油和魚油都有高量的 Omega3，Omega3 是身體啟動消炎管道所需的營養元素。服用魚肝油或魚油可以先鎮定紅腫發炎的皮膚。 ＊按品牌指示劑量每天一次和有油脂的餐一起吃。
啤酒酵母	人體多半是藉由腸菌的代謝物來吸收維生素 B。因此啤酒酵母中豐富的維生素 B 群最容易被我們的腸道吸收。啤酒酵母可以拌入食物、高湯中餵寶寶，也可以加進奶中餵食。 ＊如果寶寶出現皮膚紅腫現象，啤酒酵母可早晚隨餐服用半至一茶匙，一直到痊癒。

方法	使用說明
注意均衡飲食	寶寶如果缺乏維生素 B 通常不是因為攝取不足，而是血糖震盪過度。如果我們的血糖因飲食不均而震盪，血糖衝上去時維生素 B 必須參與糖轉換成儲備能量的過程，而血糖掉下來時維生素 B 也必須參與將儲備能量轉換成糖的過程。如此一來，維生素 B 的攝取便趕不上它的損耗。因此，如果寶寶出現維生素 B 不足的症狀，一定要檢視飲食，調整血糖。

8. 嘴破的處理方法

嘴長瘡和破的原因和蚊蟲咬紅腫的原因相同，都是維生素 B 不足引起的。治療方式同上。

9. 食欲不佳的處理方法

飛速成長中的寶寶都應該會有健康的食欲，所以如果寶寶食欲減少，就很有可能是生病了。寶寶生病時第一優先要處理的是支援他的免疫系統。這些提升免疫力的方式，也可以用來預防生病。長途飛行、長途坐火車，或進入密閉空間與其他生病的人接觸時，都可以使用。

方法	使用說明
服用紫錐花＋複合式維生素 C	紫錐花（echinacea）是一種能提升免疫力的草藥，若配合維生素 C 會更為有效。維生素 C 和 P 是合作關係，應該一起服用，所以選擇複合式維生素 C 會比單獨使用維生素 C 來得有效。 ＊按品牌建議劑量每四小時服用一次。無須隨餐吃，可拌進不過熱的餐中或高湯中一起服用。也可以加進奶中或優格中服用。要確保草藥品質是高的。

方法	使用說明
服用鋅錠 （zinc lozenges） 	鋅能有效提升免疫力。鋅錠有很多種類，有膠囊式、糖果式、軟糖式的。如果寶寶還不能咬食物，用膠囊式的會較方便，只要將膠囊打開放進奶中或拌進打碎的食物裡餵食即可。如果寶寶已經可以吸吮糖果而不被噎到，那就可以吃糖果式或軟糖式的鋅錠。購買時注意原料成分需不含人工色素。鋅錠因為含糖，所以最好隨餐吃。 ＊每四小時服用一粒。長途旅行時的必備營養補充品。
吃蚵仔	蚵仔中含有高量的鋅。 ＊可按寶寶根治飲食食譜的建議料理，隨時都可以給寶寶吃。
鹽漱口或鹽水洗鼻	寶寶如果已經大到能漱口，可用鹽水漱口或用鹽水清洗鼻腔（參見 439 頁）。口腔、鼻子、氣管、眼睛、耳朵都在鼻咽腔這個地方會合，用鹽水漱口與洗鼻時可將此處聚集的病菌殺死，預防它繼續繁殖，入侵呼吸道或消化道。

10. 便秘的處理方法

　　寶寶很容易便秘，最主要是因為他的腸菌要到兩歲才會繁殖完成，所以只要任何飲食的變動，例如剛開始加入原形食物，或從母奶換成牛奶；或者其他因素干擾了腸道菌種，例如剛開始吃益生菌，或使用抗生素，都很容易引起便秘。有時，寶寶長途旅行，到了新的地方，當地新菌種加入寶寶消化道時，也很容易引起便秘，所以寶寶長途旅行很容易便秘。六個月以上開始有吃原形食物的寶寶如果沒有每天大便一次，就是便秘。一般寶寶的便秘持續兩、三天後都會自行修正，不會有大問題。但是，如果持續一星期以上就會很不舒服，應該要設法處理，更必須要找出便秘的根源在哪裡。

方法	使用說明
繼續餵母奶	還在吃母奶的寶寶,便秘時應停用任何配方奶或其他乳製品,只給寶寶喝全母乳直到便秘消失。
檢視飲食是否均衡	寶寶油脂攝取不足或澱粉攝取過量時,很容易就產生便秘。調整飲食,增加油脂攝取量或是減少澱粉量,或同時進行。
在食物中加入洋車前子殼或打碎的奇亞籽	出生六個月後已開始吃食物的寶寶,在吃蔬菜沒有負面反應後,可以使用此一方式。洋車前子殼和奇亞籽含有高量的膳食纖維,可以幫助排便。但因為突然增加大量纖維可能引起腸道抽筋反應,因此必須在飲食中逐漸加入。從 1/4 茶匙開始,每天再加 1/4 茶匙,加至一茶匙即停。便秘消失後就可以停止服用。 ＊每日一次拌入食物中一起服用。
補充益生菌	益生菌可以幫助腸菌平衡,寶寶的便秘常是腸菌失衡引起的,因此便秘時可以補充益生菌。但寶寶剛開始吃益生菌時,腸內菌種大重整也很容易引起便秘,這種狀況的便秘就最好暫停服用幾日益生菌再開始。持續循環幾次,便秘時間就會愈來愈短。 ＊按品牌劑量每日一次,睡前空腹服用。

11. 吃完哭個不停

嬰兒如果吃飽睡足應該只會笑,不會哭,若哭一定有他的道理。多數寶寶吃飽後若哭鬧個不停,多半是腸絞痛或消化不適引起的。如果其他因素都已排除(如尿布溼了、睏了、太熱了、太冷了),就可以嘗試解除消化道問題。如果寶寶餐餐飯後都哭鬧不已,一定要檢視他飲食中是否澱粉過量、蛋白質不足,或是吃到了使他容易脹氣的食物,或者他總是被逼餵而吃得太脹了。

方法	使用說明
大腸按摩 ＊大腸按摩影片請見此	寶寶哭鬧不停常常都是因為脹氣，順著大腸的方向按摩，可以讓寶寶的屁放出來不再疼痛。在腹部用兩手除了拇指外的四隻指頭順著腸道的方向伸直按壓，找尋寶寶的大腸（見圖）。大腸摸起來是一個圓桶狀的物體。找到後慢慢按著箭頭所指的方向按摩。 如果找不到大腸也沒有關係，只要尋著箭頭方向按摩即可，溫柔的觸摸本身就有巨大的療效。按摩力道要注意，此外，切記不可一吃完就按摩寶寶腹部，因為寶寶的消化道短小，食物還沒消化就按或按得過於用力，很可能引起嘔吐。
吃發酵蔬菜汁	發酵食品的汁液有益生菌與其他豐富的營養元素，對消化的幫助最大。給寶寶吃發酵食品汁液要注意：一是不能含有酒精，二是不能含市售防腐劑和添加物，三是不能太鹹。發酵食品多是用鹽抑制壞菌發酵，所以有時發酵食品中的鹽太多，喝起來可能太鹹。建議父母先喝，如果不會太鹹才給寶寶吃。 ＊每四小時一茶匙，一直到症狀消失為止。 ＊寶寶腸胃炎上吐下瀉時切忌服用發酵蔬菜汁。
服用小茴香籽油 （fennel seed oil）	因為印度飲食中的澱粉含量非常高，容易造成脹氣，小茴香籽是印度文化中常見的消脹氣草藥，印度人會在餐後咀嚼並吞下烤香的小茴香籽以消除脹氣。寶寶可以使用市售可內服的小茴香籽油，或可以將一湯匙小茴香籽用熱水浸泡十分鐘，濾出種子，把濾後的水餵寶寶服用。 ＊市售的小茴香籽油按品牌劑量指示與時間服用。自製的小茴香籽水在症狀出現後服用。孕婦不能使用。

12. 鼻炎、中耳炎、呼吸道發炎等的處理方法

　　鼻炎、中耳炎、呼吸道發炎、眼睛發炎，或其他部位發炎，這些大家一般普遍認為小兒常見的疾病，其實是一種警訊。發炎原本是正常的痊癒

過程，身體利用發炎修復，修復後就消炎，消炎後就痊癒。如果這個正常的過程走不完一直停留在發炎，有兩種可能，一是血糖震盪導致，另一是菌種失衡造成的。

如果寶寶吃過量的澱粉或糖，胰島素為了要調降血糖大量釋放，胰島素一直在體內循環，消炎管道就會一直跳到發炎管道，結果就是某些身體部位持續發炎[21]。而與耳鼻喉、眼睛、呼吸道相關的發炎，大部分是菌種失衡造成的。我們的眼睛、口、鼻、耳朵、呼吸道共用一個鼻咽腔（見圖1），所以研究發現我們眼睛、口腔、耳朵、呼吸道、鼻腔中的菌種都非常相似。當體內菌種被干擾或失衡時，這些部位很可能因為好菌失勢壞菌壯大，導致口、耳、鼻、眼、呼吸道反覆發炎。

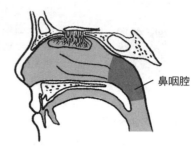

鼻咽腔

圖1　我們的眼睛、口腔、耳朵、呼吸道共用一個鼻咽腔。

方法	使用說明
檢視飲食是否均衡	按寶寶根治飲食原則檢視寶寶有沒有可能震盪血糖。 ＊寶寶根治飲食原則參見 409 頁。
雞湯、骨頭湯	雞湯與骨頭湯中的油脂可以讓發炎與消炎的速度同時加快，縮短痊癒所需的時間。 ＊每四小時餵寶寶一次湯，已能開始吃食物的寶寶如果想吃湯裡的肉或蔬菜都可以，但澱粉量不能超過 20%。

21.關於人體消炎的機制參見賴宇凡著，《要瘦就瘦，要健康就健康：把飲食金字塔倒過來吃就對了！》第 50-57 頁。

方法	使用說明
魚肝油或魚油	魚肝油和魚油都含有高量的 Omega3，Omega3 是啟動身體消炎管道所需的營養元素。這類好油能幫助消炎。 ＊每四小時一次按品牌劑量服用。可拌入不過燙的食物或湯中服用。最好隨有油脂的食物後吃，這樣油脂才能被順利分解吸收。如果寶寶不想吃東西，可以先喝點帶油脂的骨頭湯。
補充益生菌	益生菌能幫助體內菌種平衡。 ＊按品牌劑量指示，睡前空腹服用。

13. 生長曲線落後的處理方法

寶寶的生長曲線只是一個平均值，所以它只能反應大部分孩子成長的情況，不代表所有的孩子都是這樣。生長曲線不是一個絕對數值，它只是個參考數值。

各別孩子成長的速度不同，有些孩子小學就開始長高，有些要到初、高中才開始長個子。所以，如果孩子的生長速度和一般的生長曲線不同，那這個生長曲線就沒有參考的價值。此外，大部分人吃的食物不代表所有人吃的食物。現在大部分的寶寶都是吃配方奶長大，少部分的寶寶是吃母奶長大的。吃配方奶的寶寶多數會長得較快和大些，而吃母奶的寶寶通常比較嬌小。因此，當生長曲線圖是反應大部分的寶寶時，它就是依吃配方奶寶寶的生長速度和結果在計算，拿它來與餵母奶的寶寶做對比，就常讓餵母奶的寶寶顯得落後，這樣的對比，並沒有什麼價值。

通常，寶寶吃的好不好、長得好不好，不需要任何人評估，父母才是最知道的。寶寶如果笑口常開、吃了就睡、睡了就吃，沒有明顯的不舒服，免疫力高，不易生病，或生病很快就好了。那麼他吃多少，就該由他的食量來決定。

方法	使用說明
檢視飲食 是否營養	寶寶成長時用來架構身體組織所需要的原料就是營養。如果寶寶天天都吃垃圾食物、營養不足的加工食物，那麼成長必定會受影響。因此當寶寶生長曲線落後時，第一要做的是檢視寶寶飲食的營養密度（參見352頁）。 一定要注意的是，市售的蛋白營養食品，如小兒安素、兒童補體素配方等，都是加工食品。加工食品的蛋白質都不是自然天成的，在加工過程中一定會流失營養元素。流失的營養元素又用人工合成的營養加回去，此外又添加各種防腐、食品添加劑讓這些人工合成的營養安定與不腐敗。又因為這類產品中的營養常是人工合成，是人去配出來的，所以它的原味很難下嚥，必須要再加上大量的糖以掩飾劣質的營養元素，容易震盪血糖。因此，只要是加工食品，都沒有原形食物的營養來得全面、好吸收。也就是說，如果要補身體，最好的食物不應是加工食品，而是高品質的原形天然好食物。 ＊參見寶寶根治飲食原則與食譜，提供寶寶豐富均衡的營養。
檢視飲食 是否震盪血糖	如果寶寶的飲食經常造成血糖震盪，寶寶的成長會出現兩種極端，不是過大就是過小，這是因為各人內分泌天生遺傳就有所不同。如果內分泌系統均衡，這個偏向就不明顯，但如果內分泌系統因為血糖震盪而愈來愈偏離失衡，就會有些寶寶生長激素過量，造成成長過快過大，有些寶寶就生長激素過少，長不大、體型瘦小乾扁。 過小的寶寶與吃的好、吃的均衡而體型不過大的寶寶不同，飲食均衡的寶寶不大，但會很結實，不會瘦小乾扁。 ＊參見寶寶根治飲食原則與食譜，判斷寶寶的飲食是否均衡。

＊全母奶的寶寶飲食是否足量，請參見248頁中的檢測方法。

　　寶寶成長期間，建議父母要有各類醫療的口袋名單，為寶寶組成一個健康支援團隊。在這個團隊中應該有西醫、中醫、脊醫。西醫所熟悉的儀器、檢驗科技對診斷急症，有關鍵性的作用。去看西醫不見得一定要服用西藥，但如果有必要，西藥的作用最快。比如，如果寶寶的燒突然超過四十度，西藥降燒能力最強，能把溫度迅速壓下，保障腦部的安全。中醫則

擅長在不介入身體運作的情況下，支援身體痊癒。同理，去看中醫，並不見得寶寶就必須吃中藥，但是中醫卻能提供另一種診斷，給父母一個更全觀的看法與診療策略。如果寶寶除了有食物的支援，還需要中藥才能帶向正向循環，那這時中醫就是一個很好的選擇。寶寶在成長過程中有可能在外力或內部化學的影響下，造成人體物理結構——骨架的失衡。對身體至關重要的物理元素失衡時，會負面影響化學運作，所以找到能夠信任的脊醫，在需要時就醫也非常必要。明智的父母對不同的醫療系統沒有歧見，懂得在不同的時候運用不同系統的優勢，能讓寶寶獲得全面的健康。

寶寶生病該吃清粥嗎？

寶寶生病時，父母常被建議要餵得清淡，所以很多寶寶生病時是被餵食清粥。但清粥如果不是按寶寶根治食譜（參見 384 頁）中的方法製作，幾乎沒有任何營養，更不用提它會快速震盪血糖。

如果寶寶吃清粥的時間過長，因為缺乏蛋白質，就會出現胃酸不足的問題，寶寶會開始出現脹氣、打嗝、胃食道逆流的現象。胃酸一不足，就等於消化道在唱空城計。胃酸就像鹽酸，可以有效分解病菌，為寶寶抵擋外敵。如果胃酸不足，寶寶摸到、吸到任何菌，都很可能通過胃部，入侵消化道，形成腸病毒。

此外，體內壞菌的主食為糖，若寶寶只吃清粥，全身的壞菌因為食物足夠就會瘋狂繁殖。菌種一失衡，寶寶的眼、耳、鼻、喉、呼吸道都很可能發炎。因此，寶寶生病時應該吃得更營養，更注意平衡血糖。這樣寶寶免疫力才有糧草支援，病菌無所遁形，病程就會縮短。

5 - 12

寶寶真的早點會站會走比較好嗎？

　　很多父母都認為，成長「快」就等於「好」，會站會走也是一樣。因為我們的文化如此，所以很多寶寶都是過早被鼓勵站和走，使用學步車（walker）就是一例。其實，會站會走沒有什麼不好，但如果這些成長的里程碑跳過了「爬」這個階段，那麼很多的腦部成長就也會跟著跳過了。

　　我們的大腦神經連結感覺與運動神經元（sensory and motor neuron），也就是說，大腦會被感官——聽、看、觸碰、聞——刺激，大腦也同時會在我們肢體活動時被刺激。所以，不是只有思想在左右動作，其實感官與肢體活動也能回頭左右大腦的組建。這就是為什麼，肢體活動其實與學習是不分離的。

　　在所有的肢體活動中，爬行這個動作對寶寶來說特別地重要，因為它是一種身體兩側手腳的交互交叉動作（cross lateral movement）。寶寶在爬之前，是同側肢體聯合動作（homolateral），這時左腦控制左邊的身體；而右腦控制右邊的身體。如果這時的寶寶會走路，那他走起路來就會同手同腳。爬是兩側手腳交互交叉的動作，能啟動胼胝體（corpus callosum）。胼胝體是橫越左右兩邊大腦的神經路徑，它能連結兩邊的大腦，讓兩邊的大腦互通訊息，我們左右兩邊的身體與所有感官才能夠協調。例如，我們的雙眼視覺（binocular vision）以及雙耳聽力（binaural hearing），就是在這時開始打下基礎的。如果身體兩邊的協調性沒有建立，那麼將來寶寶就可能產生許多症狀，如：

1. 肢體活動協調出問題（如眼手不協調）
2. 學習閱讀有困難
3. 學習障礙（如讀寫障礙〔dyslexia〕，字會看反或寫反）
4. 動作笨拙，總是撞傷、擦傷

5. 口吃（stuttering）

手眼協調（hand-eye coordination）對學習有很大的影響，我們在抄筆記及閱讀時，都需要用到它。當手眼協調出問題時，孩子可能會來不及抄筆記，或因為閱讀很困難，而不喜歡閱讀。

所以，寶寶成長快不等於好，就像速食通常缺乏營養元素一樣，成長的每一個階段都有它的用意。因此，家長不要鼓勵寶寶跳過應有的成長步驟，給予寶寶充分的時間，讓他自己探索、練習，鼓勵他扎實的學習每一步，精通後才轉換階段。

建議方案

- **不使用學步車**　不使用學步車，在寶寶開始爬後，把家裡的地清理乾淨，或買軟墊讓他自由爬行，到處探索。

5－13

可以給寶寶玩 iphone、ipad 嗎？

我們去餐廳吃飯，常常會看到餐廳裡才剛剛會坐的寶寶，面前就有一台 iphone 或 ipad，盯著螢幕看的入神，或父母拿著這些聲光效果十足的科技產品在逗寶寶開心。這是個科技充斥的時代，寶寶早早接觸 iphone 或 ipad 不是好事嗎？回答這個問題，除了科技產品傷眼傷腦的角度之外，還取決於孩子從小是把這樣的科技當玩具還是工具。

在我還是學校諮商師時，我所服務的校區有一年設立了一個電腦實驗班，一整班的學生以無紙張學習的方式上課，讓這一班學生人手一台最先進的電腦。老師們躍躍欲試，校區預期學生會因為擁有最先進的工具，而

有最好的學習效果與成績。但結果卻大大不然，電腦班的學生成了學校諮商服務最大的使用者，因為他們的學習效果都差到老師以為他們個個都有過動傾向，而將他們轉給我諮商。

在諮商學生與家長的過程中，我發現學生並沒有過動問題，他們的問題出在他們把電腦當玩具而非工具。所以他們一上電腦，就想玩，把遊戲打開先玩五分鐘，再在網上跟朋友聊兩句，或在網上看一段視頻，結果做功課的時間就全數被占用了。因此，電腦班學生的作業繳交率都非常低。

這群學生的家境都較為富裕，從小家中就有最先進的科技配備。他們從小接觸這些科技時，都是拿來玩遊戲、看卡通的，在他們的腦子裡，科技配備＝玩具。所以，問題不是科技，問題是電腦班開班時，老師並沒有重新訓練他們對科技配備的看法，沒有教育他們這是一個拿來工作的工具，讓他們知道科技配備＝工具。所以，他們一碰到電腦，就不知道要在上面工作，只知道要在上面玩耍。

另一個學生遇到的問題是，他們連什麼是具象的組織能力都還沒學會，根本無法使用抽象的組織工具。例如，電腦班老師最挫敗的就是，學生明明有寫功課，卻總是找不到作業放到電腦的哪裡了，或是明明有做筆記，但不知道存到哪裡了。那是因為一般國中生都還在練習組織技能，還在學要如何把自己的科目筆記整理好，及作業寫好了交之前要放哪裡。小孩國中階段的組織能力，看看他們房間的整齊程度就不難得知。在這個學習階段，連書包裡的資訊都還沒學會如何有效建檔，更何況要在電腦上建檔。我們的學習過程，都是先了解具象事物，才了解抽象意義。所以，小朋友都是具象的，用成語「成千上萬」隻鳥來形容很多鳥時，小朋友就一定會問那到底是一千隻，還是一萬隻鳥？理解抽象的意義之前，一定必須先對具象有理解。所以，如果孩子還沒見過實體檔案如何建立，突然要他們在電腦裡建檔，對他們來說很難。科技工具，多半是抽象的概念。

在這個科技爆炸的時代，沒有人躲得過與科技的接觸。但是，孩子是如何認識它的，它在孩子的眼裡是工作的工具還是玩具，這些父母應有策略讓孩子學習。建議在讓孩子接觸 ipad 和 iphone 時，不要是從小就讓他們拿來玩耍，而是教育孩子如何有效使用這些科技產物，增加他們的做事效

率，可以因為效率提高，多出更多的時間玩耍，及與家人相處、享受生活。如果讓寶寶在還只懂得玩的時候過早接觸這些科技產品，他們就會只懂得在上面玩耍，往後就可能受科技產品奴役，不懂得有效分離玩耍與工作。當他們本應在科技配備上工作時，卻只顧著遊戲，最後犧牲吃飯和睡覺的時間，影響健康；當他們有機會出門跟朋友玩時，他們寧願盯著螢幕，因此只懂得解讀螢幕上的圖像表情，而不懂得解讀人際相處間看不見、摸不著的情緒。

　　如果父母不懂得從寶寶還小時就教會他們與科技產品相處之道，未來的心理諮商室中可能湧進這整個世代的「電腦班」。

5 - 14

夫妻對寶寶的決定意見不合怎麼辦？

　　我常在心理門診中看到夫妻對孩子的管教、健康決定、學業決定產生歧見，這些歧見常為夫妻的婚姻帶來前所未有的危機。如果夫婦不能找到兩方都能在巢上共同立足的點，做為一個旁觀者，我的感受就像在看一個完整的鳥巢從樹枝上慢慢翻覆下來一般。最終，覆巢之下無完卵，被壓的小鳥受傷幾乎無一倖免。看著小鳥們巨大的傷痛，父母當初的歧見竟顯得如此微不足道。

　　父親和母親本來就是兩個不同的人，思想、偏好、價值觀，都屬於個人的心理界限，無法質疑。一般來說，我們生來就有保護自己心理界限的能力。為我們守衛這個界限的警衛就是情緒，如果別人跨過我們的界限，

457

Chapter 5　一歲左右

情緒就會大拉警報。比如，別人罵我是豬。別人有權這麼覺得，但我沒有詢問他的意見，他卻自動開口貶低我，這就是越界。當別人越界時，我們就會有情緒，這個情緒的作用就是帶領我們去溝通、去改變現況。平時，我們各人管理各人的界限，如果溝通、管理得好，人不犯人，相處不會出問題（見圖1）。

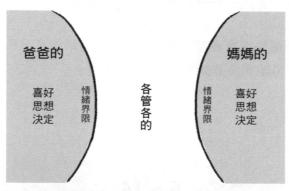

圖1　平時爸爸和媽媽的喜好、思想、決定都在各自的界限內，互不相擾。

　　但孩子出生後就不一樣了。孩子出生後，夫妻倆的界限常會在孩子的身上產生交集。一方覺得孩子一哭就要抱起來，另一方覺得就是讓孩子一直哭，那到底在孩子哭時要怎麼辦？一方孩子和爸媽一起睡、另一方覺得還是分房比較能訓練孩子獨立，那到底孩子該在哪裡睡？一邊覺得打疫苗孩子才安全、一邊覺得不打疫苗孩子才安全，那孩子到底要不要打疫苗呢？一邊覺得孩子做錯該罰、一邊覺得孩子做錯了不能罰，那孩子做錯了該罰還是不罰呢？本來你的界限你管、我的界限我管，現在兩方的界限交集在孩子的身上，到底該誰管呢？

　　所以，當兩方界限在孩子身上交集時，對方為孩子做的任何決定，都會自動落在另一方的界限中。如果這個決定兩方意見不同，就自然會出現情緒。有情緒產生不是任何一方的錯，只要孩子是兩個人生的，它就一定會出現，因為兩個再親密的人，最終還是兩個人，擁有自己的意見、喜好、價值觀，也因此會出現不同的決定。

　　這種情況下產生的情緒和平時不同。一般時候我們會有情緒，都是因

瘦孕、順產、讓寶寶吃贏在起跑點

為別人做了什麼事情惹了我們，也就是說，大部分人類的情緒是由他人行為引發的。在正常的情況下，我們不會因為別人的思想、喜好、決定這類在別人腦子裡的事而生氣或傷心，因為別人腦子裡的事並不影響我們，除非他做了什麼事惹到我。但是，當兩人的界限產生交集時（見圖2），對方即使沒有對我們做任何事，可是因為對方出現在自己界限內，所以非行為的思想、決定、喜好也會直接影響我們，因此我們會開始為對方的意見和決定產生情緒。

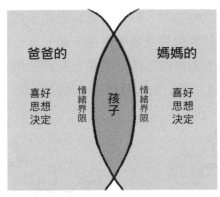

圖2　孩子會讓爸爸和媽媽的喜好、思想、決定，產生交集，因此也會產生情緒。

　　比如，如果我覺得孩子做了錯事該懲罰，但伴侶卻覺得孩子做錯不能罰，這就可能讓我生氣。其實，對方有100%的自由覺得孩子做錯事不該罰，他既有這個自由，那我為什麼會生氣呢？我生氣是因為他的意見會影響到我。因為孩子是兩個人生的，對方在孩子做錯時不罰，就會讓我在罰孩子時看起來像壞人，這就影響到我了。這就是為什麼夫婦在管教孩子這件事情上，會有那麼多情緒糾結的原因。

　　這個現象既是生養孩子必經的歷程，那麼做父母的，就應該在這個兩方分享的界限內，有策略地選擇相處方式。

1. 肯定、接納、保護對方情緒

　　既然我們都了解了夫妻雙方的界限會在孩子身上交集，因此意見相左

時出現情緒是自然的。它是對方腦子裡杏仁體製造出來的情緒，並不是對方想像出來給我們找麻煩的。所以，對方的情緒我們不應該壓抑、貶低、嘲笑，對方的情緒我們應該肯定、接納。就因為在孩子身上我們分享的是同一個界限，因此保護對方的情緒其實是我們的責任[22]。

2. 表達情緒有原則

雖然情緒產生是自然的，它沒有罪，不應被左右和控制，但表達情緒的方式卻不等於情緒，表達情緒的方式應有所控制。生氣是情緒，它沒有罪，它的產生一定有它的道理，但是生氣時亂扔東西、威脅攻擊他人、大吼大叫、報復，這些其實都是無效的情緒表達。這些行為只會越他人的界限，引發更多的情緒。夫妻在為孩子做決定時產生情緒是自然的，但這不表示有情緒就可以任意使用方法溝通自己的情緒（見圖3）。

圖 3　情緒不等於情緒表達。

情緒是我們身體製造出來的，它就像心跳和呼吸，是我們的意識不能控制的。但是，情緒產生後會送進意識，意識是由我們的自由意志（free will）在掌控，常常我們知道自己有情緒，但一開始卻說不出那個情緒是什

---

22. 更多關於肯定情緒的方式，參見賴宇凡著《身體平衡，就有好情緒！》第 154-162 頁。

麼，要等一會兒才講得出來，那就是因為情緒產生後傳輸進意識需要一點時間辨認。情緒產生無法控制，但我們卻有自由意志可以決定要如何表達自己的情緒，所以我們對自己表達情緒的方法負有完全的責任[23]。

就因為如此，夫妻應該要達成表達與溝通情緒的原則共識。比如，有情緒的一方有責任釐清到底自己的情緒是什麼，是難過、是失望、是生氣。其次，有情緒的一方也必須找出是什麼原因引發這個情緒。最後有情緒的一方要提出可能解決的辦法。所以，有情緒的那方要把自己的情緒、是什麼引發這些情緒，與可能的解決方案一起提出與另一方溝通。另一方的責任則是無條件接納與肯定對方的情緒，但這不表示需要無條件接受對方表達情緒的方法。如果夫妻能達成表達與溝通的原則共識，那麼兩方的情緒能成為指引孩子教養方式的明燈，而非引發戰爭的癥結。

3. 不要忘記決策不是只有一種

夫妻在教養上會出現歧見，多半是來自於自己原生家庭的習慣與價值觀。我們會有某種習慣、會相信某件事，有某種價值觀，多半是被我們的生長環境塑造的。比如，丈夫家庭父母很忙，沒有時間與孩子溝通，只是在孩子犯錯時打得很厲害，因此丈夫教養孩子時不願罰孩子。而妻子家庭的父母都是規律上下班的上班族，在孩子犯錯時總是溝通，從來不罰，孩子的行為總是沒有後果，上學後因此受到更多的懲罰。所以，妻告訴自己，在教養孩子時孩子錯了一定要罰。由於環境不同，形成了不同的看法，它們並沒有對錯。但這些看法集中同一個孩子身上和環境中時，就可能出現歧見。

當我們在教養出現歧見時，如果能依自己的情緒追溯出這些思想上的環境根源，做出對比，情緒的功能才會真正地發揮。當我們互相理解對方想法的根源後，就會發現很多事不「一定要」如何才對。一個決定對不對，要看這個方法是否能適應現在的環境。夫妻雙方在表達情緒的過程中，一定可以找出一個最適合自己孩子現在情況的決定。這個決定可能是

---

23. 表達情緒的方法，參見賴宇凡著《身體平衡，就有好情緒！》，第 168-174 頁。

沿襲丈夫家庭的習慣，也可能是沿襲妻子家庭的習慣，或兩方原本的習慣都推翻，由夫妻共同為孩子現處的環境重新設計一套方法。

4. 孩子的界限終歸是孩子的

我常在婚姻諮商時看到夫婦爭吵不休，但他們倆所堅持的決定，其實都不是孩子想要的。寶寶會長大，他會漸漸發現自己的界限，他會發現自己有喜好、有思想，他也會觀察自己的環境，對應自己的思想做決定。所以，孩子在長大的過程中，也可能會將父母共同做的決定推翻。比如，夫妻溝通後決定孩子一定要把碗裡的食物吃完才能下桌。但孩子大了、有行動能力後，可以用行為表達自己已經飽了。最後，父母在餵寶寶時，寶寶會把湯匙推開，把頭轉開，用以表達自己的意願。告訴父母，食量是我的，由我決定吃多少。這時，不管夫妻是否原本有達到共識，現在都已不適用於寶寶了，因為他開始有自己的決定了。所以，做父母的不要忘記，夫妻在孩子身上交集的界限只是暫時的，總有一天孩子要將這個界限慢慢收回，為他自己做所有的決定。

心理門診多年，我從來沒有見過有孩子的生存是因為父母共同做了某一決定而出現危機。但是，當父母的歧見無法達成共識而為此大大掀起爭戰時，在孩子的眼裡，他的世界可能為此毀滅、在他的眼裡他的生存會因此受到威脅。這些焦慮和憂愁能癱瘓一個孩子對自己與他人的信任。所以，只要有共識，什麼決定都是好決定，因為合作無間的父母就是寶寶現在與未來最大的成長優勢。

5 - 15

父母與祖父母意見不合怎麼辦？

　　亞洲人的家庭觀念重，往往親族住的距離很近，或是根本住在一起，所以生養孩子常常不是兩個人的事，是一家子的事。親人多，能參與養育孩子，讓父母有人能換手喘口氣，是件好事。但是人多意見就多，如果養育孩子時父母與祖父母的意見不合怎麼辦？

　　其實，連寶寶的父母之間都有可能因為教養而意見不合，更何況是父母與祖父母。祖父母與父母意見不合，本來並不會造成問題，因為大家都有擁有自己意見的自由。問題會產生，都是出在意見變成了行動，祖父母以自己的意見介入教養。比如，父母不希望孩子吃太多甜食，但祖父母認為孩子還小，吃點甜的並不會怎麼樣，所以就違背父母的意願給了寶寶許多甜食。這時意見變成了行為，引起了衝突。

　　這樣的衝突真正傷害的不只是父母與祖父母之間的感情，這樣的衝突其實對孩子的傷害最大。寶寶從很小就已有看臉色的能力，這是與生俱來的。這個能力在孩子成長時能確保他的生存，所以所有的寶寶都懂得看臉色行事，這也是為什麼我們能觀察到寶寶在與人互動時，最專注的就是看他人的臉，當人笑時寶寶會回笑，當人看起來生氣時，寶寶會哭。他們知道大人的意願，試圖遵照大人的要求行事，以避免衝突帶來的生存危險。

　　有看臉色的能力對寶寶來說是優勢，但是，當家中做主的人很多，每一個人的要求都不相同時，懂得看臉色的生存優勢就會演變成不知所措而害怕社交，或演變成見人說人話、見鬼說鬼話不敢有原則的寶寶。不管是哪一種，它對寶寶的人格成長都不健康。

　　例如，寶寶發現祖父母與父母常常為甜食而吵架，這樣的衝突對大人來說並不可怕。但寶寶的整個世界就是這些大人，大人之間有戰爭，他都會害怕且沒有安全感，因為他不知道今天誰會贏，贏的那方會如何處置

他。寶寶處於這樣的情境中，有兩種自我保護的方法，一種就是少接觸社群，這樣的寶寶會特別害羞，不喜歡參與團體，很少分享自己的意見和感受。或者寶寶決定要在這樣的衝突中求生存，所以在祖父母面前一個樣、在父母面前一個樣。或者寶寶在摸清楚誰做主後，就懂得操控能做主的人打擊其他人。就像寶寶發現祖父母總是能贏過父母，往後他想要什麼，只要說服祖父母，都可以壓過父母取得自己想要的。

這樣的寶寶不再是被動地接受衝突，他還可能主動製造衝突。這樣的孩子長大後在社群中，就會製造衝突，沒有能力聚集人心、團結合作，他所相處的團體總是會騷亂不安，社交不會為他帶來平靜與凝聚力，只會帶來痛苦與分化。

全家行為達到一致，寶寶行為才不會混亂。所以，父母與祖父母的意見不合，應當要盡力化解，盡量做到全家達成一致，全家一致寶寶才可能感到安全，行為才可能有清楚的指標而不會混亂。

化解與祖父母意見不合是有方法可循的：

1. 用家庭教育讓孩子有自己的定見

我們的孩子總有一天要離家，參與這個花花世界，他們離開父母後的行為，從家庭教育中就決定了。如果父母能花精力與時間，靜心教育孩子他們想灌輸的價值觀、行為準則，孩子會帶著這些價值觀與行為準則行事，不管他們走多遠，跟誰在一起。家庭教育做得愈扎實，孩子受他人影響的可能性就愈小。例如，祖父母覺得小孩多吃點糖沒關係，但父母如果能教育寶寶——小孩也會因為血糖震盪傷害自己的身體，寶寶在面對祖父母拿糖的誘惑時，就會為自己的身體做最好的選擇。也就是說，如果孩子想的與父母一致，那麼祖父母也只能尊重，因為那是寶寶自己的選擇，祖父母與父母的意見，便沒有機會產生衝突。要讓這種情境能產生，就要父母與孩子相處的時間夠長、溝通夠多、互動足夠、行為示範清楚，願意投資精力與時間，父母給寶寶的家庭教育才可能會成功和扎實。

2. 鼓勵祖父母配合的行為

我常常看到父母在與祖父母爭辯寶寶的教養方式時，講話時忘了自己的身分。孩子是父母生的沒錯，但父母卻是祖父母生的，就因為這樣，意見可以相左，但表達意見時卻不可以不禮貌。意見與意見表達並不相等。每一個人都有自己的思想與意見，每一個人的思想與意見，都應該被尊重，但是每一個人也都有責任在表達意見與思想時，尊重他人。

父母處理與祖父母意見不合的行為方式，是孩子往後行為的示範，總有一天，寶寶也會與自己的父母意見不合，有不同的思想。如果父母向祖父母表達意見時不懂得尊重，出言就是指責和攻擊，寶寶到時候與父母意見不合時，一定是有樣學樣。這樣的孩子出了門與外面社會有權位的人相處時，如老師、老闆，很容易就不經意地惹到他人，為自己招來無謂的懲罰與痛苦。

建議父母在與祖父母溝通意見時，要肯定祖父母的意見與思想，因為每一個人都有擁有自己意見的自由。但肯定他人意見，不等於無條件接納他人的行為。所以，父母無須與祖父母爭辯意見，卻可以把自己希望祖父母如何配合的行為講清楚。比如：「我們完全可以了解為何你們想給寶寶糖吃。但是，可以麻煩你們在給糖時先問我們一聲，如果我們覺得他那時不可以吃糖，讓我們向寶寶說不，讓我們做壞人。或者，你們在給糖前先確定寶寶剛才吃過肉了才給。」這種溝通方式，才能描述清楚希望祖父母如何配合，並把解決方案給他們，而不是一味指責與怪罪，讓祖父母弄了半天只知道自己哪裡做錯，卻不知道怎麼做才對。

此外，溝通結束後大部分人就會忘了這事，所以也常有祖父母出現配合的行為時，卻沒有人謝謝他們的情形。人違背自己思想與意見以行為去配合他人，是需要勇氣與精力的，但當他們如此付出卻連感謝都沒有得到，這樣的配合等於得到了懲罰，得到懲罰的行為，最後一定消失。所以，意見不合時溝通只是做了一半，溝通之後持續的鼓勵，才可能完滿。例如，祖父母下次要給寶寶吃糖時，先問父母一聲，做父母的就應該要即時衷心地感謝祖父母的配合，給一個擁抱和親吻，給一句打從心底的「謝謝」，寫一張感謝卡，帶祖父母去吃頓飯感激他們的尊重。

說到底，我們抱怨了幾世紀自己的父母不懂得鼓勵，但從沒想過，父母不懂得鼓勵，不表示自己不能帶頭做這件事。所以，祖父母出現配合行為時，父母應帶著寶寶，鼓勵再鼓勵[24]。

5－16

父母可以對寶寶發脾氣嗎？

脾氣是個情緒，所以在討論這個問題之前，我們應該要先了解情緒。情緒並不是人想像出來的，它跟身體冷、熱、痛、燙的感官感覺一樣，是由掌控人體呼吸、心跳等的自律神經系統製造出來的。既然情緒是由自律神經系統製造的，它就跟呼吸與心跳一樣，不是由大腦控制，所以我們無法以意志力掌控它。也就是說，人會產生什麼情緒，會不會發脾氣，其實我們不能控制。情緒的產生，跟身體製造感覺的目的是相同的，心理情緒與生理感覺的產生，都是為了要保護我們。有人揂我們，我們會痛，生理的感覺告訴我們身體哪裡被侵犯了；有人罵我們，我們會生氣，心理的情緒告訴我們心理界限哪裡被侵犯了。

情緒不表達的後果

因此，父母無法選擇自己該不該對寶寶發脾氣，因為情緒是身體自己製造出來的，父母能選擇的，是情緒表達的方式。情緒與情緒的表達是不一樣的事，但我們卻常常弄混，也因而害怕情緒。我們大部分人的成長過程中，見到自己父母表達情緒的方式，都是充滿衝突與暴力的，也因此，

---

24. 管理他人行為的方式，參見賴宇凡著，《身體平衡，就有好情緒！》第186-190及第193-203頁。

我們對情緒非常害怕。所以我們自己做父母時，也會要求自己不要對孩子發脾氣。可是，若父母在教養寶寶時把情緒吞回肚子裡，會有兩個後果：

1. 孩子不懂得尊重他人界限

父母會發脾氣通常是因為寶寶做了越界的事，像是打或咬其他小朋友、或搶別人手上的東西。或是做了什麼事越了爸媽的界，像沒問就自行抓媽媽手上的東西，吃飯時不肯聽話好好自己吃，這些行為在小孩很小的時候就會發生。孩子做得不對，因為父母覺得孩子的行為是自己的責任，所以這時一定會有情緒。如果父母壓抑這個情緒，覺得孩子還小，不該處罰，孩子的行為因此沒有得到痛苦的記憶，沒有痛苦的記憶表示這個行為下次可以重複。孩子下次還是要打其他小朋友、搶別人的東西，他還是要越父母的界限，這些行為不修正，它就會愈來愈誇大，不會因為長大了就自動變好。所以，孩子不懂得尊重他人的界限，是父母沒有聽從自己情緒指示，給予寶寶應有的指導所造成的。

2. 孩子不懂得保護自己界限

另外一個可能是，孩子看到自己的父母總是把情緒往肚子裡吞，沒有表達，或者父母總是對孩子用攻擊的方式溝通，孩子就也學會了情緒是可怕的，最好壓抑和避免，這些事，就算孩子小也是體會得到。所以將來他們在外跟別人相處時，如果有人惹了他們，他們也學著把情緒往肚子裡吞，而非將情緒表達出來改變他人的行為，惹他的人就會以為孩子的界限是可以隨便侵犯的。孩子學會壓抑情緒，就是卸除了保護自己的機制，未來與任何人相處，都只有辛苦。

正確表達情緒培養寶寶競爭力

那麼當父母有情緒的時候，到底該對寶寶說什麼？做什麼？寶寶從很小時，即使聽不懂文字的內涵，也會有很高的情緒領悟能力，健康的寶寶對情緒解讀的精準度，常讓人嘆為觀止。所以，父母有情緒時，可以隨著言語與語氣，表達情緒。只要溝通一致，寶寶很快就能理解父母喜歡他做什麼？父母不喜歡他做什麼？父母有情緒時最好以最有效的方式，將情緒

表達出來，以下是四種情緒表達的方式：

1. 攻擊式情緒表達

有這類表達習慣的父母不把自己的情緒說明清楚，只是不斷越界以言語與行為攻擊孩子。孩子只有聽到「你、你、你」，如「你一點都不乖，你不是個聽話的孩子，我就叫你不要這樣，你還是要這樣。」孩子只聽到自己是不乖的、是不聽話的，但他沒聽到自己做了什麼才是錯的，又要怎麼做才是對的，父母除了生氣，其他情緒一律沒講清楚。其實父母生氣也可能是失望、也可能是挫敗，不是只有生氣，但現在孩子只學會了情緒＝生氣。

2. 被動式情緒表達

這類表達最無效，因為有情緒的父母什麼都沒說，或是說了一大堆道理，卻沒有把自己和他人的情緒說明白。父母與其他人的情緒對孩子來說是要學習的，因為孩子還只能感受到自己的情緒。父母講道理卻沒有解釋情緒，孩子可能理解自己哪裡做錯了，應該怎麼做才對，但卻沒有人跟他解釋父母或其他人的情緒。既然他人沒有情緒，孩子做錯的行為便沒有留下任何痛苦的記憶，下次還是可以重複。一個以為只有自己有情緒和感覺的孩子，必定會長成一個自我中心的自私孩子。

3. 被動攻擊式情緒表達

這類表達最讓孩子丈二金剛摸不著頭腦，因為有情緒的父母或祖父母什麼都沒對孩子說，卻做別的事讓他了解他們有情緒。比如，孩子做錯了，父母沒說什麼，卻摔門、告狀，或以諷刺的言語溝通情緒。這樣的情緒表達，無法讓孩子認識自己做了什麼事是錯的，他弄不清楚大人的情緒到底是什麼，而將來要怎麼做才能避免引起他人同樣的情緒。孩子只知道，人有可能突然做出傷害他的事情，孩子唯一認識的情緒就只有背叛。

4. 肯定式情緒表達

以這種形式表達情緒的父母，會跟孩子說明他做了什麼引起父母或他人的情緒，這個情緒是什麼，而父母希望他往後能做什麼以修改。比如，「你剛才打姊姊讓姊姊很痛，讓媽媽很傷心，下次你想跟姊姊要玩具，要先問過她（示範一次），不可以打她搶過來。」這樣簡短的情緒溝通，能讓孩

子學會他人跟他一樣有感覺、有情緒，同時他能很清楚的知道自己哪一個行為是錯的，而這個錯誤的行為會帶給他人什麼樣的情緒，父母示範要怎麼樣做才對，亦能讓他們學到溝通與行為上的新技能。

父母用肯定的方式與孩子溝通，孩子不會害怕情緒。他們會認識除了生氣之外，人還有許許多多的情緒，因為了解他人也有情緒，他們可以因此學會照顧他人的情緒，成為一個有同理心的人。同時，因為孩子不害怕情緒，因此當他們自己有情緒時，他們就不會壓抑自己的情緒，也會照樣想表達自己的情緒，這時，自我保護的體內智慧便啟動了。再加上，因為父母每一次溝通都沒有讓孩子猜自己到底哪裡做錯了，孩子更有機會見到父母的示範，進而理解了應該怎麼做才對。這樣的學習明確有方向，且在每一次的互動中，孩子都能學到新技能，在往後與他人的相處中，更可以練習新技能讓技能純熟。

人在有豐富的技能時，選擇就可以變多。比如，寶寶如果能先溝通（用手先指指玩具），才出手拿姊姊的玩具，他就不需要用暴力搶玩具。這就好像，當父母的教養技能豐富了，就不需要用罵的、用打的、用諷刺、用哄騙的方式與孩子相處。

所以，父母不是不可以對寶寶發脾氣、父母不是不可以有情緒，而是表達情緒時，一定要有方法，發這頓脾氣，才可能對寶寶的成長有建設性。

5－17

如果寶寶對父母發脾氣怎麼辦？

我們花很多時間擔心，如果父母對寶寶發脾氣寶寶會怎麼樣？但是很少人想過，如果有情緒的是寶寶，寶寶如果發脾氣，做父母的該怎麼辦？

長大感情就會好。

其實，大部分小時候父母沒有教育如何溝通並平息爭執的兄弟姊妹，他們的溝通習慣不會因為人長大了就改變。多數的人在外溝通是一個樣，一跟兄弟姊妹碰面，就又回復到三歲的樣子，被動的依舊被動、被動攻擊的依舊被動攻擊、攻擊式表達的依舊以攻擊的方式表達。在這樣的情況下，兄弟姊妹之間的嫌隙只會愈來愈深，他們之間的距離只會愈來愈遠，違背當初父母多生幾個給他們作伴的原意。

如果孩子平息爭執的方式總是一方採被動，另一方採攻擊的方式，那麼父母就應該做適度的處理，教育被動那方的孩子如何懲罰攻擊他的那方，或是鼓勵攻擊的孩子不以攻擊的方式溝通，而不是幫被動者去懲罰攻擊者。這樣孩子才不會又帶著同樣的溝通習慣去學校，被同學霸凌，或是霸凌同學。或者，最後帶著相同的溝通習慣去上班，被同事霸凌或霸凌同事。

5 - 19

懲罰寶寶
會不會讓他沒有安全感？

很多心理學的研究結果告訴我們，懲罰孩子會讓他沒有安全感。但是，在我學校諮商與心理私人門診的經驗中發現，不懲罰孩子並不會帶給孩子安全感，孩子安全感的建立來自於可預測的環境，也就是孩子在還沒有做一件事之前，就可以預測他的行為會帶來的後果是什麼。

為什麼不懲罰孩子並不會帶給孩子安全感呢？最主要的原因是與孩子相處的人並不是只有父母。比如，孩子在家搶姊姊玩具，父母沒有給予懲

罰，但是，孩子上了學後搶同學玩具，老師或其他家長卻懲罰他，或去別人家玩他搶別人家孩子的玩具，被其他小孩的父母懲罰。孩子做了同樣的事情，卻得到了不同的結果，現在對他來說，搶玩具這件事情，在不同的情境下，他無法預測後果是懲罰還是獎勵。一個無法預測自己行為會有什麼後果的人，是不可能建立安全感的。這就是為什麼不懲罰孩子，並不一定會給孩子帶來安全感。

孩子的安全感，來自於行為一致的大人。比如，寶寶搶姊姊玩具，就會被媽媽罰獨自坐著不准玩，但寶寶不搶姊姊玩具，媽媽就會親親抱抱。因為媽媽的獎懲很一致，所以寶寶很清楚自己的行為會帶來什麼後果，這就是安全感。而媽媽的情緒反應，告訴他，外面的人見到寶寶的行為會有什麼樣的感受，尋著這個感受，他就會知道要如何做就能避免被懲罰，寶寶才會懂得別人的感受，在外面才會尊重他人感受，而不做出為自己招惹懲罰的行為。

可是，如果家裡不只有媽媽，還有爸爸、爺爺、奶奶、外公、外婆等人，那麼大人行為一致的難度就變高了。比如，寶寶搶姊姊玩具，媽媽會罰他獨自坐著不准玩，但他做同樣的事情，爸爸卻會揍他，而奶奶和爺爺不但不會罰他，還會幫著他跟姊姊搶玩具。這對寶寶來說，是件非常傷腦筋的事，在家裡做一件事，可能會帶來好幾種獎懲完全不同的結果。寶寶的行為因此失去了準則，這樣孩子的特徵，就是沒有安全感。因為沒有安全感，他們就會從中學會操控他人、學會挑撥離間，以取得自己想要的結果，因為寶寶覺得，他必須要在這樣沒安全感的環境裡求生存。這樣的孩子在不同的人面前，會做出不同的事情。他們不但會不聽話，還必須學會撒謊。因為沒有安全感，他們要學會以各種不同的方式，在大人不一致的反應裡取得一樣的結果。

但是，如果家中的大人能有一致的獎懲，寶寶做一件事前就能完全預測後果，這樣的孩子行為也會跟著很一致。所以，最有安全感的孩子並不是從來不被懲罰的孩子，最有安全感的孩子，是來自有一致獎懲的家庭。這個安全感，會帶給寶寶與人相處的自信，對他的 EQ 提升，有非常多的益處。

3. 分清楚思想與行為

我們腦子裡裝的思想、心理想的事他人無法改變，因為它是我們界限內的事。但是表現出來的行為卻不一樣，表現出來的行為是看得見、可測量的，它是我們互動的工具，所以說出來的話、做出來的事都屬於行為。行為跟思想不一樣，因為它是可以改變的。

人的行為準則來自於情緒記憶。例如，嬰兒摸到火被燙到，被火燙到的寶寶腦中的杏仁體會產生恐懼，恐懼這個情緒會被儲存到腦中的海馬迴，這個情緒記憶會讓寶寶下次再見到火時不會去碰，因為上次他碰到火時的情緒記憶是痛苦的。所以說，痛苦的情緒記憶會阻止行為再度發生。又例如，寶寶笑時惹得父母對他笑，讓父母的注意力都集中在他身上，原始社會在野地生活時，有大人的注意力就是生存的保障，生存有保障，就有安全感。所以，寶寶感到安全的情緒就在杏仁體中製造，這個情緒也會被存到海馬迴。因此，當寶寶下次想吸引父母注意力時，就會朝著他們笑，因為這個行為上次帶給他了美好的記憶。也就是說，美好的情緒記憶會讓行為再度發生（見圖1）。

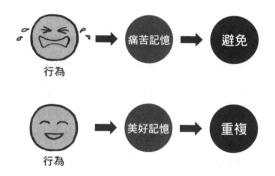

圖1　痛苦的記憶會讓行為不再次重複，而美好的記憶則會讓行為再次發生。

所以，寶寶的思想雖然不能改變，但父母卻能藉由建立不同的情緒記憶[28]，而引導寶寶的行為。比如，寶寶不想睡，這是他界限內的事，但是父

---

28. 關於情緒記憶的運用方法，參見賴宇凡著，《身體平衡，就有好情緒！》第178-183頁。

478

瘦孕、順產、讓寶寶吃贏在起跑點

母決定關燈，這是父母界限內的事。熄燈後，寶寶沒人互動很無聊，這時硬撐不睡就得到了痛苦的記憶，往後就不會在晚上不睡覺。慢慢地，寶寶就養成了熄燈就睡覺的好習慣。或者寶寶該吃正餐時不吃，父母尊重他的決定。但正餐後就不再提供食物，寶寶正餐不吃後來餓時要不到食物，是痛苦的記憶，往後就不會再這麼做了，就可以養成正餐和家人一起吃的良好吃飯習慣。所以，父母就可以在沒有越界的情況下，成功改變寶寶的行為。或者，寶寶沒有哭鬧等著媽媽上完廁所就來抱他，等待媽媽先照顧好自己需求的這個行為，如果能得到媽媽的讚美和擁抱，加上親親，這些美好的記憶就會教他要尊重媽媽的需求，這樣下次他還會照著做。或是寶寶吃飯時不亂跑乖乖坐著，得到家人一致的讚美，這個美好的記憶就會讓他下次還想乖乖坐好跟著大家一起吃。這就是父母使用美好記憶來教育寶寶尊重他人界限，建立良好行為習慣的例子。

4. 分清楚協助和介入

在寶寶的成長過程中，父母無時無刻不在判斷何時要插手，如果判斷對了，父母插手是協助，如果判斷錯了，父母插手便是介入。要知道何時是協助、何時是介入，就要先檢視孩子的能力與技能。如果寶寶已有能力，只是技能不足，父母這時插手便是介入。但是，如果寶寶能力還不足，父母插手便是協助。比如，寶寶會拿湯匙，但還對不準嘴，這時父母接手餵食便是介入。但如果寶寶還不會拿湯匙，父母餵便是協助。

另一個協助與介入的判斷在於界限。比如，寶寶偏好吃米麵，不喜吃青菜，父母如果強硬要求，一定會引起反抗，對原本就不喜歡吃的東西產生痛苦記憶。因為食物偏好、決定吃什麼是寶寶界限內的事，所以父母插手幫忙決定便是「介入」寶寶的界限。但是，食物是父母在準備的，這個決定權是屬於父母的界限。準備食物時增加青菜的種類和分量，將米、麵量減到最少或甚至不準備，寶寶想吃飽，米麵不足，最後只有嘗試新食物。父母肯定自己的界限，在不越寶寶界限的情況下，就可以「協助」寶寶奠定均衡的飲食習慣。

協助能幫助成長，促成互信，建立良好關係。而介入則會扼殺練習機

會，讓技能無法純熟，影響寶寶自信心，或損害互信關係。什麼是介入，什麼是協助，只要多觀察寶寶的行為，就不難判斷，但如果父母還是覺得不易判斷，那麼父母不要總是幫著孩子做他們自己已經能做的事，就沒有介入的顧慮。

5 - 22

為什麼不急著為寶寶解除痛苦能為他奠定良好的健康基礎

　　寶寶的成長過程中，一定都是跌跌撞撞，充滿錯誤的。就因為我們會犯錯，所以身體發展了心理情緒與身體感覺，用以引導我們走出錯誤，重新站起來。可以說，寶寶要從錯誤中學習，靠的就是心理情緒與身體感覺。比如，寶寶摸到火，這時身體感覺的燙，會讓他把手在受傷前收回，寶寶同時也會產生心理情緒恐懼，這個情緒會存在情緒記憶中，就因為摸了火有痛苦的情緒記憶，所以下次寶寶再見到火時，就不會去碰了。因此，身體感覺與心理情緒其實都是我們的智慧與行為準則，沒有了它們，我們就找不到問題，不知如何改進。但是，我們卻不把身體感覺與心理情緒當智慧，我們對他們避之唯恐不及。當寶寶撞到摔倒了，我們衝過去把他扶起來，然後說：「不痛不痛。」當寶寶跟姊姊鬧情緒哭了，我們罵姊姊，然後跟寶寶說：「不哭不哭。」

　　如果大人不介入，寶寶就有機會能使用自己的感覺、情緒去學習自己哪裡做錯了，這之間他能獲得新技能，找到新方向，避免未來犯同樣的錯。寶寶跌倒了自己站起來時，會訓練他的肌肉強度，他撞到會痛，所以

他知道下次走到這裡要小心，不要再撞到了。寶寶搶姊姊玩具，姊姊生氣不跟他玩，他這才知道如果搶姊姊玩具，姊姊也會有情緒，姊姊有情緒時就不跟他玩了。姊姊不跟他玩他會傷心，會哭，為了要避免這個傷心，寶寶往後就不會搶姊姊玩具，長大入學後也才懂得如何與同輩相處。

但是，如果大人提早介入試圖去除寶寶的痛苦，不但扼殺了寶寶自然修正錯誤的機會，而且大人的行為反覆地在告訴寶寶，感覺和情緒是可怕的，只要壓抑就好。沒有了情緒和感覺，寶寶就失去修正錯誤的智慧了。

我們犯錯時所引來的情緒與感覺，多數是痛苦的，如果它不是痛苦的，就不會引起我們的注意力，我們也不會有動力去改變。這個痛苦，是人自省的動力。人能反省，才能找到問題，去除問題的根源，也才可能重新評估哪裡做錯了，懂得修正、改進。沒有自省，如果我們有病痛，我們也不會懂得循著痛源去找問題的根源，移除病根。寶寶長大了，就會猛吞止痛藥，忽視病源，使得本來很小的病痛演變成無法收拾的大病。沒有了自省，如果我們與他人相處時出現情緒，我們不會懂得體悟自己與他人的情緒根源，用以修正自己與他人的行為，導正關係。寶寶長大了，就只會在傷心的時候把淚往肚裡吞，不懂得透過溝通與管理去經營自己的人際關係，讓原本小小的歧見，演變成促成離異的鴻溝，人際關係因此不是孩子的情感綠洲，而是他的壓力來源，長久的壓力帶來各類健康問題。

所以，大人面對寶寶痛苦的情緒與感覺時，不要急著去除寶寶的痛苦，給他時間聆聽這些感受帶給他的學習。就好比，寶寶撞到摔倒了，媽媽不急著扶他，讓他有時間處理自己身體的痛感，讓他有時間想想他做了什麼才會痛。又比如，寶寶搶姊姊的玩具，爸爸不急著介入。讓姊姊的情緒去引導她對應寶寶搶玩具的行為，給寶寶時間體悟姊姊不陪他玩的感受是什麼，讓他想清楚自己做了什麼才會讓姊姊不理他。這些自然的學習是無價的，且只有心理情緒與身體的感覺能才能教育孩子有所體悟。如果父母願意給孩子時間處理、思考自己的痛苦從哪裡來，孩子身體內建的智慧一定會帶給父母無限的驚奇，因為有創意的找到新方法避免未來的痛苦，是人類的本能。

＊這裡所指的痛苦，是寶寶有行為能力所引發的後果。

給爸爸的話

我必須開門見山地把爸爸最想知道的一件事先解決，才能說出該說的重點。那就是太太懷孕生產後，夫婦到底還會不會有性生活？

做爸爸的之所以會有這個疑惑，是因為覺得寶寶出生後，男人不可能再主導兩人的性生活了。因為大家都說，做爸媽的會連睡覺的時間都沒有。前幾個月，寶寶還小，真的是連睡覺時間都沒有。但其實，只要寶寶再大一點，性生活會不會繼續跟寶寶生前一樣纏綿，完全是由男人主導的，因為大部分的時候，太太已經累癱了。

寶寶出生後性生活的品質如何，完全要看做爸爸的是否有創意，因為那時有效的性誘惑，會跟寶寶出生前完全不一樣。比如，寶寶出生前，男人拿著花束和美酒，看起來就特別性感，夫妻倆有時間能整日整夜地躺在床上纏綿、聊天、說笑。但寶寶出生後，爸爸可能拿著尿布、鍋鏟、戴起手套洗碗，看起來才特別性感。夫婦倆大概只有在寶寶小睡片刻的時間，能夠在牆角、在廁所就地解決，因為還來不及上床，寶寶就已經又醒了。說穿了，夫妻的愛情生活，是否能成功地偷渡進養育寶寶的生活內，完全要看爸爸有多大的創意。

但是，這不表示養育寶寶的生活能少了爸爸。說真的，我覺得新時代的父親，都是外星人。因為這一輩的父親，在成長時並沒有受到自己父親同理心的對待，很少被自己父親接納和肯定過情緒、感覺，大部分人的父親，也很少積極參與孩子的生活。但是，新時代的父親，卻都願意學習著接納和肯定自己孩子的情緒、感覺，也都重視積極參與孩子的生活。我認為，這會是現代孩子最大的優勢和幸福。

由於資訊發達且獲得得容易，因此寶寶成長過程中爸媽能為孩子爭取的資源，都愈來愈分不出上下。孩子們成長中最關鍵的優勢，會來自於爸爸能有效地表達自己的愛，以及爸爸出現在孩子生活中的穩定性。

用最簡單的話來說，爸爸的參與就是寶寶的最大優勢。

附錄

資源

　　以下是一些可以在你懷孕、生產、育兒的時候為你解惑，提供相關協助的資源。

親餵及母乳協助

・國際認證泌乳顧問（IBCLC）

國際認證泌乳顧問（International Board Certified Lactation Consultant®，IBCLC®）是經國際泌乳顧問認證委員會（International Location Consultant Association）認證的專業人士。經國際認證的泌乳顧問掌握了最新的哺乳研究資訊，並對親餵過程與母親可能遇到的困難，有正確的認識。台灣現已有八十三位國際認證泌乳顧問分散於台灣東南西北各處，有些獨立開業，採英式的母親到訪制（women-stop-by），或也可能接受醫院聘僱，在醫院提供門診與諮詢服務。他們的專業，在錯誤哺乳資訊充斥的現代社會中，占有相當重要地位。

想找尋台灣國際認證泌乳顧問，請聯絡國際認證泌乳顧問的台灣協調人王淑芳博士。任教於慈濟技術學院的王淑芳副教授是推動台灣親餵運動的英雄人物，也可以說，讓台灣孩子贏在起跑點上，王副教授有關鍵性的作用。王副教授平易近人，捍衛女性選擇的自由毫無保留。她對生產與哺乳的先進理念，源自於她扎實的醫療專業訓練背景，與對最新研究的掌握。從改善哺乳環境，到將助產師主導的順勢生產概念引回醫院，王副教授都是關鍵的背後推手。

因為深知推動政策必須從政治的根運行起，她的溝通與協調能力在台灣先進的助產接生制度與大幅度改善哺乳環境上，表露無遺。這樣一位堅定的

女性，在自己的孩子想跟她講句話時，還能夠把全世界都放在一旁，專心聆聽孩子的聲音。由她帶領著台灣女性走向生產選擇自由，爭取生產時的尊嚴，創造親善生產與哺乳環境，我們應該要很有信心。

王淑芳博士 email：taiwanbbking@gmail.com

想獲得國際認證泌乳顧問專業認證，請洽詢電話 0919-911438 或參閱網站

http://birthbreastfeeding.blogspot.tw/2014/02/iblce.html

- **台灣母乳協會**

http://www.breastfeeding.org.tw/main/main.php

- **國際母乳會（ La Leche League）**

http://www.llli.org/chinese.html

- **台灣母乳庫**

http://www.tpech.gov.taipei/ct.asp?xItem=33391116&CtNode=14715&mp=109161

聯絡方式：

1. 台北市立聯合醫院婦幼院區母乳庫捐奶專線：02-23581349 或 02-23916471 分機 2051（服務時間：上午 8 點至 12 點，下午 1 點至 5 點，若忙線中或無人接聽，請稍後再撥）

2. 行政院衛生署台中醫院母乳庫衛星站母乳庫捐奶專線：04-22294411 分機 2534 或 2579（服務時間：上午 8 點至 12 點，下午 1 點半至 5 點半，若忙線中或無人接聽，請稍後再撥）

陪產協助

- **台灣陪產發展協會**

http://www.taiwandoula.com.tw/home

台灣陪產員發展協會有專業的陪產員，如有需求，可向協會聘用。如果無法及時選定陪產員，也可以向該協會聘用臨時陪產員。台灣陪產員發展協會也提供相當實用又專業的收費課程，為初為父母的人做好自然生產的準備。協會也提供收費哺乳課程，並經營社區母乳支持團體。

根治減敏異膚團

https://www.facebook.com/groups/920092528012080/

根治減敏異膚團是一個創立於 facebook 上的團體。這個團體是寫這本書時由我創建的，集結有過敏、皮膚、氣喘等問題的人，聚在一起評鑑過敏理論與痊癒方式。

感謝名單

· **根治減敏異膚團**

創團時，我特意延請孩子異膚痊癒走在前面的母親球球貓與 Yvette，做為此團的顧問。她們寶貴的過來人經驗，帶給我們體察的機會和學習。感謝他們的參與和引導。

· **巨樺整合牙醫診所院長蔡鎮安**

蔡鎮安院長所帶領的巨樺整合牙醫診所是引領台灣的整合式牙醫診所。

整合式牙醫不將牙齒獨立診療，它將牙齒視於全身生化運行的一員，對於電位、牙齒與骨骼結構平衡的關係，呼吸道症狀以及生理化學引發的發炎，都有全觀的看法。

由於蔡鎮安院長慣於學習，巨樺牙醫診所使用的技術與理論，皆與歐美同步或領先。蔡鎮安院長是「Sara 的食食課課」部落格所邀的第一位客座作家，在部落格上對各類牙齒問題提出許多精闢的分析。

電話：（07）822-0777／地址：高雄市鳳山區五甲二路 536 號

· **藝峰骨節整復研究院　蔡孟峰 Chiropractor**

蔡孟峰 Chiropractor 受訓於美國南卡羅萊納州 KALE 上部頸椎研究中心，中華民國能量醫學學會會員、美國 KALE 上部頸椎研究中心成員。所謂骨節整復（chiropractic），是在椎骨變位時，由上而下、由內而外，以能量的傳輸與波動，提高我們的自癒力、免疫力、適應力、自律力、循環力，以及消化與其他體內功能。通常以觸診方式檢查關節的可動性及神經壓迫測量器，X 光判圖，來判斷矯正方向。正確矯正能修正神經壓迫、關節半脫位等問題。賴宇凡的妹妹賴宇軒懷孕時，亦是由蔡孟峰 Chiropractor 調

整脊椎的。感謝蔡孟峰 Chiropractor 以對骨骼的深刻了解和專業，指導書中孕婦骨骼與胎位的內容。

電話：(06)223-6204 ／地址：台南市民族路三段一五一巷九號

· 故事分享

感謝所有在書中分享自身經歷的媽媽們，你們的故事，完整了此書的內容——球球貓、Sue、賴宇軒、小君、Chihilo、Vanessa。

· 一百問問題提供

感謝朱孝倫與夏瑩芳小姐提供新手媽媽可能會有的問題，對於此書的創作，有很大的幫助。

· 「就愛甜點」女主人 Iris（孫素鳳小姐）

「就愛甜點」（Simply I Sweets）專精於原始人飲食法（Paleo）的烘焙飲食與甜點，此類食品大量使用上好奶油與高品質杏仁粉做為基底，成品與一般甜點與烘焙食品比起來，比較不易震盪血糖。感謝 Iris 在書中所提供的根治寶寶食譜。

email: irissun@sbcglobal.net

臉書專頁：Iris Sun's Simply I Sweet（https://www.facebook.com/irissunssimplyisweets/）

· 我的父親　賴穎平

我看著父親從一個進廚房只會動嘴，到現在媽媽只要看到爸爸進廚房就開心，覺得加入了一個生力軍，我只能說我打從心底佩服年紀已過七十的他。爸爸開始進廚房，是因為幾年前家裡有人生病，當生病的人就是原本做菜的人時，一個家即將面臨的，就是生化危機。但爸爸卻走進自己本來不熟悉的廚房，為他所愛的人準備食物。書裡根治寶寶餐中的溫泉蛋與肉皮凍，都是爸爸為自己外孫所貢獻的食譜，我由衷的感謝。

· 美國異位性皮膚炎著名醫師馬文·倫帕波

馬文·倫帕波醫師（Dr. Marvin Rapaport）對類固醇戒斷反應的研究，為成千上萬皮膚病患者帶來痊癒與希望。感謝他願意讓我為他的異膚說明影片加上中文字幕。影片連結：https://www.youtube.com/watch?v=O0QHfS30WhM（請記得開字幕功能）。

倫帕波醫師的 Understanding Red Skin Syndrome 網頁為 http://www.red-skin-syndrome.com/author/drmarvinrapaport/。

飲食不可能逆流而上的推廣，在這塊美麗的土地上生根。我何其有幸能受邀參與你們的痊癒旅程。希望這隻黑豬能一起帶著我們所愛的孩子，飛得又高又遠。

2015.6.6

瘦孕、順產、讓寶寶吃贏在起跑點（增訂新版）
自然醫學營養治療師的懷孕生產育兒指南

作者	賴宇凡
封面設計	巫麗雪
內頁設計	呂德芬
插畫	呂德芬、林凡瑜
封面攝影	蔡仁譯
內頁攝影（局部）	劉信佑
責任編輯	張海靜、劉素芬
行銷業務	郭其彬、王綬晨、邱紹溢
行銷企畫	夏瑩芳、陳雅雯、張瓊瑜、李明瑾、蔡瑋玲
副總編輯	張海靜
總編輯	王思迅
發行人	蘇拾平
出版	如果出版
發行	大雁出版基地
	地址 台北市松山區復興北路333號11樓之4
	電話 02-2718-2001
	傳真 02-2718-1258
	讀者傳真服務 02-2718-1258
	讀者服務信箱 E-mail andbooks@andbooks.com.tw
	劃撥帳號 19983379
	戶名 大雁文化事業股份有限公司

本書撰寫的目的是用來補充健康及醫療專家的建議，而不是用來取代他們的意見。
如果你知道或懷疑自己有任何健康方面的問題，請諮詢專業醫師的意見。

出版日期 2016年4月 (增訂初版)
定價 580
ISBN 978-986-6006-89-0(平裝)

國家圖書館出版品預行編目（CIP）資料

瘦孕、順產、讓寶寶吃贏在起跑點：自然醫學營養治療師的懷孕生產育兒指南 / 賴宇凡著. -- 增訂初版. -- 臺北市：如果出版：大雁出版基地發行, 2016.03
　　面；　公分
ISBN 978-986-6006-89-0(平裝)
1.懷孕 2.分娩 3.育兒
429.12　　　　　　　　　　105003579